高等学校土木建筑专业应用型本科系列规划教材

建筑结构 CAD

主　编　刘殿华　夏军武
副主编　陈　斌　陈晓洪
参　编　（以拼音为序）
　　　　任翠玲　吴建霞
　　　　谢　伟　邹小静

东南大学出版社
·南京·

内 容 提 要

根据"建筑结构 CAD"课程教学的实际情况，结合工程设计经验，编写了本教材。全书包括 CAD 技术的形成和发展；AutoCAD 在建筑结构中的应用；通过实例系统地介绍了 PKPM 系列软件的使用方法及建筑结构施工图绘制过程等。

本书重点在 PKPM 系列软件的实际应用，旨在使读者通过上机实际操作，能够较快掌握建筑工程设计领域常用软件的使用方法和技巧，为今后工作打下基础。

图书在版编目(CIP)数据

建筑结构 CAD / 刘殿华，夏军武主编. —南京：东南大学出版社，2011.8（2018.7 重印）
高等学校土木建筑专业应用型本科系列规划教材
ISBN 978-7-5641-2824-1

Ⅰ.①建… Ⅱ.①刘… ②夏… Ⅲ.①建筑结构—计算机辅助设计—高等学校—教材 Ⅳ.①TU311.41

中国版本图书馆 CIP 数据核字(2011)第 103033 号

建筑结构 CAD

出版发行：	东南大学出版社
社　　址：	南京市四牌楼 2 号　邮编：210096
出 版 人：	江建中
责任编辑：	史建农　戴坚敏
网　　址：	http://www.seupress.com
电子邮件：	press@seupress.com
经　　销：	全国各地新华书店
印　　刷：	南京四彩印刷有限公司
开　　本：	787mm×1092mm　1/16
印　　张：	17.25
字　　数：	441 千字
版　　次：	2011 年 8 月第 1 版
印　　次：	2018 年 7 月第 6 次印刷
书　　号：	ISBN 978-7-5641-2824-1
印　　数：	11001～13000 册
定　　价：	45.00 元

本社图书若有印装质量问题，请直接与读者服务部联系。电话(传真)：025-83792328

高等学校土木建筑专业应用型本科系列规划教材编审委员会

名誉主任 吕志涛

主　　任 蓝宗建

副 主 任 （以拼音为序）

陈　蓓　　陈　斌　　方达宪　　汤　鸿
夏军武　　肖　鹏　　宗　兰　　张三柱

秘 书 长 戴坚敏

委　　员 （以拼音为序）

戴望炎　　董　祥　　郭贯成　　胡伍生
黄炳生　　黄春霞　　贾仁甫　　李　果
李幽铮　　廖东斌　　刘　桐　　刘殿华
刘子彤　　龙帮云　　吕恒林　　陶　阳
单法明　　王照宇　　徐德良　　殷为民
于习法　　余丽武　　喻　骁　　张靖静
张敏莉　　张伟郁　　赵　玲　　赵冰华
赵才其　　赵庆华　　郑廷银　　周　佶
周桂云

总前言

国家颁布的《国家中长期教育改革和发展规划纲要(2010—2020年)》指出，要"适应国家和区域经济社会发展需要，不断优化高等教育结构，重点扩大应用型、复合型、技能型人才培养规模"；"学生适应社会和就业创业能力不强，创新型、实用型、复合型人才紧缺"。为了更好地适应我国高等教育的改革和发展，满足高等学校对应用型人才的培养模式、培养目标、教学内容和课程体系等的要求，东南大学出版社携手国内部分高等院校组建土木建筑专业应用型本科系列规划教材编审委员会。大家认为，目前适用于应用型人才培养的优秀教材还较少，大部分国家级教材对于培养应用型人才的院校来说起点偏高，难度偏大，内容偏多，且结合工程实践的内容往往偏少。因此，组织一批学术水平较高、实践能力较强、培养应用型人才的教学经验丰富的教师，编写出一套适用于应用型人才培养的教材是十分必要的，这将有力地促进应用型本科教学质量的提高。

经编审委员会商讨，对教材的编写达成如下共识：

一、体例要新颖活泼。学习和借鉴优秀教材特别是国外精品教材的写作思路、写作方法以及章节安排，摒弃传统工科教材知识点设置按部就班、理论讲解枯燥无味的弊端，以清新活泼的风格抓住学生的兴趣点，让教材为学生所用，使学生对教材不会产生畏难情绪。

二、人文知识与科技知识渗透。在教材编写中参考一些人文历史和科技知识，进行一些浅显易懂的类比，使教材更具可读性，改变工科教材艰深古板的面貌。

三、以学生为本。在教材编写过程中，"注重学思结合，注重知行统一，注重因材施教"，充分考虑大学生人才就业市场的发展变化，努力站在学生的角度思考问题，考虑学生对教材的感受，考虑学生的学习动力，力求做到教材贴合学生实际，受教师和学生欢迎。同时，考虑到学生考取相关资格证书的需要，教材中还结合各类职业资格考试编写了相关习题。

四、理论讲解要简明扼要，文例突出应用。在编写过程中，紧扣"应用"两字创特色，紧紧围绕着应用型人才培养的主题，避免一些高深的理论及公式的推导，大力提倡白话文教材，文字表述清晰明了、一目了然，便于学生理解、接受，能激起学生的学习兴趣，提高学习效率。

五、突出先进性、现实性、实用性、操作性。对于知识更新较快的学科，力求将最新最前沿的知识写进教材，并且对未来发展趋势用阅读材料的方式介绍给学生。同时，努力将教学改革最新成果体现在教材中，以学生就业所需的专业知识和操作技能为着眼点，在适度的基础知识与理论体系覆盖下，着重讲解应用型人才培养所需的知识点和关键点，突出实用性和可操作性。

六、强化案例式教学。在编写过程中，有机融入最新的实例资料以及操作性较强的案例素材，并对这些素材资料进行有效的案例分析，提高教材的可读性和实用性，为教师案例教学提供便利。

七、重视实践环节。编写中力求优化知识结构，丰富社会实践，强化能力培养，着力提高学生的学习能力、实践能力、创新能力，注重实践操作的训练，通过实际训练加深对理论知识的理解。在实用性和技巧性强的章节中，设计相关的实践操作案例和练习题。

在教材编写过程中，由于编写者的水平和知识局限，难免存在缺陷与不足，恳请各位读者给予批评斧正，以便教材编审委员会重新审定，再版时进一步提升教材的质量。本套教材以"应用型"定位为出发点，适用于高等院校土木建筑、工程管理等相关专业，高校独立学院、民办院校以及成人教育和网络教育均可使用，也可作为相关专业人士的参考资料。

高等学校土木建筑专业应用型
本科系列规划教材编审委员会
2010 年 8 月

前　言

　　计算机辅助设计 CAD(Computer Aided Design)和计算机辅助制造 CAM (Computer Aided Manufacturing)在工业部门的广泛应用,已成为人们熟悉的并能推动生产前进的新技术。在国外,CAD 和 CAM 早期是分别沿着各自的特点而发展的,CAM 的出现略先于 CAD。CAD 以 1959 年美国麻省理工学院 (MIT)召开的 CAD 规划会议为开端,经过几十年的发展,至今它们的单元技术已日趋成熟。

　　作为一项综合性的、技术复杂的系统工程,CAD 技术涉及众多学科的高新技术领域,如计算机硬件技术、工程设计知识和方法、计算数学、计算力学、计算机图形学、数据结构和数据库、人工智能及专家系统、仿真技术等。CAD 技术这门崭新技术已广泛渗透和普及于机械制造、航空、船舶、汽车、土木工程、电子、轻工、纺织服装、大规模集成电路以及环境保护、城市规划等许多行业,成为代表与衡量一个国家科技与工业现代化水平的重要标志,已经并将进一步给人类带来巨大利益和影响。

　　形势向土木工程专业的教学培养目标提出了更高的新要求。培养和锻炼学生的计算机应用能力,提高其计算机应用水平,关系到毕业生在走向工作岗位时的竞争能力,以及在实际工作环境中的适应能力。为了满足土木工程专业"建筑结构 CAD"课程教学的实际需要,我们根据近年来的教学和工程设计经验,编写了本教材。全书共分 9 章,介绍了 CAD 技术在我国土木建筑工程中的应用现状和发展方向,CAD 系统的硬件和软件系统的构成及其最新发展。

　　当前国内结构设计软件很多,其中由中国建筑科学研究院 PKPM 工程部研发的 PKPM 系列软件有着很高的市场占有率。该系列软件自 1987 年研发以来,经过不断完善,现在已非常成熟,并且由于其与我国规范很接近而受到我国用户的青睐。因此,掌握 PKPM 的使用对结构设计工作者很重要,尤其对于初学者。本书结合 PKPM 系列软件通过设计实例的使用,以及若干值得注意的问题的讨论,旨在使读者经过上机实际操作,迅速掌握软件的使用方法和有关操作技巧,为今后的工程设计实践打下良好的基础。

本书可供土木工程专业本(专)科全日制和成人教学使用，各校可根据具体教学时数、上机条件等实际情况对其中内容自行取舍。本书也适合于土木工程技术人员自学使用。

全书由刘殿华、夏军武主编，陈斌、陈晓洪副主编。书中第1章、第3章由扬州大学刘殿华和邹小静编写，第2章由东南大学吴建霞编写，第4章由东南大学任翠玲编写，第5章由南京金陵科技学院陈斌和陈晓洪编写，第6章由扬州大学邹小静编写，第7章、第8章由中国矿业大学夏军武和谢伟编写，第9章由扬州大学刘殿华编写。全书由刘殿华、夏军武统稿。

由于计算机技术发展日新月异，编者水平有限，对CAD这门高新技术的最新进展了解和认识不够全面，本教材的疏漏和错误之处在所难免，恳请广大读者批评指正，以利于我们修订更新。

在本书编写过程中我们还参阅了有关文献，在此对这些文献的作者表示衷心的感谢。

编　者
2011年5月

目 录

1 概述 ·· 1
   1.1 CAD 技术的形成和发展 ··· 1
   1.2 建筑结构 CAD 的基本构成 ··· 2
   1.3 建筑结构 CAD 系统的基本功能 ···································· 3
   1.4 建筑结构 CAD 的类型 ·· 3
   1.5 CAD 技术在我国建筑工程行业的应用 ···························· 4

2 AutoCAD 在建筑结构中的应用 ··· 6
   2.1 AutoCAD 概述 ·· 6
   2.2 AutoCAD 的基本操作 ·· 10
   2.3 建筑结构施工图的绘制 ·· 40

3 PKPM 系列建筑结构 CAD 系统软件简介 ··································· 51

4 建筑结构计算模型的建立（PMCAD 软件应用） ·························· 56
   4.1 概述 ··· 56
   4.2 PMCAD 的工作环境 ·· 57
   4.3 建筑模型与荷载输入 ·· 59
   4.4 PMCAD 的其他主菜单 ·· 91

5 建筑结构的计算机辅助计算 ·· 92
   5.1 钢筋混凝土框排架及连续梁结构计算与绘图软件 PK ······· 92
   5.2 多层及高层建筑结构三维分析软件 TAT ························ 118
   5.3 多层及高层建筑结构空间有限元分析软件 SATWE ········ 139

6 建筑结构基础辅助设计软件 JCCAD ··· 151
   6.1 基础人机交互输入 ·· 151
   6.2 基础梁板弹性地基计算 ·· 162
   6.3 基础施工图 ··· 166

7 钢筋混凝土结构施工图基本知识 ·· 169
   7.1 结构施工图组成 ·· 169
   7.2 钢筋混凝土结构施工图相关知识 ·································· 171

7.3　绘制结构施工图的有关规定 …………………………………………… 173
　　7.4　钢筋混凝土柱、梁、墙平面整体表示方法 …………………………… 176

8　钢筋混凝土结构施工图绘制 ………………………………………………… 183
　　8.1　概述 ……………………………………………………………………… 183
　　8.2　基础施工图绘制 ………………………………………………………… 183
　　8.3　结构平面及板配筋图绘制 ……………………………………………… 193
　　8.4　梁柱施工图绘制 ………………………………………………………… 202
　　8.5　剪力墙施工图绘制 ……………………………………………………… 223

9　钢结构辅助设计软件STS ……………………………………………………… 229
　　9.1　概述 ……………………………………………………………………… 229
　　9.2　工程设计条件 …………………………………………………………… 229
　　9.3　平面建模 ………………………………………………………………… 230
　　9.4　结构计算 ………………………………………………………………… 253
　　9.5　结构计算结果判断 ……………………………………………………… 253
　　9.6　施工图绘制 ……………………………………………………………… 259
　　9.7　吊车梁、围护结构设计 ………………………………………………… 264
　　9.8　轻钢结构的三维建模二维计算 ………………………………………… 264

参考文献 …………………………………………………………………………… 266

1 概述

1.1 CAD技术的形成和发展

1.1.1 CAD技术的形成

计算机辅助设计CAD(Computer Aided Design)和计算机辅助制造CAM(Computer Aided Manufacturing)在工业部门的广泛应用,已成为人们熟悉的并能推动生产前进的新技术。在国外,CAD和CAM早期是分别沿着各自的特点而发展的,CAM的出现略先于CAD。CAD以1959年美国麻省理工学院(MIT)召开的CAD规划会议为开端,经过几十年的发展,至今它们的单元技术已日趋成熟。

CAD/CAM技术是近十几年来在生产领域中发展起来的崭新技术。在20世纪50年代,MIT首次开发了自动控制铣床,这导致自动编程语言APT(Automatic Programming Tool)的诞生。接着在1963年,MIT在美国计算机联合会年会上发表了有关CAD项目的5篇论文。同年,CAD的先驱者之一Sutner Land开发了Sketchpad软件包,它设想使用交互图形功能进行设计,有关图形变换的功能也就在这时提出来了。

1964年,美国通用摩托公司宣布开发了DAC-1系统,其硬件是IBM公司提供的。DAC-1比较侧重于图纸拷贝,而不是交互技术。1965年,举世闻名的Bell实验室宣布图形遥控显示系统研制成功。该系统带有DEC-340显示器,PDP-5控制处理器,并与IBM-94相连接,可用于印刷电路、图形排列和布线或框图设计、文本编辑等。这是用以实现CAD设想早期的工具,是分布式交互工作站的雏形。

1.1.2 CAD技术的发展

20世纪70年代初期,世界上约有200台套CAD/CAM系统,而且大部分为非商品化设备。20世纪70年代中期,随着小型机的出现,使系统的价格大幅度下降,从此CAD/CAM获得了飞速发展。1978年波音公司和通用摩托公司证实了CAD/CAM集成化技术的有效性,并描绘了如何建立CAD与CAM之间的联系。

20世纪80年代,图形系统和CAD工作站,以及CAD/CAM工作站的销售量大大提高,CAD/CAM技术也从大中型企业向小型企业扩展,从发达国家向发展中国家扩展,从用于产品设计发展到用于工程设计。

20世纪80年代后期,随着高分辨率彩色显示器、静电式绘图仪、光笔、鼠标器的出现,CAD技术从单一的图形、交互技术向着标准化、集成化、智能化的方向发展。并且CAD技术在计算机网络中也得到大量应用。

1.2 建筑结构 CAD 的基本构成

1.2.1 建筑结构设计的任务

建筑结构设计的任务包括：对选定的建筑物选择结构方案，确定结构类型；对选定的结构进行在各种荷载工况、边界条件、施工方法等情况下的内力、变形及稳定分析；根据最不利荷载或作用效应进行结构构件的截面及节点构造设计；根据构件内力、结构变形及截面选择的结果重新修正结构，进行重分析和重设计；对分析和设计作出判断和评估；绘制施工图及编制文档。完成这个设计任务，需要查询各种资料，分析比较各种资料和计算结果；进行大量的复杂的力学分析；按照设计规范进行结构构件和节点的设计，编制大量的图档。此外，还应考虑到现代建筑结构的复杂性、荷载和作用的复杂性及制造加工安装的要求。因此，建筑结构的设计已不是一种简单意义上的结构计算和截面校核，它需要大量的分析、综合工作，需要组织特定的算法以描述整个完备的分析设计过程。所以，现代的建筑结构设计是一项带有创造性的工作，需要运用各种知识和技术才能完成。

1.2.2 建筑结构 CAD 系统的基本组成

建筑结构 CAD 系统作为一个软件系统，系统的基本组成可分成若干个不同的功能部分。每个功能部分可由一些模块组成。一般建筑结构 CAD 系统可分为前处理、结构分析与设计、后处理 3 个部分。

1) 前处理

前处理是对结构分析和设计进行的所有准备工作。前处理包括：结构设计所需的基本数据、参数的输入并形成相关的数据文件；结构拓扑和几何尺寸的描述并形成相关的数据文件；荷载和作用的输入并形成相关的数据文件；边界条件的描述和数据文件的生成等。

2) 结构分析与设计

结构分析与设计是建筑结构 CAD 系统的核心部分。建筑结构的设计主要是由系统的分析及设计功能来完成的。结构分析包括根据所描述的结构拓扑和几何数据生成结构刚度矩阵；根据边界条件修改结构的刚度矩阵；解有限元基本方程求得结构节点位移；根据节点位移可求得各个单元内力；根据各种荷载工况可计算在各工况下的最不利截面；杆件截面的选择；设计判断及校核；根据设计判断及校核结果进行重分析和重设计。

3) 后处理

后处理的目的是对结构分析和设计的结果进行图档处理。后处理包括杆件和节点的设计、节点详图和施工图的绘制、加工详图的绘制、施工文档的编制等。

1.3 建筑结构 CAD 系统的基本功能

建筑结构 CAD 系统的基本功能包括两个部分。一个部分是建筑结构的设计功能;另一个部分是为进行设计而由计算机系统提供的辅助功能。

1.3.1 CAD 系统的设计功能

CAD 系统的设计包括以下功能:
(1) 结构类型体系的选择,建筑结构的造型及修改。
(2) 建筑结构分析单元和计算简图的确定、结构分析模型的确定。
(3) 结构分析和重分析。
(4) 结构设计和重设计。
(5) 分析和设计结果的评估及修改。
(6) 结构节点设计、结构节点详图及施工图的绘制。
(7) 数据、资料、施工图档的汇编。

1.3.2 CAD 系统的辅助功能

(1) 人机交互功能
人机交互功能包括结构分析、设计的数据准备和数据文件的生成等。
(2) 图形功能
图形功能指图形生成,图形编辑,图形数据的交换、调用及图形显示和存储等。
(3) 数据处理功能
数据处理功能主要是数据信息的存储、交换、调用以及显示等。
CAD 系统中的辅助功能体现了 CAD 系统与早期的软件之间的区别。有了这些辅助功能才能准确、方便、迅速地完成结构分析和设计功能。

综上所述,一个比较完善的建筑结构 CAD 系统是由软件的数值计算和数据处理程序包、图形信息交换(输入,输出)和处理的交互式图形显示程序包、存储和管理设计信息的工程数据库三大部分构成的。

1.4 建筑结构 CAD 的类型

建筑结构 CAD 软件系统大致可以分为如下几类:
1) 面向问题的专用 CAD 系统
面向问题的专用 CAD 系统是任务和功能非常明确的系统,它针对某种结构或结构系统。如连续梁、平面框架、平面桁架常用的空间结构 CAD 系统；还有如框剪体系、筒体、框筒等高层建筑结构 CAD 系统。这种系统一般比较简单，功能也单一，但往往有较高的计算效率。其缺点是使用范围太窄，随着结构的发展而显现出其功能的贫乏。随着建筑结构的工业化、商品化，一些附带有经营、管理功能的 CAD 系统也已经开发，如网架、钢结构轻型门式刚架的 CAD 系统。此外，这些系统与 CAM 也有很好的结合。

2) 大型建筑结构 CAD 系统

大型建筑结构 CAD 系统是某些有相同或相类似结构性状的 CAD 系统。如框架结构 CAD 系统，它具有全面完整的框架结构及其基础等结构系统的分析设计功能；又如高层建筑结构 CAD 系统，它具有分析设计各类高层建筑结构的功能。

3) 集成体系的 CAD 系统

由于现代建筑结构往往也很难以一种单一的结构类型来描述，当然也很难用单一的数学、力学模型来分析。因此，实际的建筑结构就是一种集成体系。它是由杆、梁、柱、板等结构单元组成，但又不是简单的桁架或框架。集成体系的 CAD 系统是比较完善的系统，但它需要很强的造型功能以及其他计算机辅助功能。

4) 基于大型 FEM 程序包的 CAD 系统

基于大型 FEM 程序包的 CAD 系统主要在国外有较大的发展。这是因为在计算机技术发展的早期，经过数十年的积累，国外已逐步形成商业化的大型 FEM 软件包，这类软件包已广泛用于造型的构思和方案设计，而计算分析就借助于这类强大的软件包。所以，对于一些著名的软件包，如 NASTRAN、ANSYS、COSMOS 等都设计了接口，而著名的教学软件 SAP 也经过开发后进一步开发成为 CAD 系统。

比较国外对 CAD 系统的技术要求来看，国内的用户比较希望面向用户的系统，希望系统能对特定的结构提供较为简便的造型和分析设计功能，并且能一次性输出施工图和加工图。而国外的工程师希望系统提供工具和平台，使所提供的这些工具体现工程师的创造性。

1.5　CAD 技术在我国建筑工程行业的应用

与世界发达国家相比，我国工程设计领域引入 CAD 技术相对比较晚。但经过多年的开发研制，目前我国已有多种商品化应用软件在设计部门得到广泛应用。随着计算机硬件和软件技术突飞猛进的发展和我国经济建设的高速发展，近几年来，工程设计行业计算机应用环境有了极大的改善，应用水平得到了很大的提高，计算机的应用基本上覆盖了勘察设计的全过程。在土木建筑设计领域，我国的 CAD 技术应用水平与发达国家的差距已大大缩小，建筑工程从建筑方案设计、结构布置和内力分析、构件截面设计计算、施工图绘制到预算全过程可实现 CAD 一体化完成。绝大多数的设计院已是人手一机，有些设计院还建立了计算机网络系统，正向集成化、智能化方向发展。有些单位还将工程项目管理和电子光盘档案管理集成于网络中，逐步向工程设计管理与生产的无纸化全过程管理迈进。这样的进步将推动设计单位的技术装备水平再上新台阶，增强市场竞争能力，实现应用环境网络化、应用系统集成化、应用软件智能化的目标。

建筑结构设计是土建行业较早采用CAD技术的专业之一,商品化应用软件的开发相对起步较早,最先取得突破并带动了建筑和各设备专业CAD技术的应用。随着微机的推广普及,许多结构设计应用软件就是由熟练掌握计算机技术的结构工程师开发或作为主要开发人员。由于结构设计必须遵循国家或行业技术规范和标准,加之用户的语言习惯,使国产软件具有得天独厚的市场优势。目前国内流行的软件基本上是由我国建筑科研机构、大中型设计院和高等院校自主开发或二次开发后推出的。以AutoCAD为图形支撑平台,是我国建筑工程CAD软件的主流。另外,受中国这一世界上最大建筑市场所蕴藏的丰厚利润的驱使,近一两年来出现了一个值得注意的现象,即国外一些大型CAD应用软件(如ETABLS,MIDAS等)正通过汉化、采用中国规范等方式,在中国市场上独家或通过代理商推出他们的商品软件,这将给我国应用软件市场带来一种新格局。

下面介绍目前市场上常用的几种主要的计算机辅助绘图及结构设计软件。

(1) 美国AUTODESK公司的AutoCAD计算机辅助绘图软件

该软件是目前国内外广为流行的计算机辅助绘图软件,其应用范围涉及机械、电子、土木建筑、航空、汽车制造、造船、石油化工、轻纺、环保等各个领域。其特点是绘图功能完善,使用方便;具有很强的三维设计、CSG实体几何造型、真实感模型显示和数据库管理等功能;提供了丰富多样的二次开发接口;版本不断更新,功能日益增强。

(2) 中国建筑科学研究院PKPM CAD工程部的PKPM建筑工程CAD集成系统

该软件适用于砌体结构及底框—砌体结构;多、高层钢筋混凝土结构(框架、框剪、剪力墙、筒体等);钢结构、预应力混凝土结构及基坑支护、筒仓等特种结构。其特点是集建筑、结构、设备、节能设计和概预算、施工管理、施工技术于一体的大型CAD集成系统;拥有多种先进的多、高层及特殊结构空间有限元分析方法和弹塑性静力、动力分析方法。

(3) 美国计算机结构公司(CSI)的ETABS V9中文版,建筑结构分析与设计软件

该软件适用于各种多、高层建筑结构,包括混凝土结构、钢结构及混合结构等。其特点是集成化的三维空间建模功能;一体化的设计功能;可进行反应谱分析、时程分析、静力非线性分析、施工顺序加载分析、结构阻尼器和基础隔振分析以及钢结构截面自动优化设计等。采用三维图形操作界面,类似AutoCAD编辑方式;支持中国现行结构规范和欧美规范;多种数据接口等。

结合目前课程教学的实际情况,本书着重介绍AutoCAD计算机辅助绘图软件、PKPM建筑工程CAD集成系统中的主要结构设计软件的使用方法和使用技巧。

2 AutoCAD 在建筑结构中的应用

2.1 AutoCAD 概述

2.1.1 工程制图的演变

人类在表达思想、传递信息时,最初是采用图形的方式来表达和传递的。后来逐渐演变为通过具有抽象意义的文字来表达。这是人类在信息交流上一次伟大的革命。在信息交流过程中,图形表达的内容比文字表达得更直观,更一目了然;同时,一幅绘制精良的图纸能容纳许多信息。

工程图是工程师的语言。制图是工程设计乃至整个工程建设中的一个重要环节。然而,图纸的绘制是一项极其繁琐的工作,不但要求正确、精确,而且随着工程环境、地质条件以及建筑物的功能需求等外部条件的变化,设计方案也会随之变化。一项工程图的绘制通常是历经数遍修改完善后才可交付使用。

早期,工程师采用手工绘图。他们用草图表达设计思想,绘制的方法不一样,表达的内容就会有所差别。后来逐渐规范化,形成了一整套规则,具有一定的制图标准,从而使工程制图标准化。众所周知,工程项目具有多样性、多变性以及复杂性,这样就使得手工绘图周期长、效率低、重复劳动多,从而阻碍了建设业的发展。于是,人们想方设法提高劳动效率,将工程技术人员从繁琐重复的体力劳动中解放出来,集中精力从事开创性的工作。例如,工程师们为了减少工程制图中的许多繁琐重复的劳动,编制了大量的标准图集,提供给不同的工程以备套用。

由于手工绘图劳动强度大,工程师们梦想着何时能甩开图板,实现自动化画图,将自己的设计思想用一种简洁、美观、准确且标准的方式表达出来,同时方便修改,且易于重复利用,提高劳动效率。

随着计算机技术的迅猛发展和工程界的迫切需要,计算机辅助绘图(Computer Aided Drawing)应运而生。早期的计算机辅助设计系统是在大型机、超级小型机上开发的,一般需要几十万甚至上百万美元,往往只有在规模很大的汽车、航空、化工、石油、电力、轮船等行业中应用。进入20世纪80年代,微型计算机的迅速发展,使计算机辅助工程设计逐渐成为现实。计算机绘图是通过编制计算机辅助绘图软件,将图形显示在屏幕上,用户可以用光标对图形直接进行编辑和修改。由微机配上图形输入和输出设备(如键盘、鼠标、绘图仪)以及计算机绘图软件,就组成一套计算机辅助绘图系统。

由于高性能的微型计算机和各种外部设备的支持,计算机辅助绘图软件的开发也得到长足的发展。常见的计算机辅助绘图软件有 AutoCAD、Microstation、Civil Draft by

GEOPAK(土木工程绘图工具)等。其中美国的 Autodesk 公司于 20 世纪 80 年代初为微机上应用 CAD 技术而开发的绘图程序软件包,经过不断的完善,现已成为国际上广为流行的绘图工具,这个计算机绘图工具就是 AutoCAD。

AutoCAD 可以绘制任意二维和三维图形,并且同传统的手工绘图相比,用 AutoCAD 绘图速度更快、精度更高,而且便于个性化设计,目前已在造船、建筑、机械、电子、化工、美工、轻纺等很多领域得到了广泛的使用,并取得了丰硕的成果和巨大的经济效益。

AutoCAD 具有良好的用户界面,通过交互式菜单或命令行方式便可以进行各种操作。它的多文档设计环境,让非计算机专业人士也能很快的学会使用,在不断的实践过程中更好地掌握它的各种应用和开发技巧,从而大大提高工作效率。

随着 AutoCAD 软件的日益完善和发展,越来越多的工程设计人员更加得心应手地利用计算机进行辅助绘图。使用这个工具,工程师已实现了甩开图板和图尺的梦想,从而实现了从手工绘图向计算机辅助的机器制图的转变。这场技术革命,解放了广大工程技术人员,促进了工程技术和工程建设跃上一个新台阶。

2.1.2 AutoCAD 的发展进程

AutoCAD 的发展可分为初级阶段、发展阶段、高级发展阶段、完善阶段和进一步完善阶段 5 个阶段,具体见表 2-1。

表 2-1 AutoCAD 发展阶段

AutoCAD 经历的阶段	AutoCAD 的版本	AutoCAD 发行日期	功能
初级阶段	AutoCAD V1.0	1982 年 11 月	正式出版,容量为一张 360 KB 的软盘,无菜单,命令需要记忆,其执行方式类似 DOS 命令
	AutoCAD V1.2	1983 年 4 月	具备了尺寸标注的功能
	AutoCAD V1.3	1983 年 8 月	具备文字对齐及颜色定义功能、图形输出功能
	AutoCAD V1.4	1983 年 10 月	图形编辑功能加强
	AutoCAD V2.0	1984 年 10 月	图形绘制及编辑功能增加,如 VSLIDE、MSLIDE、DXFIN、DXFOUT、VIEW、SCRIPT 等。至此,在美国许多工厂和学校都有了 AutoCAD
发展阶段	AutoCAD V2.17 AutoCAD V2.18	1985 年	出现了 Screen Menu,且命令不需要记忆,Autolisp 初具雏形,两张 360 KB 的软盘
	AutoCAD V2.5	1986 年 7 月	Autolisp 有了系统化语法,使用者可改进和推广,出现了第三开发商的新兴行业,5 张 360 KB 的软盘
	AutoCAD V2.6	1986 年 11 月	新增 3D 功能,此时 AutoCAD 已成为美国高校的必修课程

续表 2-1

AutoCAD经历的阶段	AutoCAD的版本	AutoCAD发行日期	功　能
发展阶段	AutoCAD R3.0	1987年6月	增加了三维绘图功能,并第一次增加了Auto Lisp汇编语言,提供了二次开发平台,用户可根据需要进行二次开发,扩充CAD的功能
	AutoCAD R9.0	1988年2月	此版本出现了状态行下拉式菜单。至此,AutoCAD开始在国外加密销售
高级发展阶段	AutoCAD R10.0	1988年10月	进一步完善R9.0,Autodesk公司已成为千人企业,普及广大普通用户
	AutoCAD R11.0	1990年8月	增加了AME(Advanced Modeling Extension),但与AutoCAD分开销售
	AutoCAD R12.0	1992年8月	采用DOS与Windows两种操作环境,出现了工具条
完善阶段	AutoCAD R13.0	1994年11月	AME纳入AutoCAD之中
	AutoCAD R14.0	1997年4月	适应Pentium机型及Windows95/NT操作环境,实现与Internet网络连接,操作更方便,运行更快捷,无所不到的工具条,实现中文操作
	AutoCAD 2000	1999年1月	提供了更开放的二次开发环境,出现了Vlisp独立编程环境。同时,3D绘图及编辑更加方便
进一步完善阶段	AutoCAD 2002	2001年6月	在整体除了能力和网络方面,都比AutoCAD 2000有了极大的提高。整体处理能力提高了30%,其中文档交换速度提高了29%,显示速度提高了39%,对象捕捉速度提高了24%,属性修改速度则提高了23%。AutoCAD 2002还支持Internet/Intranet功能,可协助客户利用无缝衔接协同工作环境,提高工作效率和工作质量
	AutoCAD 2004	2003年3月	Autodesk公司在北京正式推出AutoCAD软件——划时代的AutoCAD 2004(R16.0),Autodesk公司还公布了建筑业、基础设施和机械制造等10个行业应用解决方案
	AutoCAD 2005	2005年1月	提供了更为有效的方式来创建和管理包含在最终文档中的项目信息
	AutoCAD 2006	2006年3月19日	创建图形;动态图块的操作;选择多种图形的可见性;使用多个不同的插入点;贴到图中的图形;编辑图块几何图形;数据输入和对象选择

续表 2-1

AutoCAD 经历的阶段	AutoCAD 的版本	AutoCAD 发行日期	功　　能
进一步完善阶段	AutoCAD 2007	2006 年 3 月 23 日	拥有强大直观的界面,可以轻松而快速地进行外观图形的创作和修改,2007 版致力于提高 3D 设计效率
	AutoCAD 2008	2007 年 12 月 3 日	提供了创建、展示、记录和共享构想所需的所有功能。将惯用的 AutoCAD 命令和熟悉的用户界面与更新的设计环境结合起来,使您能够以前所未有的方式实现并探索构想
	AutoCAD 2009	2008 年 5 月	软件整合了制图和可视化,加快了任务的执行,能够满足个人用户的需求和偏好,能够更快地执行常见的 CAD 任务,更容易找到那些不常见的命令

2.1.3　AutoCAD 的特征

AutoCAD 采用良好的高级用户界面。AutoCAD 系统是一种交互式软件包,用户可以通过多种多样的途径与 AutoCAD 软件包实现对话,即除了采用键盘输入、屏幕菜单、鼠标、数字化仪器 4 种基本输入控制以外,还采取了高级用户界面(Advanced User Interface),即采取类似视窗的界面。

AutoCAD 通过交互菜单或命令行方式便可以进行各种操作。它的多文档设计环境,让非计算机专业人员也能很快地学会使用,在不断实践的过程中更好地掌握它的各种应用,并且可以采用多种方式进行二次开发或用户定制,从而不断提高工作效率。

AutoCAD 具有广泛的适应性,它可以在各种操作系统支持的微型计算机和工作站上运行,并支持分辨率由 320×200 到 2048×1024 的各种图形显示设备 40 多种,以及数字仪和鼠标器 30 多种,绘图仪和打印机数十种,这就为 AutoCAD 的普及创造了条件。

AutoCAD 之所以成为一个功能齐全、应用广泛的通用图形软件包,首先,它是一个可视化的绘图软件,许多命令和操作可以通过菜单选项和工具按钮等多种方式实现。而且 AutoCAD 具有丰富、完善的绘图和绘图辅助功能,如实体绘制、关键点编辑、对象捕捉、标注、鸟瞰显示控制等;它的强大的工具栏编辑功能、菜单设计、对话框、图形打开预览、信息交换、文本编辑、图像处理和图形的输出预览为用户的绘图带来很大方便。其次,它不仅二维绘图处理更加成熟,而且三维功能也更加完善,可方便地进行建模和渲染。

另外,AutoCAD 可以进行多种图形格式的转换,具有较强的数据交换能力;支持多种硬件设备、操作平台;AutoCAD 具有通用性、易用性,适用于各类用户;从 AutoCAD 2000 开始,该系统又增添了许多强大的功能,如 AutoCAD 设计中心(ADC)、多文档设计环境(MDE)、Internet 驱动、新的对象捕捉功能、增强的标注功能以及局部打开和局部加载的功能,从而使 AutoCAD 系统更加完善。

此外,AutoCAD 不但具有强大的绘图功能,更重要的是它的开放式体系结构,赢得了广大用户的青睐。

2.2 AutoCAD 的基本操作

2.2.1 AutoCAD 2004 的操作界面

AutoCAD 2004 是 CAD 发展史上划时代的产品,为此本书均以此版本介绍 CAD 的相关知识。

在安装了 AutoCAD 2004 后的前提下,双击桌面图标 ,即进入到该软件界面中。

AutoCAD 2004 操作界面由标题栏、菜单栏、绘图栏、十字光标、用户坐标系图标、命令行、状态栏、工具栏和滚动条等元素组成,如图 2-1 所示。

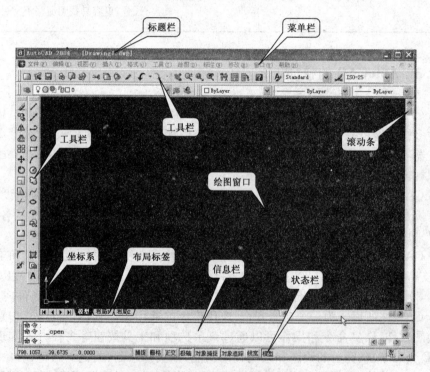

图 2-1 AutoCAD 2004 界面

1) 标题栏

标题栏(图 2-1)位于应用程序窗口的最上面,用于显示当前正在运行的程序名及文件名等信息,如果是 AutoCAD 默认的图形文件,其名称为 DrawingN.dwg(N 是数字)。单击标题栏右端 按钮,可以最小化、最大化或关闭应用程序窗口。标题栏左边显示 是应用程序的小图标,单击它将会弹出一个 AutoCAD 窗口控制下拉菜单,可以执行最小化、恢复窗口、移动窗口、关闭 AutoCAD 等操作。

2) 菜单栏

在 AutoCAD 2004 操作界面中,菜单栏(图 2-1)位于标题栏的下方,单击任何一个菜单名称，即可显示出下拉式菜单的子菜单。AutoCAD 2004 包含"文件"、"编辑"、"视图"、"插入"、"格式"、"工具"、"绘图"、"标注"、"修改"、"窗口"、"帮助"11 个菜单，几乎包括了 AutoCAD 中全部的功能和命令。

将鼠标移至菜单名上并单击鼠标左键，即可打开下拉菜单。

打开的菜单上如带有▶符号，表示还有下一级菜单，习惯上叫做子菜单或子选项。下拉菜单右边有"…"，将显示出与该项有关的对话框。

快捷菜单又称为上下文相关菜单。在绘图区域、工具栏、状态行、模型与布局项卡以及一些对话框上右击时，将会弹出一个快捷菜单，该菜单中的命令与 AutoCAD 当前状态相关。使用它们可以在不启动菜单栏的情况下快速、高效地完成某些操作。

3) 工具栏

工具栏是由常用命令按钮组成的窗口，是应用程序调用命令的另一种方式，右下角带有小黑三角形的按钮可以弹出子工具栏，如图 2-1 所示。在 AutoCAD 中，系统共提供了 20 多个已命名的工具栏。将鼠标移动到按钮上，将显示该按钮的功能提示。单击鼠标左键，可激活相应的命令。

默认情况下，"标准"、"样式"、"图层"、"对象特征"、"绘图"、"修改"等工具栏处于打开状态，如图 2-2 所示。其中位于菜单栏的下面(绘图区上面)水平放置的是"标准"、"样式"、"图层"和"对象特征"；垂直放置的"绘图"和"修改"两个工具栏位于绘图区的左侧，具体位置如图 2-1 所示。

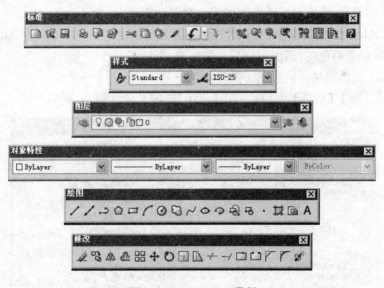

图 2-2　AutoCAD 工具栏

AutoCAD 在缺省界面只是显示如前所述 6 个工具栏，若想调出或取消一个工具栏，方法有：

(1) 将光标移至任意工具栏上，单击鼠标右键，在弹出的工具栏快捷菜单中选择需要打开的菜单选项，前面显示"√"者为打开的工具栏，再次选择它将关闭该工具栏。

(2) 选择菜单"视图/工具栏"或"工具/自定义/工具栏"，或者在命令行输入"TOOLBAR"命令，均可打开如图 2-3 所示的"自定义"或对话框"工具栏"选项卡，根据需要在"工具栏"列表框中打开或关闭工具栏。

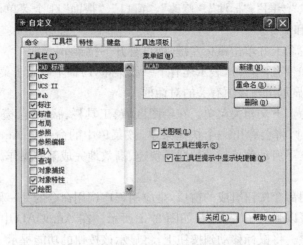

图 2-3　"自定义"对话框

4) 绘图窗口

在 AutoCAD 中绘图窗口是位于屏幕的中心(图 2-1),是用来绘制、修改并显示图形的工作区域,所有的绘图结果都反映在这个窗口中。可以根据需要关闭其周围和里面的各个工具栏,以增进绘图空间。如果图纸比较大,需要查看未显示部分时,可以单击窗口右边与下边滚动条上的箭头,或拖动滚动条上的滑块来移动图纸。

在 AutoCAD 的默认设置中,所有的绘图结果都反映在这个窗口中。在 AutoCAD 默认的设置中,该窗口是黑色的,四周围绕着灰色区域。

用户可以改变绘图窗口的颜色。操作步骤如下:

(1) 单击【工具】/【选项】对话框,打开【显示】选项卡,如图 2-4 所示。

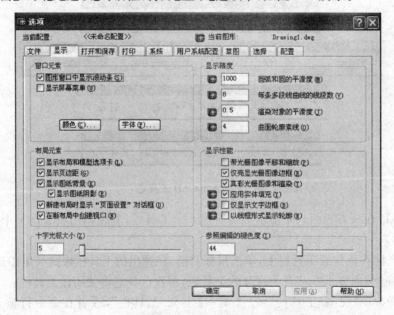

图 2-4　使用【显示】选项卡改变绘图窗口的颜色

(2) 在【窗口元素】选项卡下单击【颜色】按钮,打开"颜色选项"对话框,如图 2-5 所示。

(3) 单击【模型选项卡】或【窗口元素】列表中的【模型空间背景】,然后在【颜色】下拉列表中选择颜色。

(4) 单击【应用并关闭】按钮,关闭"颜色选项"对话框。

(5) 单击【确定】按钮,关闭【选项】对话框。

屏幕的颜色将随用户所选定的颜色而改变。不过绘图窗口设为黑色,可以使图层的颜色对比鲜明。

5) 信息栏(命令窗口)

绘图区域的下方是命令窗口(Command Window),如图 2-1 所示。命令窗口由两部分组成,即命令行和命令历史窗口(又称为文本窗口)。命令行(Command Line)窗口位于绘图窗口的底部,显示用户从键盘输入的内容,并显示 AutoCAD 提示信息。

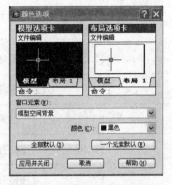

图 2-5 "颜色选项"对话框

"AutoCAD 文本窗口"是记录 AutoCAD 命令的窗口,是放大的"命令行"窗口,它记录了已执行的命令,也可以用来输入新命令。

6) 状态栏

状态栏位于操作界面的底部,左端显示绘图区中光标定位点的坐标 x、y、z,坐标右侧依次有"捕捉"、"栅格"、"正交"、"极轴"、"对象捕捉"、"对象追踪"、"线宽"、"模型"等功能按钮。如图 2-6 所示。

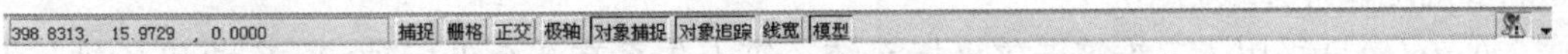

图 2-6 AutoCAD 状态栏

状态栏各部分的功能如下:

(1)【坐标】

在绘图窗口中移动光标时,状态行的【坐标】将动态地显示当前坐标值。在坐标区单击鼠标右键,程序将弹出快捷菜单,显示【相对】、【绝对】和【关】3 种模式。在坐标区双击鼠标左键,在"命令行"将交替显示<坐标关>、<坐标开>的内容。如果当前模式为【坐标关】,在绘图窗口移动鼠标将无法显示光标当前坐标。

(2)【状态行菜单】

单击状态行右端的"▼"按钮,打开状态行菜单,用户可以选择或取消菜单上的命令选项以控制状态栏的显示。

按住状态栏上的【正交】按钮并反复按 F8 键,会出现【正交】按钮在不断地起伏变化。也就是说,状态栏上的作图辅助工具的开关还可以通过快捷键进行操作,F1~F12 快捷键的作用见表 2-2 所示。

表 2-2 F1~F12 快捷键的作用

快捷键	作　用	快捷键	作　用
F1	打开 AutoCAD 的帮助	F2	文本窗口开关

续表 2-2

快捷键	作用	快捷键	作用
F3	对象捕捉开关	F8	正交开关
F4	数字化仪开关	F9	捕捉开关
F5	等轴测平面开关	F10	极轴开关
F6	坐标开关	F11	对象追踪开关
F7	栅格开关	F12	动态输入开关

2.2.2 AutoCAD 的基本概念

在学习 AutoCAD 操作之前,有必要学习一下 AutoCAD 的一些基本概念,这有助于我们掌握 AutoCAD 的操作,加深对 AutoCAD 系统功能和命令的理解,以下以 AutoCAD 2004 为例进一步说明。

1) 坐标系

在绘制图形过程中,要精确定位某个对象时,必须以某个坐标系为参照体系,以便于获取点的位置,AutoCAD 坐标系为用户提供了精确绘制图形的方法,可以按照非常高的精度标准准确地设计并绘制图形。

AutoCAD 采用了三维笛卡尔坐标系统。笛卡尔系有 3 个坐标轴:X、Y 轴和 Z 轴。根据 X、Y、Z 轴,当输入某点坐标值时,以相对于坐标系原点(0,0,0)的距离和方向确定该点。AutoCAD 为了用户操作方便设有世界坐标系统(World Coordinate System,WCS)和用户坐标系统(User Coordinate System,UCS)。

世界坐标系(WCS)是 AutoCAD 中的基本坐标系。这是一个绝对坐标,它定义的是一个三维空间,X-Y 平面为屏幕平面,原点为屏幕的左下角,三轴之间由右手准则确定。在图形的绘制期间,世界坐标系的原点和坐标轴的方向都不会改变。在 AutoCAD 启动时首先进入图形编辑缺省状态为世界坐标系。实体在通用坐标系中的坐标为绝对坐标,所有实体的数据都以该系统为基础。

AutoCAD 除了采用世界坐标系统外,还提供了可以自定义坐标系,即用户坐标系。用户坐标系在世界坐标系内可取任一点设置为原点,其坐标轴方向也可任意转动和移动。用户坐标系也是三维笛卡尔坐标系。X、Y、Z 轴按右手规则定义,坐标为相对坐标。采取用户坐标系的优点是选取适当的原点以及适当的坐标轴方向来定义的坐标系,可以将一个复杂的三维绘图简化为二维绘图问题。定义用户坐标系通常有两种方法:一是指定新的 X-Y 平面;二是指定新的坐标原点。

AutoCAD 在世界坐标系和用户坐标系中的坐标输入,既可以采用绝对坐标值和相对坐标值,又可以采用极坐标来绘图。针对不同的要求,选择适当的坐标系和坐标输入方法,会取得事半功倍的效果。

2）图形界限和范围

图形界限是指选定的图形区域，所要绘制的图形将安排于其中。图形界限是采用 LIMITS 命令根据所绘图形的要求确定的。在这个区域中可以使用 AutoCAD 的一个很重要的绘图辅助工具——栅格。当打开栅格帮助定位时，会出现一个覆盖图形区域的网格状的点阵阵列。实际上图形界限也就是栅格覆盖的区域。

图形范围是指这样的一个矩形区域，它恰好可以将所有图形包含其中。一般来说，图形范围应包含在图形界限中，但实际上有可能图形范围超出图形界限，甚至完全处于图形界限之外。这是由图形界限设置不当或绘图定位不好造成的，如此就难以发挥 AutoCAD 栅格辅助绘图功能。

在实际绘图中，我们可以将界限检验开关置于 ON 状态，这时图形界限就确定了图形范围，任何图形界限以外的实体均不被 AutoCAD 接受，可避免在图形界限之外绘图。图形界线设置具体见表 2-3。

表 2-3 绘图环境命令、图形显示命令操作

序号	类型	操作方法	说明
1	图形界线 (Limits)	方法 1：下拉菜单：【格式】/【图形界线】；方法 2：命令行输入：Limits	启动命令后出现提示："重新设置模型空间界线：指定左下角点或[开(ON)/关(OFF)]<0.000,0.000>"，分别表示：①指定左下角点<0.000,0.000>：设置绘图边界的左下角，完成此设置后根据系统提示设置右上角点；②[开(ON)/关(OFF)]：打开或关闭边界检查开关
2	绘图单位 (Ddunits)	方法 1：下拉菜单：【格式】/【单位】；方法 2：命令行输入：Units 或 Ddunits	激活命令后，出现如图 2-7 所示对话框，在该对话框的"长度"区和"角度"区分别允许用户选择长度单位(Units)类型和角度(Angles)单位类型以及它们的精度
3	光标捕捉 (Snap)	方法 1：双击状态栏上【捕捉】按钮；方法 2：功能键：F9；方法 3：命令行输入：Snap	启动命令后出现："指定捕捉间距或[开(ON)/关(OFF)/纵横向间距(A)/旋转(R)/样式(S)/类型(T)]<10.000>]"：
4	目标捕捉 (Osnap)	方法 1：下拉菜单：【工具】/【草图设置】/【对象捕捉】；方法 2：命令行输入：Osnap	打开【工具】/【草图设置】并选择【对象捕捉】选项，出现如图 2-8 所示的对话框，在所选的捕捉模式前面打勾，点击"确定"，即设置完成
5	图层 (Layer)	方法 1：下拉菜单：【格式】/【图层】；方法 2：工具栏：【对象特性】/【图层管理器】；方法 3：命令行输入：Layer(或者简化命令 La)	发出命令后，将弹出如图 2-9 所示的对话框

续表 2-3

序号	类型	操作方法	说明
6	线型(Linetype)	方法 1：下拉菜单：【格式】/【线型】；方法 2：命令行输入：Linetype	发出命令后，将弹出如图 2-10 所示的对话框。该对话框的 Linetype 选项卡将允许用户对图形线型进行控制。图 2-11 是将选定的线型加载到图形中，并且添加到线型列表中
7	颜色(Color)	方法 1：下拉菜单：【格式】/【颜色】；方法 2：命令行输入：Color	发出命令后，将弹出如图 2-12 所示的对话框，该对话框允许用户选择实体颜色
8	线宽(Lineweight)	方法 1：下拉菜单：【格式】/【线宽】；方法 2：命令行输入：Lineweight(Lweight)	发出命令后，将弹出如图 2-13 所示的对话框，该对话框将允许用户对线宽、单位等进行设置
9	查询	下拉菜单：【工具】/【查询】	点击【工具】/【查询】，会弹出二级子菜单，从这些子菜单可以查询图形实体和图形文件各方面的信息
10	缩放(Zoom)	方法 1：下拉菜单：【视图】/【缩放】；方法 2：命令行输入：Zoom(或者简化命令 Z)	启动命令后，系统出现提示："指定窗口角点，输入比例因子(nX 或 nP)或[全部(A)/中心点(C)/动态(D)/范围(E)/上一个(P)/比例(S)/窗口(W)]<实时>："
11	平移(Pan)	方法 1：下拉菜单：【视图】/【平移】；方法 2：命令行输入：Pan(或者简化命令 P)	发出命令后，将进入实时平移状态，屏幕上的鼠标将变成一个小手的形状。命令行会出现如下提示："按 Esc 或 Enter 键退出"，但单击右键显示快捷菜单，用户可以根据需要移动鼠标以选取希望观看的视图区；点击鼠标右键允许用户选择其他选项或者退出
12	鸟瞰视图(Dsviewer)	方法 1：下拉菜单：【视图】/【鸟瞰视图】；方法 2：命令行输入：Dsviewer	如果图形特别大，可以使用命令来观察图形。发出该命令后会在屏幕的右下角弹出一个"鸟瞰视图"小窗口，利用该窗口可以对图形进行漫游观看
13	快速缩放(Viewers)	命令行输入：Viewers	发出命令后，命令行会出现如下提示：①"是否需要快速缩放？[是(Y)/否(N)]/<Y>："，用户可以在所给提示下输入"y"以设置圆、圆弧分辨率；②"输入圆的缩放百分比(1—20000)<1000>："，输入圆的显示分辨率(1—20000)之间的整数或按回车键
14	重新生成(Regen)	方法 1：下拉菜单：【视图】/【重生成】；方法 2：命令行输入：Regen	该命令用于重生成图形并刷新显示当前视图；同时，能把图形文件中所有对象的数据和几何特征重新生成新图形，并重新对图形数据进行索引，从而优化显示和对象选择的性能

图 2-7 "图形单位"对话框　　　　图 2-8 "草图设置"对话框

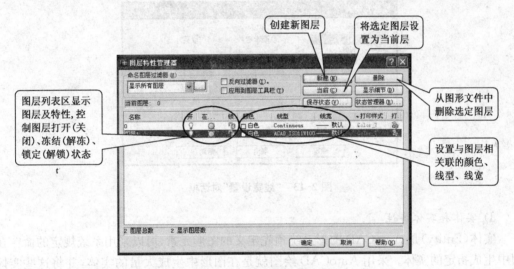

图 2-9 "图层特性管理器"对话框

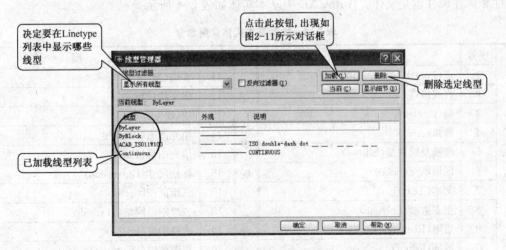

图 2-10 "线型管理器"对话框

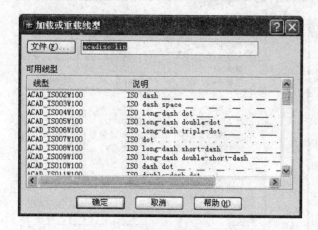
图 2-11 "加载或重载线型"对话框

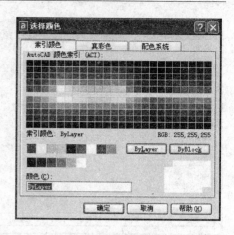
图 2-12 "选择颜色"对话框

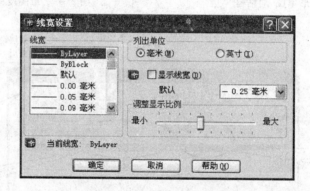
图 2-13 "线宽设置"对话框

3) 实体和实体特性

实体(Entity)是 AutoCAD 图形系统预先定义的图形元素,可以采用系统规定的命令在图中生成指定的实体。采用 AutoCAD 绘图就是在图形中生成大量的实体,并将这些实体组织好,进行编辑处理,完成图形的绘制。点、直线、圆弧是绘图中的常用实体,图形中文字、属性和标注尺寸也是实体。AutoCAD 中基本实体如表 2-4 所示。

表 2-4 绘制基本实体常用命令

	序号	类型		序号	类型
基本实体	1	点(Point)	基本实体	11	多线(Mline)
	2	直线段(Line)		12	多义线(Pline)
	3	圆(Circle)		13	块(Block)
	4	圆弧(Arc)		14	填充图案(Bhatch)
	5	椭圆及椭圆弧(Ellipse)		15	填充图形(Fill)
	6	区域填充(Solid)		16	标注尺寸(Dimension)
	7	文本(Text)		17	三维面(3Dface)
	8	正多边形(Polygon)		18	三维矩形网格(3Dmesh)
	9	矩形(Rectangle)		19	光栅图像(Image)
	10	圆环(Donut)		20	视图窗口(Viewport)

这些实体都有绘制它的命令以及编辑修改它的命令。每个实体除具有形状和大小之外还具有如下特性：

（1）图层（Layer）

图层对 AutoCAD 初学者来说是一个较难接受的概念。在手工绘图中只有一张图纸，因而没有图层这个概念。在 AutoCAD 中，用户就可以通过 Layer 命令将一张图形分为若干图层，将不同特性的实体放在不同图层以便于图形内容的检查、管理，针对不同层可以赋予该图层中实体的线型和颜色。为了方便绘图，用户可以任意打开或关闭、冻结或解冻，以及锁定或解锁某些图层。每个图形由许多图层组成，其中零图层是 AutoCAD 缺省的唯一图层，不能删除。这些图层相当于一张张透明的图纸，每个图层的空间完全重合，用户每次绘图只能在其中某一图层操作。用户在绘制任何图层图形时，应将该图层设置为当前图层，此时所建的实体特性若随图层变化，将保持与图层设定的线型、颜色、开关等相同变化。由于图层的概念，使用户更方便地将不同特性的实体分类在不同的图层，通过对图层的操作使图形的编辑更加方便。

（2）颜色（Color）

实体的另一个特性是颜色，每个实体都有颜色。实体颜色的设置通常由所在层的颜色确定。用户也可以通过 Change 命令来改变某一指定实体的颜色，这时该实体将不会随着所在图层的变化，且不会因位于另外图层中而改变颜色。

图层颜色的定义要注意两点。一是不同的图层一般而言要用不同的颜色，这样做是为了在画图时可以明显的进行区分。如果两个图层是同一颜色，那么在显示时，就很难判断正在操作的图元在哪一个层上。二是通常颜色应该根据打印时线宽的粗细来选择，打印时，线形设置越宽的，该图层就应该选用越亮的颜色。如此操作可以在屏幕上很直观地反映出线型的粗细。

（3）线型（Linetype）

这是由直线、弧、圆、多义线等线条组成的实体所具有的一般特性。这些实体都有一种相应的线型，每一种线型都有一个名字和定义。名字是线型的标识。定义规定了该线型的线段和空位交替的特定序列。实体的线型与颜色特点相类似，新生成的实体线型是当前层确定的，并随所在层线型特性的变化而变化。也可通过 Change 命令重新修改其线型，所获线型特性不随上述变化而改变。

常用的线型有 3 种：一是 Continous 连续线；二是 ACAD-IS002W100 点划线；三是 ACAD-IS004W100 虚线。一张图纸是否好看、是否清晰，其中重要的一个因素就是是否层次分明。一张图形里，有细线、中等宽度的线以及粗线，这样绘制的图形形式才丰富。打印出来的图纸，能够根据线的粗细来区分同类型的图元，什么地方是墙，什么地方需要标注，因此在线宽设置时，一定要将粗线明确。如果一张图全是一种线宽，那么就会造成主次不分等问题，大大影响了图纸质量，图纸的可视性很差。线形设置具体见表 2-3。

4）图形显示

AutoCAD 向用户提供了多种方式观看绘制过程中的图形或图形以特定的显示比例、观察位置和角度显示在屏幕上的结果。控制图形显示就是控制显示比例、观察位置和角度，其中最常见的方法是放大和缩小图形显示区中的图形。平移就是将图形平移到新位置以便观看，不改变显示比例。

(1) 缩放(Zoom)和平移(Pan)

Zoom 命令用来控制图形对象在屏幕上显示的大小和范围。需要强调的是,Zoom 命令虽然能够使用户看到图形对象在屏幕上放大或缩小,但是它并没有改变图形的物理尺寸,Zoom 命令的功能就像使用照相机观察物体一样,改变的只是镜头与观察对象的距离,靠近观察对象自然就感觉图形放大,可以看到局部的细节;远离观察对象就感觉到缩小,可以看到图形的大部分内容。

另外,采用 Zoom 命令的实时缩放(Realtime)可使屏幕显示的图形随着鼠标的上下移动实时地放大或缩小。使用实时缩放时,光标边长带加号和减号的放大镜,按住鼠标左键向上/向下移动放大镜光标可放大/缩小图形,释放鼠标左键后,本次缩放停止。当连续进行实时缩放操作达到缩放的极限时,图形将无法继续放大或缩小,光标上的符号"+"或"一"将消失。

用户也可以将图形在不改变缩放系数的情况下在任何方向平移(Pan)。通过平移,可以观察图的不同部分,包括位于屏幕以外图形的其他部分。与实时缩放类似,Pan 也有实时交互平移的功能。当显示图形处于实时平移模式时,按住鼠标左键不放,拖动鼠标将图形移动到新的位置。缩放(Zoom)和平移(Pan)命令操作见表 2-3。

(2) 鸟瞰视图

鸟瞰视图又称为"鹰眼"视图,它是一种快速定位工具。鸟瞰视图在另外一个独立的窗口中显示整个图形,在这个独立窗口中操作可以实现快速移动到目的区域。

图形的缩放、平移、鸟瞰视图,都是将屏幕作为"窗口"使用,通过窗口来进行看图,图形本身坐标、大小均不发生变化。

5) 使用块

AutoCAD 为了方便绘图操作,还提供使用块这种方式进行快捷地绘图。图块是由一组图形实体构成的一个集合。在一个图中,各图形实体均有各自的线型、颜色和状态,即都拥有各自的图层。但是系统总是把图块当作一个单独的完整对象来操作。可以根据需要将图块按给定的缩放系数和旋转角度插入指定的任何位置,也可以块的使用将许多对象作为一个部件进行复制、移动、缩放、变形等操作,具体操作见表 2-3。

在插入时可选择定义比例缩放和旋转。等比例插入的块才可以分解,方可对其组成的实体对象进行修改。使用块方便类似图形的重复利用。

使用块的优点在于:

(1) 建立常用符号、部件、标准件的标准图形库,可以利用此特性进行 AutoCAD 的二次开发。

(2) 修改图形时,使用块操作比使用许多简单实体具有更高的效率。

(3) 格式化实体组成块后,将节省存储空间。

6) 精确绘图辅助

为了更准确、更快捷地绘图,AutoCAD 提供了一些辅助工具如栅格(Grid)、捕捉(Snap)、正交(Ortho)等来帮助用户进行更精确地绘图。

(1) 栅格(Grid)和捕捉栅格(Snap)工具

栅格是覆盖在图形界限范围内的可见矩形点阵(如图 2-14),它不属于图形对象,因此不会绘制在输出的图纸上。在绘图过程中,栅格具有以下功能:

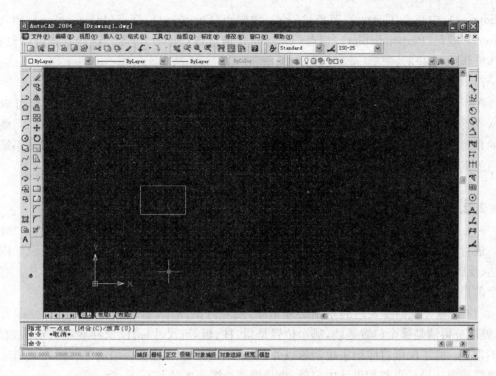

图 2-14 显示栅格设置

① 作为视觉参考工具

栅格类似于手工绘图时放在透明纸下的栅格纸或坐标纸,帮助用户观察图纸对象的尺寸和相对位置。当设置栅格间距后,可以根据栅格的间距数量判断出所绘制图形的尺寸,如图 2-14 所示,栅格间距设置为 1 000,可看到图示中的矩形长度和宽度分别为 8 000 和 4 000。

② 显示图形界限的范围

当使用 Limits 命令指定图形界限后,用户并不能立即在屏幕上看到图形界限的范围,因此从视觉上感受不到图形界限的变化。此时,必须单击【视图】/【缩放】/【全部】按钮(此时栅格已经设置完毕),将屏幕的显示范围调整至图形界限,并将栅格打开才可以显示出所设定的图形界限范围。

(2) 光标捕捉(Snap)

Snap 命令用于控制鼠标光标每个移动单位的距离,从而使用户能够在绘图区准确定位鼠标光标点。例如,若设定光标捕捉间距为 50,那么光标每移动一个最小单位为 50。具体操作见表 2-3。

(3) 正交模式(Ortho Mode)

所谓正交模式,是限制光标只能在水平或垂直方向上移动。在 AutoCAD 中,水平和垂直是指平行于当前坐标系 X 轴或 Y 轴。具体操作见表 2-3。

(4) 目标捕捉工具

绘图时用户经常需要精确定位到对象上的某一点,如直线的中点、端点,圆的圆心等。直接在对象上用光标寻找,偏差是难免的。误差累积绘出的图一定难以满足要求。利用 AutoCAD 提供的对象捕捉工具,可以选择对象捕捉方式。其方式有:端点(Endpoint)、中点

(Midpoint)、中心点(Center)、节点(Node)、象限点(Quadrant)、交点(Intersection)、插入点(Insert)、垂足(Perpendicular)、切点(Tangent)、最近点(Nearest)等。这些方式可以复选，具体操作见表 2-3。

7) 文件存取命令

AutoCAD 的文件管理与 Office 办公管理软件很相似。在 AutoCAD 中同样可以用 New 命令、Open 命令、Save 命令新建图形文件，打开已有图形文件，存储图形文件。需要注意的是对文件的路径设置要合理，以利于文件的管理和操作。在实际操作中，可以从系统主界面的 File 下拉菜单中直接点取上述文件存取命令。

2.2.3 AutoCAD 的基本操作

进行工程设计，不管是什么专业、什么阶段，实际上都是要将某些设计思想或设计内容表达、反映到设计文件上。而图纸，就是一种直观、准确、醒目、易于交流的表达形式。有了这个前提，我们就应该明白，质量好的计算机绘制的图纸应该具有以下两个特征：

(1) 清晰。我们要表达的东西必须清晰，质量好的图纸，看上去一目了然。一眼看上去，就能分得清楚哪个位置是墙，哪个位置是梁、柱、板等；尺寸标注、文字说明等清清楚楚，互不重叠。除了图纸打印出来很清晰以外，在显示器上显示时也必须清晰。图面清晰除了能清楚地表达设计思路和设计内容外，也是提高绘图速度的基石。

(2) 准确。200 mm 宽的梁不能画成 240 mm；留洞不能尺寸上标注的是 1 000 mm × 2 000 mm，而实际测量却是 1 250 mm×2 100 mm；更常见的错误是分明是 3 000 mm 宽的一条线，量出来却是 2 999.87 mm。制图准确不仅是为了好看，更重要的是可以直观地反映一些图面问题，对于提高绘图速度也有重要作用，特别是在图纸修改时。

我们在使用 CAD 绘图时，每时每刻都应该把以上两点铭刻在心。只有做到这两点，才能够说绘图方面基本过关了。

图面要清晰、准确，在绘图过程中，同样重要的一点就是高效了。能够高效绘图，可以大大提高工作效率。

清晰、准确、高效是 AutoCAD 软件使用的 3 个基本点。在 AutoCAD 软件中，除了一些最基本的绘图命令外，其他的各种编辑命令、各种设置定义，可以说都是围绕着清晰、准确、高效这 3 个方面来编排的。我们在学习 AutoCAD 中的各项命令、各种设置时，都要思考一下，如何在绘图时能够做到这 3 点，即在绘制图形时应该考虑在什么情况和条件下，使用这些命令最为合适。

AutoCAD 软件中有非常多的命令，如何才能掌握主要的一些命令，并且合理地运用呢？在 CAD 中，要绘制或者编辑某一个图元，一般来说有好几种方法，作为一个合格的绘图员，应该合理地运用最为恰当的方法。

我们先来看看 CAD 中有哪些命令。一般而言，可以把这些命令分为 4 类。第一类是绘图类；第二类是编辑类；第三类是设置类(上文已论述，在此不再赘述)；第四类是其他类，包括标注、视图等。

1) 绘图类命令

绘图命令是 AutoCAD 的精髓，也是用户在 AutoCAD 中绘图时使用得最频繁的命令，它们不仅能够满足传统绘图的所有要求,而且许多功能所能完成的绘图质量和效率是传统工具无法比拟的。常用绘图命令及操作具体见表 2-5 所示。

表 2-5　绘图命令及操作

序号	类型	操作方法	说　明
1	直线 (Line)	方法 1:下拉菜单:【绘图】/【直线】;方法 2:工具栏:【绘图】/【直线】;方法 3:命令行:line(简化命令 l)回车后根据命令行提示绘制直线	一般而言,除了第一点采用绝对坐标(即相对坐标原点的),其他点可以采用相对坐标(@dx,dy),dx,dy 分别为与前一个点 X、Y 方向的距离
2	构造线 (Xline)	方法 1:下拉菜单:【绘图】/【构造线】;方法 2:工具栏:【绘图】/【构造线】;方法 3:命令行:xline 回车后根据命令行提示绘制直线	启动命令后系统出现提示:水平(H)/垂直(V)/角度(A)/二等分(B)/偏移(O):分别表示绘制定点的水平、垂直、与 X 轴有夹角、平分一已知角的构造线或绘制与一已知平行的构造线
3	多线 (Mline)	方法 1:下拉菜单:【绘图】/【多线】;方法 2:命令行:mline(或者简化命令 ml),在绘制多线时,首先应根据绘制内容定义多线样式,具体为:【格式】/【多线】/【多线样式】/【元素特性】(及【多线特性】)	启动命令后出现提示:对正(J):上(T)/无(Z)/下(B)分别用于光标在下方/原点/上方控制多线;比例(S):控制多线的宽度系数,但这个系数不影响线型比例
4	多义线 (Pline)	方法 1:下拉菜单:【绘图】/【多段线】;方法 2:工具栏:【绘图】/【多段线】;方法 3:命令行输入:pline(或者简化命令 pl)	启动命令后出现提示:用户可以设定各个线段宽度形成一组或闭合的多义线,绘制弧线段时,弧线起点为前一个线段的端点;用户可以根据命令行提示指定圆弧段的角度、圆心、方向和弧的半径,也可以通过指定另一点和一个端点来完成弧段的绘制。此命令常用于绘制结构中的钢筋线等粗线
5	矩形 (Rectang)	方法 1:下拉菜单:【绘图】/【矩形】;方法 2:工具栏:【绘图】/【矩形】;方法 3:命令行输入:rectangle(或者简化命令 rectang)	启动命令后出现提示:指定第一个角点或[倒角(C)/标高(E)/圆角(F)/厚度(T)/宽度(W)分别表示,指定矩形第一个角点/设置倒角距离/指定标高/设置圆形倒角的半径/指定矩形]的厚度及线条宽度
6	圆弧(Arc)	方法 1:下拉菜单:【绘图】/【圆弧】;方法 2:工具栏:【绘图】/【圆弧】;方法 3:命令行输入:arc(或者简化命令 a)	启动命令后出现提示:arc 指定圆弧或[圆心(C)],选择该提示下的各选项以及选择各后续选项将允许用户以各种方式画圆

续表 2-5

序号	类型	操作方法	说　　明
7	圆（Circle）	方法1：下拉菜单：【绘图】/【圆】；方法2：工具栏：【绘图】/【圆】；方法3：命令行输入：circle(或者简化命令 c)	下拉菜单：【绘图】/【圆】会弹出"圆"的下级子菜单，即通过分别指定圆心和半径/圆心和直径/3 点/2 点/2 个相切对象和半径/3 个相切对象画圆
8	图案填充（Bhatch）	方法1：下拉菜单：【绘图】/【图案填充】；方法2：工具栏：【绘图】/【图案填充】；方法3：命令行输入：bhatch	启动填充命令后，出现如图 2-15 所示对话框：【类型】下拉列表框有：预定义/用户定义/自定义分别表示按指定预定义的 CAD 图案填充/根据图形当前线型创建直线图案，用户可以控制其定义图案中直线的角度和间距/指定以任意定义 PAT 文件定义图案。点击【图案】下拉列表框可以从图像列表选择图案。【比例】用于输入放大或缩小的图案
9	图块(Block)	方法1：下拉菜单：【绘图】/【块】；方法2：工具栏：【绘图】/【块】；方法3：命令行输入：block(或者简化命令 b)	启动块命令后，出现如图 2-16 所示的对话框，用 Block 定义的块只能在本文件中使用；在确定块名称时，不应与已有块名相同，块名无大小写之分
10	插入图块（Insert）	方法1：下拉菜单：【插入】/【块】；方法2：工具栏：【绘图】/【插入块】；方法3：命令行输入：insert	发出命令后，将弹出如图 2-17 所示的对话框，利用此对话框，可以插入指定名称的块和文件

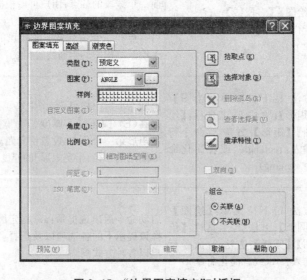

图 2-15　"边界图案填充"对话框

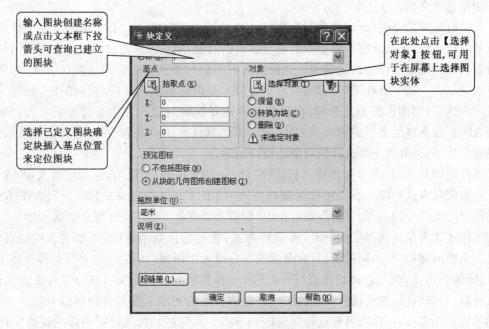

图 2-16 "块定义"对话框

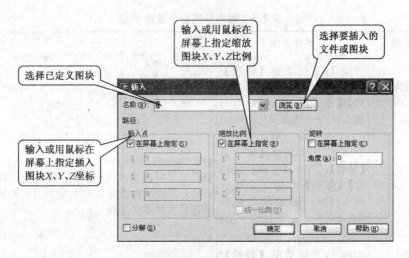

图 2-17 "插入"对话框

2）编辑类命令

编辑类命令是 AutoCAD 的重要内容，它所提供的编辑工具不仅能够使用户大大加快绘图速度，而且能够随心所欲地对图形进行修改，强大的编辑功能和绘图效率充分体现了 AutoCAD 的优势。

所谓图形编辑命令，顾名思义是对指定的图形对象进行编辑。因此，这类命令在操作上有明显的特点：第一步是选定需要编辑的对象；第二步是对所选定图形进行指定的编辑。这类命令可以从下拉菜单【修改】栏里和编辑命令图标的工具条中点取。

由于选定编辑对象是所有编辑命令中必须完成的一步操作，所以首先对选择图形对象的方法做总体介绍。

在执行编辑命令时(此时命令行出现"Select Objects"的提示),十字光标被一个小正方形框所取代,该框为拾取框。将拾取框移至编辑的对象,单击鼠标左键,即可选中图形目标,此时被选中的图形实体呈高亮显示。这种拾取框图形对象的方法为系统默认方式,即所谓的单点选取法。初学者在编辑图形时,开始可以主要以此方法为手段进行操作。经过一段时间的训练后,当图形渐渐复杂时,会感到这种选择编辑对象的方法有时效率不高。事实上,CAD有很丰富的选择编辑对象方法,除了系统默认的单点选取法外,还有窗口选取法、折线选取法等,另外对于所选择的对象还可以剔除。

执行编辑命令时,命令行出现目标选择"(Select Objects):"提示,这时可键入W(Window一般窗口方式)、C(Crossing交叉窗口方式)或F(Fence栏选方式)等。所谓W方式,就是用给出的两个角点(第一角点和对角点)位置来定义矩形窗口,只有完全落入矩形窗口内的实体才认为是被选择了的对象;所谓C方式,也是给出对角点(第一角点和对角点)位置来定义矩形窗口,所不同的是,只有全部或部分落入矩形窗口内的实体才算是被选择了的对象;所谓F方式,就是以此给出点(First Fence和其他Endpoint of Line)位置来定义(闭合或开口)的折线段,被线段所碰到的实体算是选择了的对象。如果所选择的对象中,有需要剔除的误选实体,可以在目标选择"(Select Objects):"提示时,选择需剔除的误选实体即可。表2-6中列出了常用编辑命令及操作。

表2-6 图形编辑命令及操作

序号	类型	操作方法	说 明
1	擦除(Erase)	方法1:下拉菜单:【修改】/【擦除】;方法2:工具栏:【修改】/【擦除】;方法3:命令行输入:Erase(或者简化命令e)	从图形中删除所选定的实体
2	复制(Copy)	方法1:下拉菜单:【修改】/【复制】;方法2:工具栏:【修改】/【复制】;方法3:命令行输入:Copy(或者简化命令cp)	启动命令后,系统反复出现提示:①"选择对象:",指选择需要复制的实体;②指定基点或位移或[重复](M)分别表示在指定方向上按指定的距离复制或将所选定实体多次复制
3	移动(Move)	方法1:下拉菜单:【修改】/【移动】;方法2:工具栏:【修改】/【移动】;方法3:命令行输入:Move(或者简化命令m)	启动命令后,系统反复出现提示:①"选择对象:",提示选择要移动的实体;②"指定基点或位移:",分别表示在指定一个点作为基点;③"指定位移或第二点或<用第一点做位移>:",在此提示下指定第二点
4	镜像(Mirror)	方法1:下拉菜单:【修改】/【镜像】;方法2:工具栏:【修改】/【镜像】;方法3:命令行输入:Mirror(或者简化命令mi)	启动命令后,系统反复出现提示:①"选择对象:",提示选择要镜像的实体;②"指定镜像第一点:",指定镜像线第一点;③"指定镜像第二点:",指定镜像线第二点;④"是否删除对象?[是(Y)/否(N):",输入Y生成镜像图形同时删除源对象,输入N生成镜像图形同时保留源对象

续表 2-6

序号	类型	操作方法	说 明
5	偏移复制(Offset)	方法1:下拉菜单:【修改】/【偏移】;方法2:工具栏:【修改】/【偏移】;方法3:命令行输入:Offset	偏移命令所在指定的距离内,绘制一个与选择对象相似的新对象。可以偏移直线、圆弧、圆、二维多义线、椭圆、椭圆弧、参照线、射线和平面样条曲线,但不能复制多线。在土木工程中常用于绘制平行线
6	旋转(Rotate)	方法1:下拉菜单:【修改】/【旋转】;方法2:工具栏:【修改】/【旋转】;方法3:命令行输入:Rotate(或者简化命令ro)	启动命令后,系统将出现提示:①"选择对象:",提示选择要旋转的实体;②"指定基点:",指定一个点作为基点;③"指定旋转角度或[参照(R)]:",输入角度作为对象绕基点旋转的绝对角度,或者旋转参照相对角度
7	阵列(Array)	方法1:下拉菜单:【修改】/【阵列】;方法2:【修改】/【阵列】;方法3:命令行输入:Array(ar)	阵列允许用户把所选实体进行环形或矩形阵列复制。启动命令后出现如图2-18(选择矩形阵列)、图2-19(选择环形阵列)所示的"阵列"窗口
8	多义线编辑(Pedit)	方法1:下拉菜单:【修改】/【对象】/【多段线】;方法2:工具栏:【修改Ⅱ】/【编辑多段线】;方法3:命令行输入:Pedit(或者简化命令 pe)	Pedit可以用于编辑多义线,也可以把多个本来相连的直线和圆弧合并成多义线
9	编辑平行线(Mledit)	方法1:下拉菜单:【修改】/【对象】/【多线】;方法2:命令行输入:Mledit	Mledit发出后,将弹出如图2-20所示的"多线编辑工具",按照图示情况编辑多线
10	缩放(Scale)	方法1:下拉菜单:【修改】/【缩放】;方法2:工具栏:【修改】/【缩放】;方法3:命令行输入:Scale(或者简化命令sc)	启动命令后,系统将出现提示:①"选择对象:",提示选择要缩放的实体;②"指定基点:",指定点作为基点进行缩放;③"指定比例因子或[参照(R)]:",指定缩放的比例或输入"r"按参照长度和指定的新长度比例缩放所选定的对象
11	拉伸(Stretch)	方法1:下拉菜单:【修改】/【拉伸】;方法2:工具栏:【修改】/【拉伸】;方法3:命令行输入:Stretch(或者简化命令s)	启动命令后,系统将会出现提示:①"以交叉窗口或交叉多边形选择要拉伸的对象……选择对象:",要求使用圈交或窗交目标选择方式选择拉伸对象;②"指定基点或位移:",指定基点或位移;③"指定位移的第二点或<用第一点作位移>:",指定位移第二点
12	拉长(Lengthen)	方法1:下拉菜单:【修改】/【拉长】;方法2:工具栏:【修改】/【拉长】;方法3:命令行输入:Lengthen(或者简化命令 len)	启动命令后,系统将会出现提示:①"选择对象:",选择一个修改的对象;②"增量(DE):",以指定增量修复对象的长度或圆弧的角度,从距离选择点最近的端点处开始测量,输入正值为拉伸对象长度,负值为修剪对象;③"百分数(P):",通过指定对象总长度(或总角度)的百分比来设定对象长度(角度);④"全部(T):",指定固定端点间长度的绝对值(或总包含角)设定对象长度(角度);⑤"动态(DY):",打开动态拖动模式

续表 2-6

序号	类型	操作方法	说　明
13	修剪(Trim)	方法 1:下拉菜单:【修改】/【修剪】;方法 2:工具栏:【修改】/【修剪】;方法 3:命令行输入:Trim(或者简化命令 tr)	启动命令后,系统将出现提示:①"当前设置:投影=UCS,边=无",提醒用户当前投影模式和边模式;②"选择剪切边……选择对象:",提示用户选择剪切边的对象可以连续用拾取框和窗口两种方式选择一个或多个实体,选择完毕回车确认;③其中提示中的[投影(P)边(E)放弃(U)]:选择三维编辑投影方向/设置延伸边界属性/取消所做的修剪
14	延伸(Extend)	方法 1:下拉菜单:【修改】/【延伸】;方法 2:工具栏:【修改】/【延伸】;方法 3:命令行输入:Extend(或者简化命令 ex)	启动命令后,系统将出现提示同第 13 款;选择要求延伸的对象或按住 Shift 键选择要修剪的对象或[投影(P)边(E)放弃(U)]。要求用户选择要求延伸的对象或选择其他选项
15	打断(Break)	方法 1:下拉菜单:【修改】/【打断】;方法 2:工具栏:【修改】/【打断】;方法 3:命令行输入:Break(或者简化命令 br)	用于部分删除对象或把对象分解为两部分。启动命令后,系统将反复出现提示:①"选择对象:",提示选择要打断的实体;②"指定第二打断点或[第一点(F)]:",要求用户输入第二点或输入字母 f 重新定义第一点;若直接输入第二点将删除两点间的部分
16	倒角(Chamfer)	方法 1:下拉菜单:【修改】/【倒角】;方法 2:工具栏:【修改】/【倒角】;方法 3:命令行输入:Chamfer	启动命令后,系统将出现提示:①"(修剪模式)当前倒角距离 1=85,距离 2=40",提醒用户当前修剪模式和第一、第二倒角距离;②"选择第一直线或[多段线(P)/距离(D)/角度(a)/修剪(T)/方式(M)/多个(U)]:",要求用户选择第一个倒角直线或输入其他选项
17	倒圆角(Fillet)	方法 1:下拉菜单:【修改】/【圆角】;方法 2:工具栏:【修改】/【圆角】;方法 3:命令行输入:Fillet(或者简化命令 f)	启动命令后,系统将出现提示:①"当前设置:模式=修剪,半径=0.000 0",提醒用户当前修剪模式和倒圆半径;②"选择第一对象或[多段线(P)/半径(R)/修剪(T)/多个(U)]:",要求用户选择第一个倒角实体或输入其他选项
18	分解(Explode)	方法 1:下拉菜单:【修改】/【分解】;方法 2:工具栏:【修改】/【分解】;方法 3:命令行输入:Explode(简化命令 x)	分解命令发出之后,将连续提示选择需要分解的对象,直到用户按回车键为止。CAD 可以分解图块、三维网格、三维实体、尺寸分解、多线、多面网格、多边形网格、多义线及面域

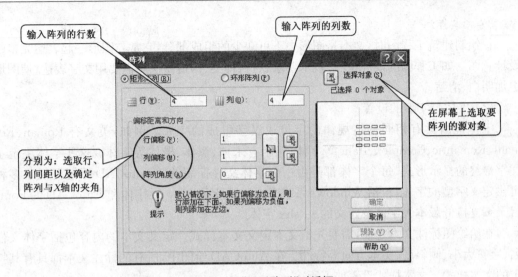

图 2-18 "矩形阵列"对话框

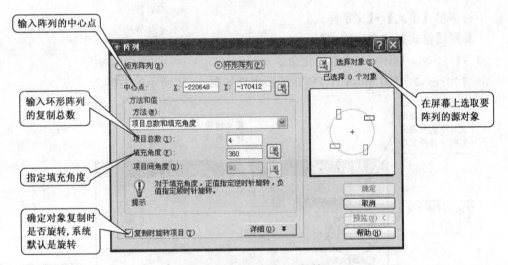

图 2-19 "环形阵列"对话框

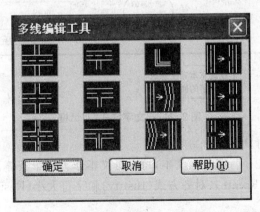

图 2-20 "多线编辑工具"对话框

3) 文本标注

在绘制建筑工程图时，文本是图形中不可缺少的组成部分，它常与图形一起表达完整的设计意图。如工程图的设计说明、技术要求、材料种类、构造做法等需要用文字表达，使图形更加明白、清楚。

(1) 字体与字型的设置

字体是由具有相同构造规律的字母或汉字组成的字库。例如：英文有 Roman、Romant、Romantic、Complex、Italic 等字体；汉字有宋体、黑体、楷体等字体。这些字体决定了文字最终的显示形式，每个字体都是由一个字体文件控制的。AutoCAD 系统提供了多种可供定义字型的字体，包括 Windows 系统 Fonts 目录下的 *.ttf 字体和 AutoCAD 的 Fonts 目录下支持低版本大字体及西文的 *.shx 字体。

在给绘图标注文本之前，需要先给文本定义文本样式。定义文本的内容包括字体文件名、字符大小、倾斜度、文本方向等特性。在 AutoCAD 绘图中，所有的标注文本都具有其特定的文本样式。文本样式设置如下所述：

命令功能

下拉菜单：【格式】→【文字样式】

工具栏：【格式】→【文字样式】

命令行：Style/Ddstyle(或者简化命令 st)

启动 Style 命令后，AutoCAD 将在屏幕出现如图 2-21 所示的内容。

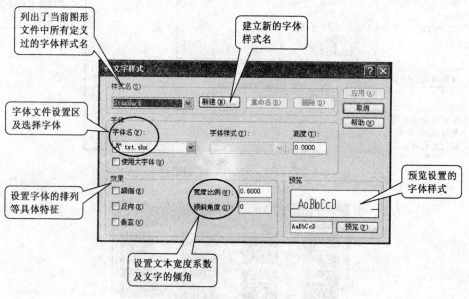

图 2-21 "文字样式"对话框

(2) 单行文本标注(Dtext)

Text 可为图形标注一行或几行文本，每一行文本作为一个实体。该命令同时设置文本的当前字型、旋转角度(Rotate)、对齐方式(Justify)和字符大小(Resize)等。

命令功能

下拉菜单：【绘图】→【文字】→【单行文字】

命令行:Text(或者简化命令 dt)

命令提示

执行 Text 命令后,系统会在命令行中提示:

"当前文字样式:Standard 当前文字高度 2.5000",提醒用户当前的文字样式和文字高度。

"指定文字的起点或[对正(J)/样式(S)]:"

选项说明

◆ 指定文字的起点:缺省选项。提醒用户确定一个点作为起始点,用来确定文本行基线的起始位置。

◆ 对正(J):该选项用来确定标注文本字符串的排列方式和排列方向。

◆ 样式(S):该选项用来选择文本字体。

(3) 多行文本标注(Mtext)

如前所述,Dtext 命令虽然可以标注多行文本,但每行文本是一个单独的实体,不易编辑。而 Mtext 命令可在绘图区用户指定的文本边界框内标注段落型文本,并将其作为一个实体。指定的边框决定了段落文本的左右边界。

命令功能

下拉菜单:【绘图】→【文字】→【多行文字】

工具栏:【绘图】→【多行文字】

命令行:Mtext(或者简化命令 mt 或 t)

命令说明

Mtext 命令将输入的英文单词或中文字组成的长句子按用户指定的文本边界自动断行成段落,无需输入回车符,除非需要强行断行才输入回车换行。对于连续输入的英文字母串(即中间不含空格),必须在断行处输入"\"、空格或回车符,才能断行成段落,否则将生成单行长文本串。

命令提示

执行 Mtext 命令,系统将提示:

"当前文字样式:'Standard'当前文字高度:2.5"

指定第一角点:输入第一角点(或在屏幕上点取一点)

指定对角点或[高度(H)/对正(J)/行距(L)/旋转(R)/样式(S)/宽度(W)]

选项说明

◆ 指定对角点:该选项为默认选项,用来确定标注文本框的另一个对角点。

◆ 高度(H)和宽度(W):这两个选项分别用来确定标注文本框的宽度和高度。

◆ 对正(J)、旋转(R)、样式(S):这 3 个选项分别与 Text 或 Dtext 命令各自的选项相同。

◆ 行距(L):指定多行文字的行距。

(4) 特殊字符输入

在标注文本时,常常需要输入一些特殊字符,如上划线、下划线、直径、度数、公差符号和百分比符号等。在 AutoCAD 中,这些符号不能用标准键盘直接输入,但是用户可以使用某些替代形式输入这些符号。表 2-7 列出了一些特殊字符的控制代码及其含义。

表 2-7　用 Text 命令时输入特殊符号的代码

输入代码	对应字符
%%o	上划线
%%u	下划线
%%d	角度符号(°)
%%c	直径符号(φ)
%%p	±
%%%	%

Mtext 命令比 Text 命令具有更大的灵活性,因为它本身就具有一些格式化的选项。例如,在输入 Mtext 命令后,出现的文本框中点击鼠标右键(会弹出一个快捷菜单,在此菜单中点取"符号")/符号,用户可以直接选取"°"、"φ"及"±";另外,在出现的文本框中点击鼠标右键/符号/其他,还可以弹出如图 2-22 所示的特殊符号,在这个表里可以选择所需要的符号。

(5) 文本编辑

已标注的文本,有时需要对文本内容和文本特性进行修改。AutoCAD 提供了一些可以用来编辑文本的命令:Ddedit、Ddmodify 以及 Textfit。

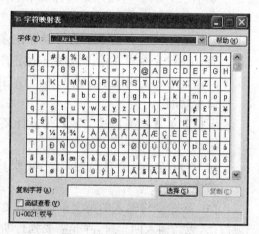

图 2-22　特殊符号选用

① Ddedit 命令编辑文本内容

Ddedit 命令是文本的一种快速编辑方法,它可以编辑修改标注文本的内容,如增减或替换 Text 文本中的字符、编辑 Mtext 文本,但不能编辑文本的其他属性。

命令功能

工具栏:【文字】→【编辑文字】

命令行:Ddedit(或简化命令 Ed)

选项说明

执行 Ddedit 命令,系统将提示选择修改对象,完成命令后将出现如图 2-23 所示的"编辑文字"对话框。在该对话框文本栏中用鼠标选中字符串,然后输入新文本,单击【确定】按钮,完成修改并退出对话框。

图 2-23　"编辑文字"对话框

② Ddmodify(特性)命令编辑文本

启动 Ddmodify 之后,如果所选实体为 Text(Dtext)或 Mtext 文本标注,则分别会弹出图 2-24 或图 2-25 所示的对话框。在此对话框中分别对选中的文本内容(Text)、字体高度(Height)、字体位置(Oringin)、旋转角度(Rotation)、宽度比例(Width Factor)、倾斜角度(Obliquing)、对正方式(Justify)、文本样式(Style)、是否倒置(Upside Down)和是否前后相反(Backward)等进行编辑。

图 2-24 "文字"对话框

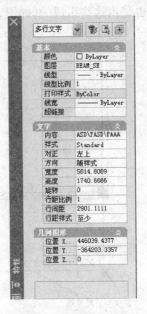
2-25 "多行文字"对话框

(6) 控制文本显示质量和速度

在图形中加入太多的文本将减弱缩放(Zoom)、重画(Regen)速度,特别是在使用一些复杂格式字体时,这种影响将会十分明显。为了减少刷新时间,用户可以采用以下两种方式:

① 用简单字体(如 TXT 字体)输入所有文本,用于最初图形生成和绘制,在最后真正出图时再使用更精美的字体(如 Romans)来替换。

② 使用文本快显(Qtext)命令。该命令是开关命令,可以控制文本和属性屏幕显示及图形输出。Qtext 命令可设置文本快速显示,当图形中采用了大量的复杂构造文字时会降低 Zoom、Redraw 等命令的速度。Qtext 命令可采用外轮廓线框来表示一串字符,对字符本身不予显示,这样就可以大大提高图形的重新生成速度。

命令功能

命令行:Qtext

命令说明

激活此命令后,当其为 ON 时,AutoCAD 将用小矩形代替文本、尺寸和属性,可以大大提高图形的重新生成速度。

绘图时,可用简体字型输入全部文本,待最后出图时再用复杂的字体替换,这样可加快缩放(Zoom)、重画(Redraw)及重生(Regen)的速度。

4) 尺寸标注

一般在绘图过程中,尺寸标注是不可缺少的步骤,因此,AutoCAD 为我们提供了一套完整的尺寸标注命令。通过这些命令,用户可以方便地标注图中的各种尺寸,如线型尺寸、角度、直径、半径等。在进行尺寸标注过程中,AutoCAD 自动测量标注对象的大小,并在尺寸线上给出正确的数字。这就要求用户精确地绘制图形,否则标注的数字会有误。

一个完整的尺寸标注应由尺寸线、尺寸界线、尺寸箭头、尺寸文本等组成,AutoCAD 中的尺寸标注也是由这些组成的(如图 2-26)。

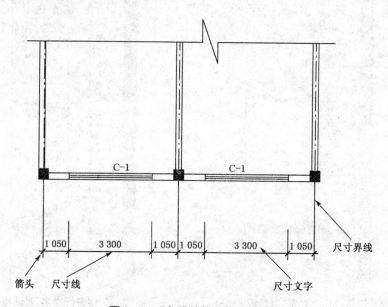

图 2-26 "多线编辑工具"对话框

尺寸文本是指与标注相关联的文字,包括测量值、公差(尺寸公差和形位公差)、前缀、后缀、单行和段落文本注释。

(1) 建筑制图标准对尺寸标注的要求

在施工图绘制中,尺寸标注应遵循建筑制图标准来设定尺寸界线、尺寸线、箭头以及尺寸文字。尺寸界线和尺寸线应用细实线,角度的尺寸线为弧线。尺寸界线一般应与被标注长度垂直,一般离开轮廓线不小于 2 mm,另一端超出尺寸线 2~3 mm。尺寸线应与被标注长度平行,且不宜超过尺寸界线。在圆或弧内标注直径、半径时尺寸线的一端应从圆心开始,另外一端指向圆或弧。

总尺寸的尺寸界线应该靠近所指部位,中间尺寸的尺寸界线可稍短,但长度应相等。

标注长度的箭头用中粗斜线表示,与尺寸线成顺时针 45°,长度宜为 2~3 mm;标注角度、直径、半径用箭头表示。

尺寸文字标注在靠近尺寸线的上方中部,如果没有足够的标注空间,最外边的尺寸文字可标注在尺寸界线外侧,中间相邻的尺寸文字可错开,也可引出标注。

直径、半径尺寸文字应在数值前冠以"ϕ"、"R"符号,可以是水平方向或与尺寸线一致。

角度的尺寸文字必须为水平方向。尺寸宜标注在轮廓线外,不宜与轮廓线、文字及符号等相交。互相平行的尺寸应由近向远、由小尺寸向大尺寸排列,间距宜为 7~10 mm。

(2) 尺寸标注样式的设置

尺寸标注格式控制尺寸各组成部分的外观形式。如果用户开始绘制新的图形时选择了公制单位，则系统默认的格式为 ISO-25（国际标准组织），用户可根据实际情况对尺寸标注格式进行设置，以满足使用要求。

在进行尺寸标注时，尺寸标注样式控制着尺寸界线、尺寸线、尺寸终端、尺寸数字等的外观和方式，可以通过对尺寸标注样式的设置来方便地控制尺寸标注的要求。

系统缺省的尺寸标注样式是 ISO-25，它对某些机械制图比较适用，而土木工程制图或建筑制图用户必须建立自己的尺寸标注样式。

下拉菜单：【格式】/【标注样式】或【标注】/【样式】

工具栏：【标注】/【标注样式】

命令行：dimstyle（或者简化命令 ddim）

上述命令用于设置尺寸标注样式。激活该命令后，系统会弹出如图 2-27 所示的对话框。

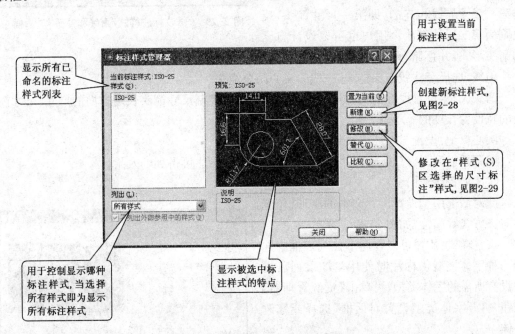

图 2-27 "标注样式管理器"对话框

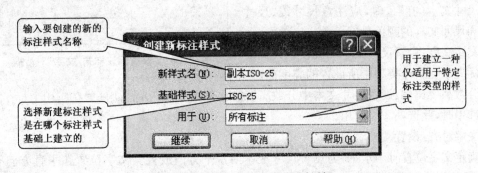

图 2-28 "创建新标注样式"对话框

修改标注样式对话框有直线和箭头、文字、调整、主单位、换算单位、公差5个选项卡,分别允许用户对标注的各个方面进行设置。现介绍如下:

①【直线和箭头】选项卡

此区域用于设置和修改直线和箭头的样式,将箭头改成建筑标记。图2-29分4栏分别设置尺寸线、尺寸界线、箭头以及圆心标记的几何特征,控制除文本以外的所有与尺寸标注的几何特性有关的尺寸标注变量。

尺寸线颜色:下拉列表框用于显示标注线的颜色,用户可以在下拉框列表中选择。

超出标记:用于设置尺寸界线超出标注的距离。

箭头:选择第一、第二尺寸箭头的类型。与第一尺寸界线相连的,即第一尺寸箭头;反之则为第二尺寸箭头。用户也可以设计自己的箭头形式,并存储为块文件,以供使用。

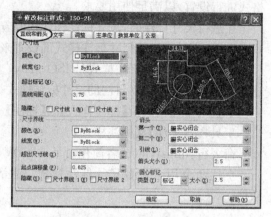

图2-29 "修改标注样式/直线和箭头"对话框

引线:选择旁注线箭头样式,一般为实心闭合箭头。

箭头大小:设置尺寸箭头的尺寸。输入的数值可控制尺寸箭头长度方向的尺寸,尺寸箭头的宽度为长度的40%。

圆心标记:设置与尺寸界线相交的斜线的长度。

屏幕预显区:从该区域可以了解用上述设置进行标注可得到的效果。

②【文字】选项卡

此对话框用于设置尺寸文本的字形、位置和对齐方式等属性,如图2-30所示。

文字样式:用户可以在此下拉列表框中选择一种字体类型供标注时使用。如果列表框中没有所需的字体类型,可单击【资源管理器】按钮,打开字体类型设置对话框,选择或修改字体。

文字颜色:选择尺寸文本的颜色。用户在确定尺寸文本的颜色时,应注意尺寸线、尺寸界线和尺寸文本的颜色最好一致。

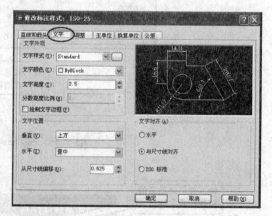

图2-30 "修改标注样式/文字"对话框

文字高度:设置尺寸文本的高度。此高度值将优先于在字体类型中所设置的高度值。

分数高度比例:设置尺寸文本中分数高度的比例因子。只有当用户"在应用上标于"编辑框选中时,此选项才能使用。

文字对齐:设置文本对齐方式。

确定文字位置时,"水平"为设置尺寸文本沿水平方向放置。文字位置在垂直方向有4种选项:置中、上方、外部、JIS。文字位置在水平方向共有5种选项:置中、第一条尺寸界线、

第二条尺寸界线、第一条尺寸界线上方、第二条尺寸界线上方。

与尺寸线对齐：尺寸文本与尺寸线对齐。文字位置选项同上。

ISO 标准：尺寸文本按 ISO 标准。文字位置选项同上。

屏幕预显区：从该区域可以了解用上述设置进行标注得到的效果。

③【调整】选项卡

该对话框用于设置尺寸文本与尺寸箭头的有关格式，如图 2-31 所示。

调整选项：该区域用于调整尺寸界线、尺寸文本与尺寸箭头之间的相互位置关系。在标注尺寸时，如果没有足够的空间将尺寸文本与尺寸箭头全写在两尺寸界线之间时，可选择以下摆放形式，来调整尺寸文本与尺寸箭头的摆放位置。

文字或箭头，取最佳效果：选择一种最佳方式来安排尺寸文本和尺寸箭头的位置。

箭头：选择当尺寸界线间空间不足时，将尺寸箭头放在尺寸界线外侧。

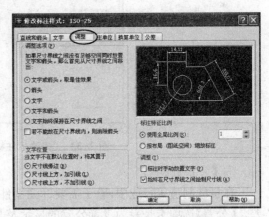

图 2-31 "修改标注样式/调整"对话框

文字：选择当尺寸界线间空间不足时，将尺寸文本放在尺寸界线外侧。

文字和箭头：选择当尺寸界线间空间不足时，将尺寸文本和尺寸箭头都放在尺寸界线外侧。

标注文字从尺寸线偏移：用于设置当前文字与尺寸线的间距。

标注时手动放置文字：在标注尺寸时，如果上述选项都无法满足使用要求，则可以选择此项，用手动方式调节尺寸文本的摆放位置。

文字位置：该区域用来设置特殊尺寸文本的摆放位置。如果尺寸文本不能按上面所规定的位置摆放时，可以通过下面的选项来确定其位置。

尺寸线旁边：将尺寸文本放在尺寸线旁边。

尺寸线上方，加引线：将尺寸文本放在尺寸线上方，并用引出线将文字与尺寸线相连。

尺寸线上方，不加引线：将尺寸文本放在尺寸线上方，而且不用引出线与尺寸线相连。

④【主单位】选项卡

该对话框用于设置线性标注和角度标注时的尺寸单位和尺寸精度，如图 3-32 所示。

精度：设置尺寸标注的精度。

线形尺寸舍入到：此选项用于设置所有标注类型的标注测量值的四舍五入规则（除角度标注外）。

图 2-32 "修改标注样式/主单位"对话框

⑤【换算单位】选项卡

该对话框用于设置换算单位的格式和精度。通过换算单位，用户可以在同一尺寸上表现用两种单位测量的结果，一般情况下很少采用此种标注，如图2-33所示。

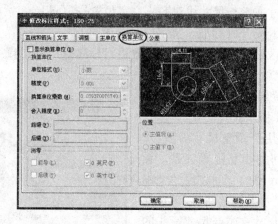

图2-33 "修改标注样式/换算单位"对话框

⑥【公差】选项卡

在机械制造等行业中，除了需要标注零件的尺寸外，往往需要同时标注加工时允许的偏差。【公差】选项卡是专为设置公差的显示及其格式提供的，如图2-34所示。

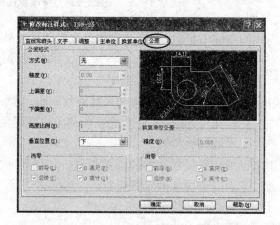

图2-34 "修改标注样式/公差"对话框

(3) 尺寸标注命令

系统尺寸标注分为线型尺寸标注、径向尺寸标注、角度尺寸标注、引线尺寸标注等。对于建筑工程制图而言，使用最多、最广的是线型尺寸标注。这类标注的特点是尺寸线平行于被标注对象，尺寸界线通常垂直于尺寸线，尺寸数字依据注写方向位于尺寸线的上方中部。

表2-8 尺寸标注命令及操作

序号	类型	操作方法	说　　明
1	线型标注 (Dimlinear)	方法1：下拉菜单：【标注】/【线型】；方法2：工具栏：【标注】/【线型】；方法3：命令行：Dimlinear（或简化命令 dimlin 或 dli）	Dimlinear命令用于对水平尺寸、垂直尺寸及旋转尺寸等长度类尺寸的标注

续表 2-8

序号	类型	操作方法	说明
2	对齐标注（Dimaligned）	方法 1：下拉菜单：【标注】/【对齐】；方法 2：工具栏：【标注】/【对齐】；方法 3：命令行：Dimaligned（或简化命令 dal）	Dimaligned 命令可以方便地对斜线、斜面进行尺寸标注，所标注出来的尺寸与所标注对象是平行的
3	直径标注（Dimdiameter）	方法 1：下拉菜单：【标注】/【直径】；方法 2：工具栏：【标注】/【直径】；方法 3：命令行：Dimdiameter（Dimdia）	Dimdiameter 通过圆心（端点不在圆心上）和尺寸线位置的指定点，并且定点的位置将控制尺寸线标注在圆内或圆外
4	半径标注（Dimradius）	方法 1：下拉菜单：【标注】/【半径（R）】；方法 2：工具栏：【标注】/【半径】；方法 3：命令行：Dimradius（Dimrad）	Dimradius 命令用于标注所选定的圆或圆弧的半径尺寸，标注方法同直径标注
5	圆心标记（Dimcenter）	方法 1：下拉菜单：【标注】/【圆心标记】；方法 2：工具栏：【标注】/【圆心标记】；方法 3：命令行：Dimcenter（或简化命令 dce）	Dimcenter 命令用于标注圆或圆弧的圆心标记或中心线
6	角度标注（Dimangular）	方法 1：下拉菜单：【标注】/【角度】；方法 2：工具栏：【标注】/【角度】；方法 3：命令行：Dimangular（或简化命令 dan 或 dimang）	Dimangular 命令用于测量并标注被测量对象之间的夹角，包括圆或圆弧的一部分圆心角、直线之间的夹角或任何不共线的三点的夹角
7	基线标注（Dimbaseline）	方法 1：下拉菜单：【标注】/【基线（B）】；方法 2：工具栏：【标注】/【基线】；方法 3：命令行：Dimbaseline（Dimbase）	Dimbaseline 命令用于在图形中以第一尺寸线为基准标注图形尺寸
8	连续标注（Dimcontinue）	方法 1：下拉菜单：【标注】/【连续（C）】；方法 2：工具栏：【标注】/【连续标注】；方法 3：命令行：Dimcontinue	Dimcontinue 命令用于标注在统一方向上连续的线型尺寸或角度尺寸。该命令从上一个或选定标注的第二尺寸界线处创建线型、角度或坐标的连续标注
9	引线标注（Dimleader）	方法 1：下拉菜单：【标注】/【引线（E）】；方法 2：工具栏：【标注】/【快速引线】方法 3：命令行：Dimleader	Dimleader 命令用于创建注释和引线，表示文字和相关的对象
10	坐标标注（Dimordinate）	方法 1：下拉菜单：【标注】/【坐标（O）】；方法 2：工具栏：【标注】/【坐标】；方法 3：命令行：Dimordinate（Dimord）	Dimordinate 命令用于自动测量并沿一条简单的引线显示指定点的 X 或 Y 坐标（采用绝对坐标值）

续表 2-8

序号	类型	操作方法	说明
11	公差标注（Tolerance）	方法1：下拉菜单：【标注】/【公差(T)】；方法2：工具栏：【标注】/【公差】；方法3：命令行：Tolerance	Tolerance命令用于创建形位公差。形位公差表示在几何中用图形定义的最大容许变量值
12	快速标注（Quick Dimension）	方法1：下拉菜单：【标注】/【快速标注(Q)】；方法2：命令行：Qdim	快速标注使用户一次能标注多个对象。使用快速标注可以进行基准型、连续型、坐标型的标注；可以对直线、多段线，正多边形，圆环，点，圆和圆弧（圆和圆弧只用圆心有效）同时进行标注。虽然快速标注看起来有点万能，但并不是每种情况下都适用。当然，在有大量对象需要标注的情况下，快速标注还是会使效率大增
13	标注尺寸倾斜（Dimedit）	方法1：下拉菜单：【标注】/【倾斜(Q)】；方法2：工具栏：【标注】/【编辑标注】；方法3：命令行：Dimedit	Dimedit命令可用于对尺寸标注的尺寸界线的位置、角度等进行编辑
14	编辑尺寸文本（Dimedit、Ddedit、Dimtedit）	命令行：Dimedit/Ddedit/Dimtedit	Dimedit/Ddedit/Dimtedit命令用来更改尺寸标注中的尺寸文本、尺寸界线的位置，以及修改尺寸文本摆放角度和内容

注：13、14项为编辑尺寸标注命令。

2.3 建筑结构施工图的绘制

  一座建筑物的落成不仅要经过建筑设计，更重要的还要进行建筑的骨架设计，即进行结构设计。结构设计的主要任务是确定结构的受力形式、配筋方式和构造以及细部构造。在进行建筑施工时，要根据结构设计施工图进行施工，因此绘制明确的结构施工图是十分必要的。建筑结构施工图要根据国家规定的结构设计具体绘制方法进行绘制。

  施工图是工程师的"语言"，是设计者设计意图的体现，也是施工、监理、经济核算的重要依据。结构施工图在整个设计中具有举足轻重的作用。

  对结构施工图的基本要求是：图面清楚整洁、标注齐全、构造合理、符合国家制图标准及行业规范，能很好地表达设计意图，并与计算书一致。

  通过结构施工图的绘制，应掌握各种结构构件工程图的表达方法，会应用绘图工具手工绘图、修改（刮图）和校正，同时能运用常用软件通过计算机绘图和出图。

2.3.1 建筑结构图的概念

建筑结构是由建筑配件(如墙体、门、窗及阳台等)和结构配件(如梁、板、柱及基础等)组成的,其中一些主要承重构件互相支撑,结合为一个统一的整体,这样就构成了承重结构体系,此体系即为"建筑结构"。建筑结构按其主要承重构件采用的材料的不同,可分为钢结构、木结构、砖石结构、钢筋混凝土结构等。

建筑结构图施工图是描述建筑物结构组成及相关尺寸、构造做法等的图样,简称为"结施"。主要图纸包括基础图、楼层结构布置图、屋面结构平面布置视图和构件详图等。建筑结构施工图应该符合《建筑结构制图标准》(GB/T50105—2001)的要求。

2.3.2 建筑结构施工图绘制的具体内容

根据建筑结构形式的不同,将目前使用的建筑分为砌体结构、钢筋混凝土结构和钢结构;不同的结构类型结构图表现的内容各有侧重。比如在钢筋混凝土建筑结构中,主要表现的是结构的基础、梁、柱、板和墙体的结构尺寸、钢筋配置情况和混凝土的强度等级等方面。

按照建筑结构的不同部位,建筑结构图可分为基础结构图、上部结构图、屋面结构图和楼梯结构图等部分。

建筑结构施工图一般包含以下部分:

1) 结构设计说明

结构设计说明的内容包括该建筑的基本情况、结构形式、主要建筑尺寸、房屋所在位置、地基情况、抗震设防等级、所选用的标准图集,主要材料的类型、规格、强度等级及施工主要流程等。包括结构设计总说明和每张图上的具体说明。"结构总说明"是统一描述该项工程有关结构方面共性问题的图纸。

2) 不同部位结构平面布置图

主要包括基础结构平面图、楼层结构布置图、屋面结构布置图、楼梯结构图等内容。在这些结构图中,除了要将结构构件的尺寸、配筋、混凝土强度等级、砌体强度等级和砂浆强度等级等内容表达清楚外,还应特别注意严格按照每层楼层设计计算结果,将楼层、屋面层的标高表示清楚。

3) 构件详图

主要包括建筑结构中一些单独构件或结构平面图中一些引出部分的结构尺寸、配筋和混凝土强度等级等。详图法通过平面图、立面图、剖面图将各构件(梁、柱、墙等)的结构尺寸、配筋规格等逼真地表示出来。用详图法绘图的工作量非常大。

2.3.3 建筑结构图的绘制要求

根据建筑结构制图要求,绘制建筑结构图有以下要求:

(1) 定位轴线:在建筑结构图中,仍需要绘制出轴线及其轴线号,但是其轴线和编号应与建筑平面图对应起来。

(2) 线型：在绘制建筑结构图时，线型应遵循下列原则，凡是能看到的轮廓线用细实线绘制，被剖切到的墙体、梁、柱和板等构件的轮廓线都用粗实线绘制。被剖切到的构件一般根据其材质的不同，采用 CAD 中不同的填充符号来表示；在结构图中钢筋一般采用加粗的多义线表示。

(3) 图例：结构图中的一些（例如砖墙、混凝土等）填充符号都要用通用的建筑图例来表示，不能自行创造填充符号。

(4) 尺寸标注：结构平面图的尺寸标注和建筑平面图基本相同，不同的是建筑标注的标高为建筑标高，其中包含了建筑做法，如楼面的找平层、装修层等，即建筑物建成后的实际标高；而结构平面图中的标高为结构标高，一般比建筑标高要低 30 mm 左右，目的是给建筑地坪施工留下一定的厚度尺寸。

(5) 详图符号索引：和建筑平面图一样，在结构平面图中表示不清楚的结构部分可以采用详图索引符号引出，在详图中采用大比例尺绘制清楚。

2.3.4 施工图绘制的一般步骤

由于 AutoCAD 的功能强大、使用灵活，绘制施工图的方法就不是千篇一律的，采用不同的方法，可能绘图的速度就会有很大的差别，为此，下文详细介绍施工图绘制的一般步骤。

1) 总体布局

绘图之前需对将要绘制的施工图进行总体布局的分析，主要应考虑以下内容：

(1) 根据有关制图标准的规定确定图纸的绘图比例（见表 2-9）和图幅大小（见表 2-10）。

表 2-9 结构施工图绘图比例表

图 名	常用比例	可选比例
结构平面图及基础平面图	1∶50　1∶100　1∶150　1∶200	1∶60
圈梁平面图、总图、中管沟和地下设施等	1∶200　1∶500	1∶300
建筑结构详图	1∶10　1∶20	1∶5　1∶25　1∶4

表 2-10 幅面及图框尺寸（mm）

幅面代号 尺寸代号	A_0	A_1	A_2	A_3	A_4
$b \times l$	841×1 189	594×841	420×594	297×420	210×297
c	10			5	
a	25				

注：表中的 b、l 分别为图框的宽度和长度；a 为图框装订边宽度，会签栏即放在此侧；c 为其他三边图框边宽度。

(2) 确定绘图比例。通常有两种做法：一种是按图纸的绘图比例进行屏幕绘图；另一种是先按 1∶1 比例进行屏幕绘图，图像完成后再按图纸绘图比例缩放或按比例输出打印。在绘制结构施工图时，往往选择前者。

(3) 根据有关制图标准的规定确定需要设定的长度的单位类型和精度以及角度的单位类型和精度。

(4) 根据图形表达的内容和图中线宽的种类，确定设置图层的数量及每层的线宽、线型和颜色。

(5) 分析图形中尺寸的类型，确定需要设置的尺寸类型的数量。

(6) 分析图形中文字的特点，确定需要设置的文字样式的数量。

(7) 分析图形的特点，了解哪些要用基本绘图命令绘制，哪些可以用复制、镜像、阵列、插入块等命令完成。

2) 设置绘图环境（包括设置图层、单位和图形界限）

准备开始画图了，首先应该是进行各种设置，包括单位、图层、线型、字体、标注等的设置。进行各方面的设置是非常必要的，只有各项设置合理了，才为我们接下来的绘图工作打下良好的基础，才有可能使绘制的图形清晰、准确、高效。

无论是什么专业、什么阶段的图纸，图纸上所有的图元可以用一定的规律来组织整理。在画图的时候应按类别把图元放到相应的图层中去。只要图纸中所有的图元都能有适当的归类办法，那么图层设置的基础就搭建好了。但是图层的分类不是越细越好，因为如果图层太多的话，在绘制过程中反而造成不便。在绘制图形时，如果有些图元虽然不是同一类的东西，但是都属于同一线型，那么就可以用同一图层来管理，如轴线一层、轮廓线一层、钢筋一层、标注一层。

图层设置的第一原则是在够用的基础上越少越好。两层含义：①够用；②精简。每个专业的情况不同，应该根据各自专业的特点来设置。

3) 绘制和编辑图形

要想使图纸能够高效、准确、清晰地表达设计内容，必须灵活应用 AutoCAD 的各种绘图命令和编辑命令。在绘制中，一般来说，能用编辑命令完成的，就不要用绘图命令完成。在 CAD 软件的使用过程中，虽然一直说是画图，但实际上大部分都是在编辑图。因为编辑图元可以大量减少绘制图元不准确的几率，并且可以在一定程度上提高效率。

4) 尺寸、文字的标注

为了使图纸内容饱满，一张施工图上各个部分图样的绘图比例可能不统一，如平面图采用 1∶100，其他配筋图及剖面图分别采用 1∶50、1∶20，而文字、尺寸标注的大小是一定的。因此，在确定图形不再缩放之后再标注尺寸、文字，否则要考虑这些因素设置尺寸、文字的参数，保证整个土木工程上的文字大小统一、协调。

5) 图框及标题栏

图纸绘制完毕后，要做的就是套图框。每个设计单位都会根据相关标准的规定设计、制作各种规格的图框及标题栏，而且不同的图幅应该都有。图框在制作时，大多会按照 1∶1 的比例：A_0—1 194×840；A_1—840×597；A_2—597×420；A_3—420×297；A_4—297×210。其中，A_1 和 A_2 的图幅还经常用到竖图框（图框具体尺寸见表 2-10）。还有，需要用到加长图框时,应该是在图框的长边方向,按照图框长边 1/4 的模数增加。每个图框不管图幅是多少,按照一定的比例打印出来时,图签栏的大小都应该是一样的。把不同大小的图框按照要出图的比例 Scale 打,将图套在其中即可。

2.3.5 结构施工图的绘制

结构施工图是结构设计成果的表现,结构设计和施工图的质量直接决定了建筑物的安全及可靠性。上节介绍了建筑结构施工图的基本知识,本节通过实际的工程案例,讲述建筑结构施工图的绘制方法和技巧。

常见的建筑结构有砌体结构和框架结构。砌体建筑的结构平面图主要由楼层结构图、圈梁平面布置图和楼梯结构图三部分组成。在钢筋混凝土建筑中,根据建筑的结构形式可分为框架结构、框架剪力墙结构、剪力墙和框架筒体结构等。结构施工图的基本要求是:图面清楚整洁,标注齐全,构造合理,符合国家制图标准及行业规范,能很好地表达设计图,并与计算书一致。现今主要建筑中,钢筋混凝土框架结构成为建筑设计和建造的主流。框架结构施工图的绘制方法有以下3种:

(1) 详图法

通过平面图、立面图、剖面图将各构件(梁、柱和墙等)的结构尺寸和配筋规格等逼真地表达处理。使用详图法绘图的工作量非常大。

(2) 梁、柱表示法

采用表格填写方法将结构构件的结构尺寸和配筋规格数字符号表达。此法比详图法要简单得多,手工绘图时,深受设计人员的欢迎。其不足之处是同类构件的许多数据需要填写,容易出现错漏,图样数量很大。

(3) 结构施工图平面整体设计方法(简称平法)

把结构构件的截面型式、尺寸及所配钢筋规格在构件的平面位置用数字和符号表示,再与相应的"结构设计总说明"、梁、柱和墙等构件的"构造通用图集及说明"配合使用。平法的优点是图面简洁、清楚、直观性强,图样数量少,适合设计人员和施工人员使用。

本节以绘制某教学楼标准层结构平面图为例讲述结构平面图的绘制方法和技巧。某教学楼标准层结构平面施工图见图 2-35。具体操作如下:

1) 设置绘图环境

(1) 新建文件

启动 AutoCAD 应用程序,单击【文件】/【新建】菜单命令,打开【选择样本】(即 template)对话框,如图 2-36。选择"acadiso. dwt"选项,单击【打开】按钮,即可新建一个样本文件。

(2) 设置绘图单位

单击【格式】/【单位】菜单命令,弹出"图形单位"对话框,在"长度"选项组里的"类别"下拉列表中选择"小数";在"精度"下拉列表框中选择"0.00",如图 2-37。

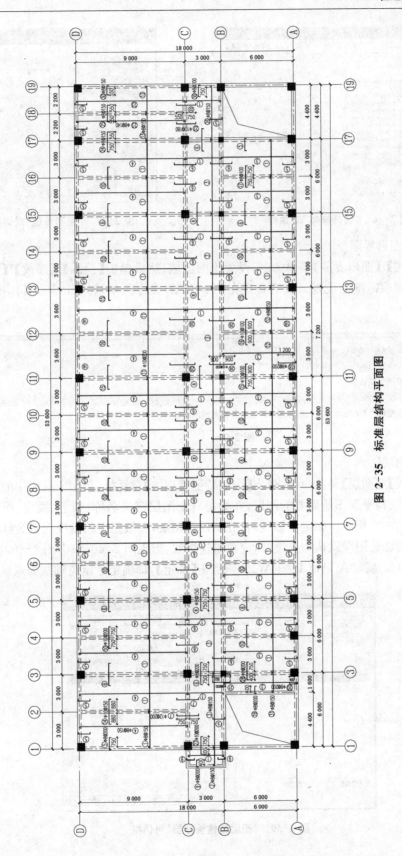

图 2-35 标准层结构平面图

图 2-36 "选择样本"对话框

图 2-37 "图形单位"对话框

(3) 设置图形界限

单击【格式】/【图形界限】菜单命令，设置绘图区域；然后单击【视图】/【缩放】/【全部】菜单命令，完成观察范围的设置。或者直接在 AutoCAD 命令行中输入 limits，具体操作见图 2-38。

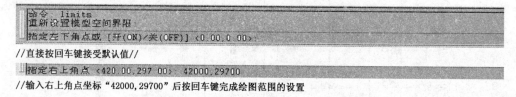

图 2-38

(4) 设置图层

单击【格式】/【图层】菜单命令，弹出【图层特征管理器】对话框，单击工具栏中的【新建图层】按钮，创建结构平面图所需要的图层，并为每一个图层定义名称、颜色、线型、线宽，设置好的图层如图 2-39 所示。如定位轴线，首先新建该图层，一般把定位轴线设置为红色，线型为点画线，此时新建图层默认为连续线，应单击连续线，出现图 2-40，单击图 2-40 中加载选项，弹出图 2-41，选择"ACAD_IS004W100"，点击【确定】，即确定了定位轴线为点画线。

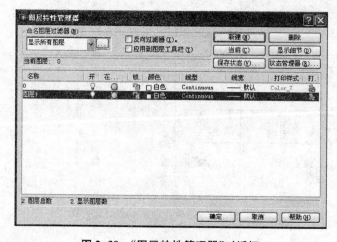

图 2-39 "图层特性管理器"对话框

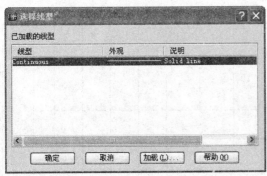
图 2-40 "选择线型"对话框

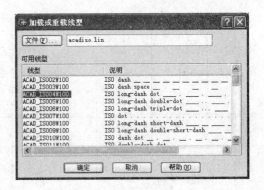
图 2-41 "加载或重载线型"对话框

具体可根据图 2-35 分别确定轴线图层、梁图层(根据梁的虚线型、实线型设置梁图层一和梁图层二)、柱图层、标注及钢筋图层,并为每一个图层定义名称(一般根据图层对象的内容来确定图层名称)、颜色、线型、线宽,设置好的图层如图 2-42 所示。

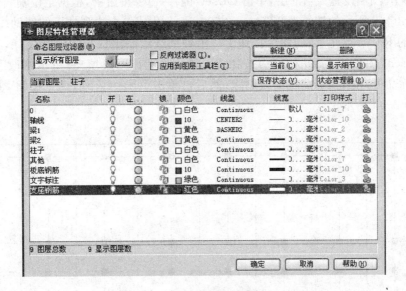
图 2-42 "图层特性管理器"对话框

2) 绘制标准层平面图

(1) 绘制定位轴线

将"定位轴线"设置为当前层,单击绘图工具栏中的 Line(直线)按钮 或直接在命令行中输入"Line",根据图 2-34 分别在图示位置绘制端部一条水平直线和一条垂直线,然后修改轴线的线型比例为 100,单击修改工具栏中的 Offset(偏移)按钮 ,根据图 2-35 所示的各轴线间的距离,利用 Offset 命令生成轴线网,将多余的轴线进行修剪,如图 2-43 所示。

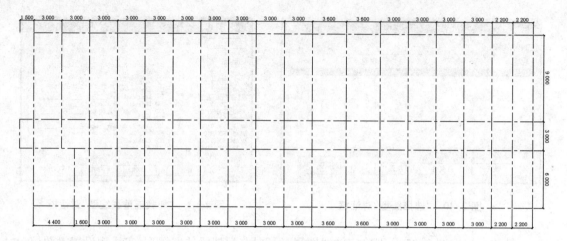

图 2-43　生成轴线网

(2) 绘制柱子

将"柱子"图层设置为当前层,单击 Offset(偏移)命令按钮,根据定位轴线到柱子的距离 300 mm(本节所示的柱子为 600 mm × 600 mm),生成一个边列柱子的辅助线;单击绘图工具栏中的 Rectang(矩形)的命令按钮,沿辅助线绘制出柱子的轮廓线;单击绘图工具栏中的 Hach(图形填充和渐变色)按钮,对柱子进行图案填充;单击修改工具栏中的 Erase(删除命令)按钮,将辅助线删除;然后再单击 Array(阵列)命令按钮,生成其他列柱,如图 2-44 所示。

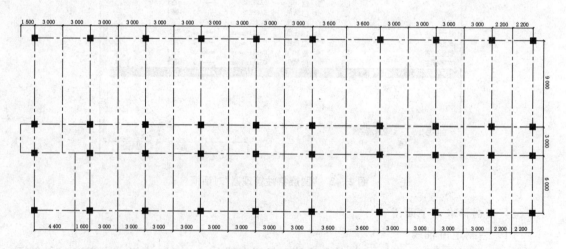

图 2-44　绘制柱子

(3) 绘制框架梁

此时将"梁1"图层设置为当前层,单击【绘图】/【多线】菜单命令设置多线宽度为 300 mm,对齐方式为居中对齐,绘制中梁的轮廓线;接下来利用相同的方法绘制次梁及边框架梁;将"轴线"图层关闭,如图 2-45 所示。

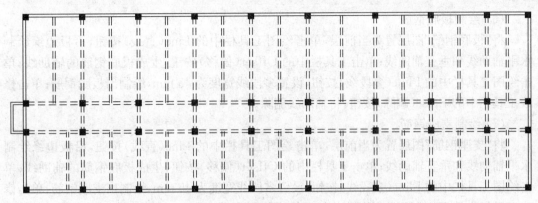

图 2-45 绘制梁

(4) 修改梁

单击【修改】/【对象】/【多线】菜单命令,弹出【多线编辑工具】对话框,如图 2-20 所示,单击【T形合并】按钮,进入绘图区中依次选择作为 T 形多线相交的两段梁,即完成 T 形梁的修改,修改后的图形见图 2-46 所示。

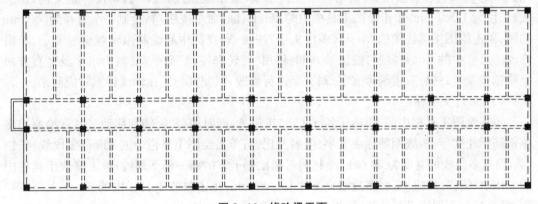

图 2-46 修改梁平面

(5) 绘制洞口

将"其他"图层设置为当前层,单击绘图工具栏中的 Line(直线)按钮,根据图 2-35 所示的洞口位置绘制洞口,具体如图 2-47 所示。

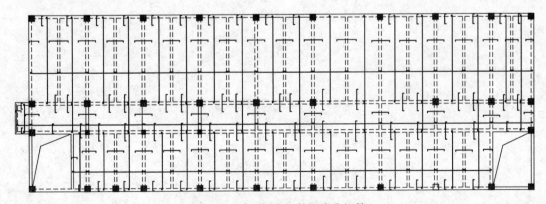

图 2-47 绘制板底钢筋和支座钢筋

(6) 绘制板底钢筋

将"板底钢筋"图层置为当前层,单击绘图工具栏中的 Line(直线)按钮,沿板边缘绘制水平辅助线和垂直辅助线;单击工具栏中的 Offset(偏移)按钮,生成板底钢筋的辅助线;单击绘图工具栏中的 Pline(多段线)按钮,设置多段线宽度为 45 mm,绘制出板底钢筋;单击修改工具栏中的 Erase(删除)按钮,将辅助线删除。

(7) 绘制支座钢筋

将"支座钢筋"图层置为当前层,单击绘图工具栏中的 Line(直线)按钮,沿板边缘绘制水平辅助线和垂直辅助线;单击工具栏中的 Offset(偏移)按钮,生成板底钢筋的辅助线;单击绘图工具栏中的 Pline(多段线)按钮,设置多段线宽度为 45 mm,绘制出支座钢筋;单击修改工具栏中的 Erase(删除)按钮,将辅助线进行删除,如图 2-47 所示。

(8) 标注尺寸

将"文字标注"图层设置为当前层,并将"轴线"图层显示出来,单击【格式】/【标注样式】菜单命令,在弹出的【标注样式管理器】中修改标注样式。

单击【标注】/【线性】菜单命令和【连续】菜单命令,标注轴网尺寸、总尺寸。单击绘图工具栏中的 Line(直线)按钮,绘制一条竖直轴线(点击键盘按钮【F8】,切换至正交模式)引线,长度为 1 000 mm;单击绘图工具栏中的 Circle(圆)命令按钮,绘制一个直径为800 mm 的圆;单击绘图工具栏中的 Mtext(多行文字)按钮,在圆中心绘制出轴线编号文字;单击修改工具栏中的 Copy(复制)按钮,同时使用"旋转和镜像"命令,复制出水平及竖直方向上的轴线编号;然后双击编号文字,对文字进行修改,以使其与所在轴线位置对应起来。

(9) 多行文字标注

单击绘图工具栏中的 Mtext(多行文字)按钮,同时结合"旋转和移动"功能,绘制出支座钢筋标注文字、板底钢筋标注文字、图名及比例;单击绘图工具栏中的 Pline(多段线)按钮,设置多段线的宽度为 50 mm,绘制图名和比例下方的第一根下划线;单击修改工具栏中的 Offset(偏移)按钮,将多段线向下平移 200 mm;单击修改工具栏中的 Explode(分解),将第二根下划线进行分解,最终如图 2-35 所示。

3 PKPM 系列建筑结构 CAD 系统软件简介

PKPM 系列建筑结构 CAD 系统是一套集建筑、结构、设备(给排水、采暖、通风空调、电气)、节能设计和概预算、施工管理、施工技术于一体的大型 CAD 集成系统;其中结构设计方面拥有多种先进的多高层及特殊结构空间有限元分析方法和弹塑性静力、动力分析方法。

PKPM 系统的基本构成如图 3-1 所示。其中结构设计方面的主要模块有结构平面设计 PMCAD、砌体结构设计软件、多高层结构设计 TAT 和 SATWE、钢结构设计 STS、预应力结构设计 PREC、楼梯设计 LTCAD 和各类基础设计软件 JCCAD 等。

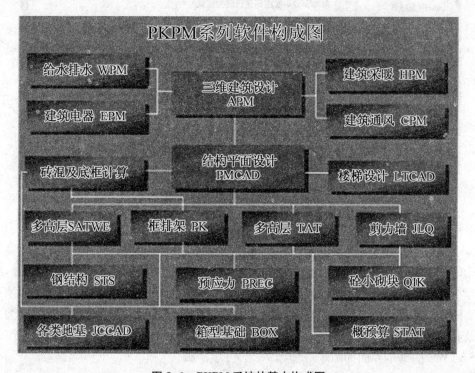

图 3-1 PKPM 系统的基本构成图

1) 结构平面设计及三维建模 PMCAD

PMCAD 是整个建筑结构 CAD 设计系统的核心,是多、高层空间三维分析模块及楼梯设计和各类基础 CAD 模块的必备接口软件。PMCAD 也是建筑 CAD 与结构的必要接口。

PMCAD 用简便易学的人机交互方式输入信息,在人机交互过程中提供随时编辑功能,自动进行荷载传导并自动计算结构自重,自动计算人机交互方式输入的荷载,形成整栋建筑的荷载数据库,可自动提供计算数据文件,并能绘制结构平面图,画出预制板、板配筋图,画砖混结构圈梁构造柱节点大样图等。

PMCAD 的基本界面如图 3-2 所示。

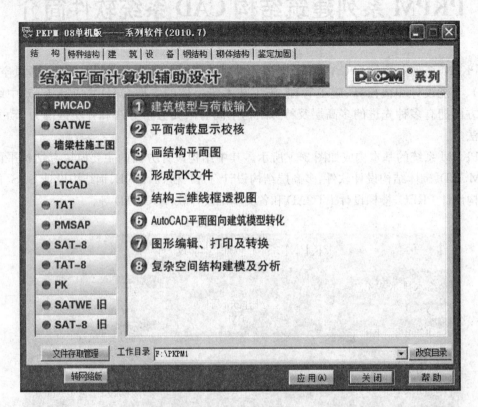

图 3-2　PMCAD 的基本界面图

2) 结构空间有限元分析设计软件 SATWE

SATWE 是应现代高层建筑发展的要求,专门为高层结构分析与设计而开发的基于壳元理论的三维组合结构有限元分析软件。其核心是解决剪力墙和楼板的模型化问题,尽可能地减小其模型化误差,提高分析精度,使分析结果能够更好地反映出高层结构的真实受力状态。能分析和设计框架结构、框剪结构、剪力墙结构、框筒结构、筒中筒结构、框支剪力墙结构及其他复杂空间结构等。

SATWE 的基本界面如图 3-3 所示。

3) 结构三维分析设计软件 TAT

TAT 是采用薄壁杆件原理的空间分析程序,它适用于分析设计各种复杂体型的多、高层建筑,不但可以计算钢筋混凝土结构,还可以计算钢—混凝土混合结构、纯钢结构,井字梁、平框及带有支撑或斜柱结构。

TAT 的基本界面如图 3-4 所示。

3 PKPM 系列建筑结构 CAD 系统软件简介

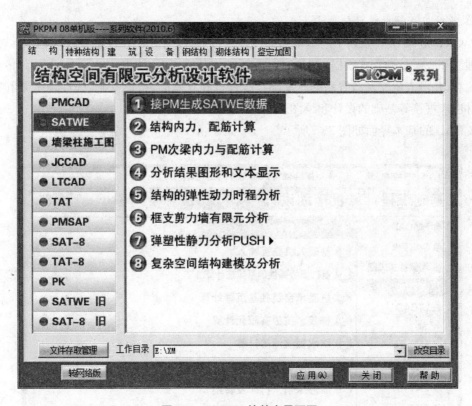

图 3-3 SATWE 的基本界面图

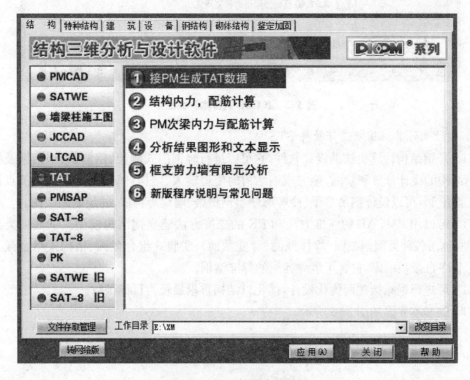

图 3-4 TAT 的基本界面图

4) 基础工程辅助设计软件 JCCAD

JCCAD 是 PKPM 系列中的基础辅助设计软件,它可与 PMACD 接口,读取上部结构的柱网轴线和底层结构布置数据,以及读取上部结构计算(PK,砖混,TAT,SATWE)传给基础的荷载,并可人机交互布置和修改基础。能进行独立基础、条形基础、弹性地基梁和筏板基础、桩基、桩筏等基础的设计和绘图。

JCCAD 的基本界面如图 3-5 所示。

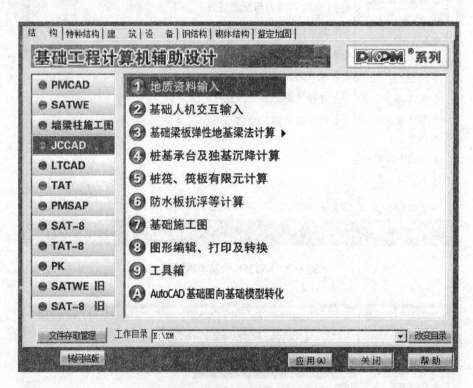

图 3-5 JCCAD 的基本界面图

5) 钢结构计算机辅助设计软件 STS

STS 是钢结构计算机辅助设计软件,它可以进行轻钢门式刚架、钢框架、钢桁架及钢排架等钢结构的设计计算和绘图,能完成钢结构的模型输入、结构计算和应力验算、节点设计与施工图绘制,可以设计钢吊车梁、冷弯薄壁型钢檩条、墙梁等构件,并绘制施工图。

STS 可以用 PMCAD 的三维方法和 PK 的二维方法建立钢结构模型。钢截面类型有 60 多种,包括各种类型钢截面、焊接截面(含变截面)、实腹式组合截面、格构式组合截面等类型。程序自带型钢库,包含了世界各国的标准型钢。

STS 可进行钢结构截面优化设计,优化以结构重量最轻为目标函数。

STS 的基本界面如图 3-6 所示。

3 PKPM 系列建筑结构 CAD 系统软件简介

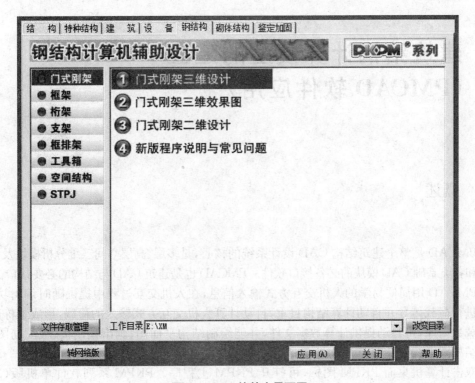

图 3-6　STS 的基本界面图

4 建筑结构计算模型的建立（PMCAD 软件应用）

4.1 概述

PMCAD 是整个建筑结构 CAD 设计系统的核心，是多层、高层空间三维分析模块及楼梯设计和各类基础 CAD 模块的必备接口软件。PMCAD 也是建筑 CAD 与结构的必要接口。

PMCAD 用简便易学的人机交互方式输入信息，在人机交互过程中提供随时编辑功能；自动进行荷载传导并自动计算结构自重，自动计算人机交互方式输入的荷载，形成整栋建筑的荷载数据库，可自动提供计算数据文件，并能绘制结构平面图；画出预制板、板配筋图；画砖混结构圈梁构造柱节点大样图等。

双击计算机桌面 PKPM 图标，可打开 PKPM 主程序。PKPM 系列软件单机版（2010版）的程序主界面如图 4-1 所示。

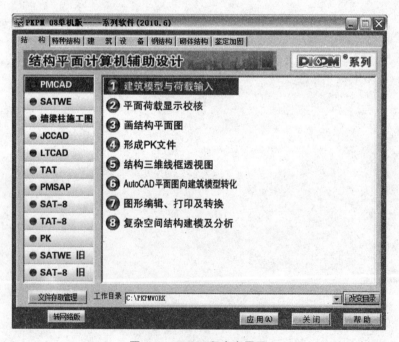

图 4-1　PKPM 程序主界面

利用 PKPM 结构模块下 PMCAD 软件建立结构模型，是计算机辅助结构设计的第一步。2010 版 PMCAD 包括 8 个主菜单，它是整个结构设计软件的核心，也是各个结构子模块（如 SATWE、PK、TAT、JCCAD、LTCAD 等）的必要接口。PMCAD 的具体功能包括：

(1) 人机交互建立全楼结构模型。人机交互的方式,使建模快捷、方便。

(2) 荷载统计和传导计算,建立整栋建筑的荷载数据。PMCAD 具有很强的荷载传导计算功能,在模型完成以后,可自动计算结构自重,还可自动完成荷载从楼板到次梁、从次梁到主梁、从主梁到承重的柱或墙等的传导,最后生成上部结构传到基础的全部荷载。

(3) 为各功能设计提供数据接口(结构模型文件)。

(4) 现浇钢筋混凝土楼板结构计算与配筋设计(PMCAD 中的主菜单 3——画结构平面图)。

(5) 复杂空间结构建模。

4.2　PMCAD 的工作环境

4.2.1　PMCAD 的启动和工作目录

启动 PKPM 主程序,选择结构模块,主界面左侧即出现结构模块下的各子模块。单击 PMCAD,主界面中部所显示的即是 PMCAD 的各主菜单,包括"建筑模型与荷载输入"、"平面荷载显示校核"、"画结构平面图"、"形成 PK 文件"、"结构三维线框透视图"、"AutoCAD 平面图向建筑模型转化"、"图形编辑、打印及转换"、"复杂空间结构建模与分析",如图 4-1 所示。

PKPM 程序默认的工作目录是安装盘符下的"PKPMWORK"文件夹。在这里需要特别指出:当作某个实际工程的结构设计时,应当事先在计算机中其他盘符下建立一个专用于该工程设计的文件夹,在启动主程序后,单击主界面右下方的【改变目录】按钮,选择该文件夹为本工程的工作目录,这样本次工程设计过程中程序所产生的所有文件都将存储于该指定文件夹下,方便设计者对文件进行编辑和管理。

设定好工作目录后,单击主菜单 1"建筑模型与荷载输入",然后单击【应用(a)】(或直接双击主菜单 1),在弹出的对话框中(如图 4-2)输入要建立的工程模型的名称(输入的模型名称可为简单的字母或数字)或单击【查找】选择已建立的模型名称,即可进入 PMCAD 的工作界面。

图 4-2　输入工程名称

4.2.2 PMCAD 的工作界面

PMCAD 的工作界面如图 4-3 所示,它包括以下部分:

(1) 标题栏。显示当前正在执行的子模块名称及工作路径等。

(2) 菜单栏。

(3) 工具栏。

(4) 图形区。显示图形的区域。

(5) 命令栏。命令栏是进行建模操作时快捷命令输入的地方,按回车键确认命令,按【ESC】键取消当前命令操作。操作过程中,应注意观察该栏上方显示的提示信息。

(6) 右侧菜单区。PM 的右侧菜单区提供了快速完成建模的相关功能,通过操作右侧菜单区的快捷菜单并结合命令栏的操作及下拉菜单区的辅助功能,可以顺利完成所有结构模型的建立。

(7) 状态提示栏。显示当前鼠标所在位置的坐标值(X,Y,Z)、层间编辑层数、捕捉状态等。例如按下【节点捕捉】按钮,则在建模过程中可以用鼠标准确捕捉到模型的节点(白色小点,一般为轴线的交点)。

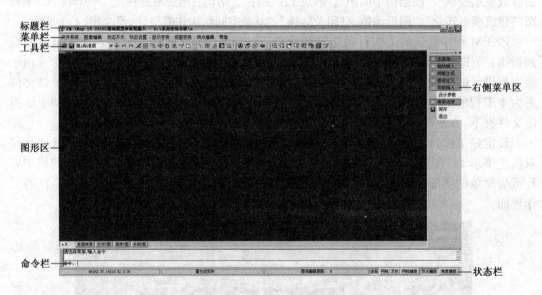

图 4-3 PMCAD 主菜单 1 的工作界面

4.2.3 坐标输入方式

当用户在应用 PMCAD 进行建模的过程中需要输入坐标参数时,可在命令栏内输入指定的坐标参数值。

1) 绝对坐标输入方式

直角坐标系:!X,Y,Z 或!X,Y(Z 方向默认为 0)

极坐标系：!R＜A

柱坐标系：!R＜A,Z

球坐标系：!R＜A＜A

2）相对坐标输入方式

直角坐标系：X,Y,Z 或 X,Y（Z 方向默认为 0）

极坐标系：R＜A

柱坐标系：R＜A,Z

球坐标系：R＜A＜A

用户也可利用捕捉功能用鼠标光标在屏幕上拾取点位。

4.3 建筑模型与荷载输入

在 PMCAD 主菜单 1"建筑模型与荷载输入"的工作环境下建立结构模型,主要是按照右侧菜单区的各菜单项来完成的,内容包括轴线输入、网格生成、楼层定义、荷载输入、设计参数、楼层组装等,如图 4-4 所示。用户在第一次建模时必须按照菜单顺序依次执行。

1）轴线输入

绘制建筑物整体的平面定位轴线,用以确定结构模型中柱、梁、墙等构件的位置。轴线可以是与梁、墙等长的线段,也可以是一整条建筑轴线。用户可为各结构标准层定义不同的轴线,即各层可有不同的轴线网格。拷贝某一标准层后,其轴线和构件布置同时被拷贝。用户可对某标准层的轴线单独修改。

2）网格生成

图 4-4　PMCAD 主菜单 1 的右侧菜单区

程序自动将绘制的定位轴线分割为网格和节点。凡是轴线相交处都会产生一个节点,轴线线段的起点和终点也产生节点。用户可对程序自动分割所产生的网格和节点进行进一步的修改、审核和测试。网格确定后即可给轴线命名。

3）楼层定义

布置柱、梁、墙、洞口、楼板、斜杆、次梁等。操作时,应先定义全楼所用到的全部柱、梁、墙、墙上洞口及斜杆支撑的截面尺寸,然后根据定义的构件依照从下往上的次序进行各个结构标准层的平面布置。凡是结构布置相同的相邻楼层均应视为同一标准层,只需输入一次。由于定位轴线和节点已经形成,布置构件时只需简单地指出哪些节点放置哪些柱,哪条网格上放置哪个梁、墙或洞口。

4）荷载输入

依照从下往上的次序布置楼面的恒载和活载。各房间的恒载和活载可以不相同,在 2010 版的主菜单 1 中可以很方便地进行各房间楼面恒载、活载的修改。

5) 设计参数

根据相关设计规范、设计要求输入整楼的相关设计参数。

6) 楼层组装

将各标准层组装成整楼。每一个实际楼层都要确定其属于哪一个结构标准层,底标高和顶标高分别是多少,从而完成对一个结构物的整体描述。

7) 保存

保存是确保上述各项工作不被丢弃的必需步骤。对于新建文件,用户应依次执行各菜单项;对于旧文件,用户可根据需要直接进入某项菜单进行修改。完成后切勿忘记保存文件,否则输入的数据将部分或全部放弃。除特殊说明外,程序所输的尺寸单位全部为毫米。

8) 退出

退出主菜单1,执行下一个主菜单。

4.3.1 轴线输入

单击"轴线输入",可打开其下拉菜单,此时"轴线输入"菜单项旁边的双箭头指向下方,如图4-5所示;再次单击"轴线输入"菜单项,则可收起下拉菜单,双箭头恢复原状指向右侧。绘出的轴线默认显示为红色。

1) 绘制节点

用于绘制单个节点,点的位置可用鼠标在屏幕上指定,也可在命令栏输入坐标指定。节点为白色,可用【节点捕捉】捕捉到。

【上机实践】在直角坐标(500,500,0)处绘制一个节点。

操作过程:

(1) 单击【节点】。

(2) 根据提示在命令栏输入"!500,500",然后按回车键。

(3) 按【ESC】键退出当前命令。

说明:一般情况下,在建模过程中用到的坐标基本上都是二维的,所以后面涉及的坐标输入,如未加特别说明,Z轴坐标均省略输入,Z轴坐标系统默认为0。

图4-5 "轴线输入"的下拉菜单

2) 绘制两点直线

用于绘制零散的直轴线。两点的位置可以通过鼠标光标在屏幕上指定,也可以通过坐标输入或捕捉方式精确定位。

【上机实践】绘制一段长度为6 000的水平轴线。

操作过程:

(1) 单击【两点直线】。

(2) 当命令栏提示"输入第一点"时,通过鼠标光标在屏幕上任意指定一点作为起点。

(3) 当命令栏提示"输入下一点"时,在命令栏输入"6000,0",然后按回车键。

(4) 按【ESC】键退出当前命令。

3) 绘制平行直线

用于绘制一组平行的直线。首先绘制第一条轴线,以第一条轴线为基准输入复制的间距和次数,间距值的正负决定了复制的方向。以"上右为正","下左为负",可以分别按不同的间距连续复制,提示区自动累计复制的总间距。

【上机实践】绘制一组平行线。每条轴线长度为6 000,间距分别为1 500,1 800,1 800,共4条。

操作过程:
(1) 单击【平行直线】。
(2) 当命令栏提示"输入第一点"时,通过鼠标光标在屏幕上任意指定一点作为起点。
(3) 当命令栏提示"输入下一点"时,在命令栏输入"6000,0",然后按回车键。
(4) 按照命令栏提示信息输入复制间距和复制次数,用逗号隔开:"1500,1",然后按回车键。
(5) 继续输入复制间距和复制次数,用逗号隔开:"1800,2",然后按回车键。
(6) 按【Esc】键退出当前命令。

说明:当复制次数为1次时,复制次数也可不输入。

4) 绘制折线

用于绘制连续、首尾相接的直轴线和弧轴线。

5) 绘制矩形

用于绘制一个与 x、y 轴平行的、闭合矩形轴线,它只需要输入两个对角点的坐标,因此它比用折线绘制的同样轴线更快速。

6) 绘制辐射线

用于绘制一组辐射状直轴线。首先沿指定的旋转中心绘制第一条直轴线,再输入复制角度和次数,角度的正负决定了复制的方向,以逆时针方向为正。可以分别按不同角度连续复制,提示区自动累计复制的总角度。

7) 绘制圆环

用于绘制一组闭合同心圆环轴线。首先输入圆心和半径后绘制第一个圆,再输入复制间距和次数绘制同心圆,复制间距值的正负决定了复制方向,以半径增加方向为正,可以分别按不同间距连续复制,提示区自动累计半径增减总和。

8) 绘制圆弧

用于绘制一组同心圆弧轴线。首先按圆心、起始角、终止角的次序绘出第一条圆弧轴线,再输入复制间距和次数绘制同心圆弧,复制间距值的正负决定了复制方向,以半径增加方向为正,可以分别按不同间距连续复制,提示区自动累计半径增减总和。

9) 绘制三点圆弧

用于绘制一组同心圆弧轴线。按第一点、第二点、中间点的次序绘出第一条圆弧轴线,再输入复制间距和次数绘制同心圆弧,复制间距值的正负决定了复制方向,以半径增加方向为正,可以分别按不同间距连续复制,提示区自动累计半径增减总和。

10) 绘制正交轴网

用于绘制一组较规则的正交轴网,可以使绘图速度大大提高,是建立以矩形为主要结构平面形式时最常用的绘图建模菜单。首先单击【正交轴网】,弹出如图4-6所示的对话框。

其中,开间指的是横向从左到右连续各跨的跨度,由于上下两侧从左到右连续各跨的跨度可能不同,所以开间又分为上开间和下开间。进深指的是竖向从下到上各跨的跨度,同开间一样,也分为左进深和右进深。开间和进深值可以利用键盘输入,也可以在对话框右侧的常用值列表中双击选择。对话框中的黑色区域随时显示当前输入开间和进深的预览效果。输入完毕后点击【确定】,在屏幕上指定该正交轴网的插入点,即完成正交轴网的输入。

图 4-6 "直线轴网输入"对话框

【上机实践】使用正交轴网功能建立开间为 5 000,3 500,3 500,5 000,进深为 6 000,3 000,6 000 的正交轴网,并将其逆时针旋转 30°,以其右上角作为基点,插入到已有节点(0,50,0)。

操作过程:

(1) 首先单击【节点】菜单,在命令栏输入"0,50"后按【Enter】键,再打开程序的节点捕捉功能。

(2) 单击【正交轴网】,在弹出的对话框中开间的空白处输入"5000,3500×2,5000",在进深空白处输入"6000,3000,6000",在转角空白处输入"30",如图 4-7 所示。点击【改变基点】两次,可以看到预览区内白色的小点移动到了轴网右上角位置,此时单击【确定】。

(3) 此时绘制好的正交轴网会跟随鼠标移动,利用捕捉功能使鼠标捕捉到节点(0,50,0),点击鼠标左键完成操作。完成后的效果如图 4-8 所示。

说明:当上、下开间完全相同时,开间数据可只输入一次;若上、下开间不相同,则需分别输入。进深的输入也是如此。

4 建筑结构计算模型的建立(PMCAD 软件应用)

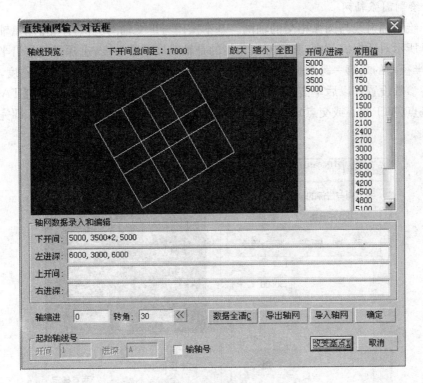

图 4-7 正交轴网输入示例

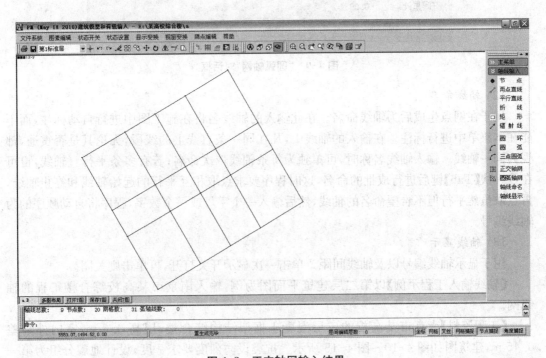

图 4-8 正交轴网输入结果

11) 绘制圆弧轴网

用于绘制辐射线与圆弧相交的轴网。基本操作与正交轴网类似,单击【圆弧轴网】,弹出如图 4-9 所示对话框。其中,圆弧开间角指的是轴线展开的角度;进深指的是沿半径方向的跨度;内半径指的是第一跨圆弧轴线的半径;旋转角指圆弧轴网整体旋转的角度,以逆时针为正。各参数设置好以后单击【确定】,则绘制好的轴网会跟随鼠标移动,按【TAB】键可切换插入基点(基于圆心或交点),在屏幕上指定插入点或用键盘输入插入点后,即完成圆弧轴网的输入。

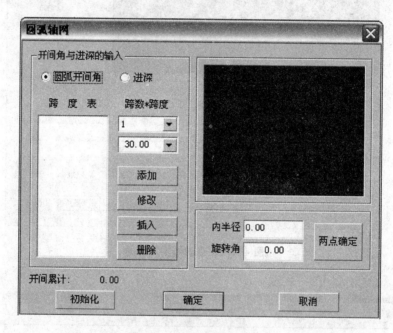

图 4-9 "圆弧轴网"对话框

12) 轴线命名

用于在网点生成后为轴线命名。在此输入的轴线名将在施工图中进行自动标注,而不能在本菜单中进行标注。在输入的轴线中,凡在同一条直线上的线段,无论其是否贯通,都视为同一轴线。输入轴线名称时,可单独为每条轴线依次命名;若有多条平行直轴线,也可在按一次【Tab】键后进行成批的命名,这时程序要求点取相互平行的起始轴线和终止轴线,再点取虽然平行但不希望命名的轴线,然后输入一个字母或一个数字,程序将自动顺序的为轴线编号。

13) 轴线显示

用于显示轴线编号以及轴线间距。单击一次显示开关打开,再单击则关闭。

【轴线输入工程示例】以第二层建筑平面图为例,输入南京市某高校综合楼工程的轴线网。

【工程资料】南京市某高校的三层混凝土框架结构综合楼,层高 3.3 m,室内外高差 0.45 m,建筑图如图 4-10～图 4-15 所示。抗震设防烈度要求 7 度,设计地震分组为第一组,基本地震加速度值 $0.10g$,场地土类别为 II 类。基本风压值为 $0.4\ kN/m^2$,基本雪压值为 $0.65\ kN/m^2$。

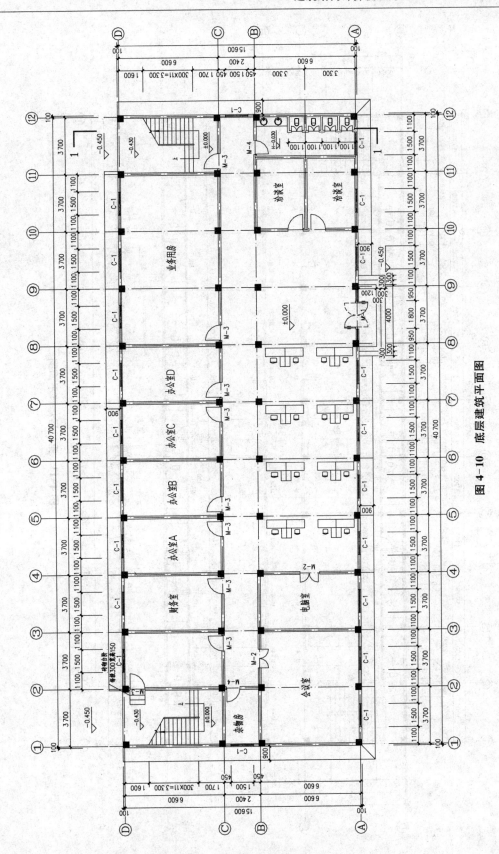

图 4-10 底层建筑平面图

建筑结构CAD

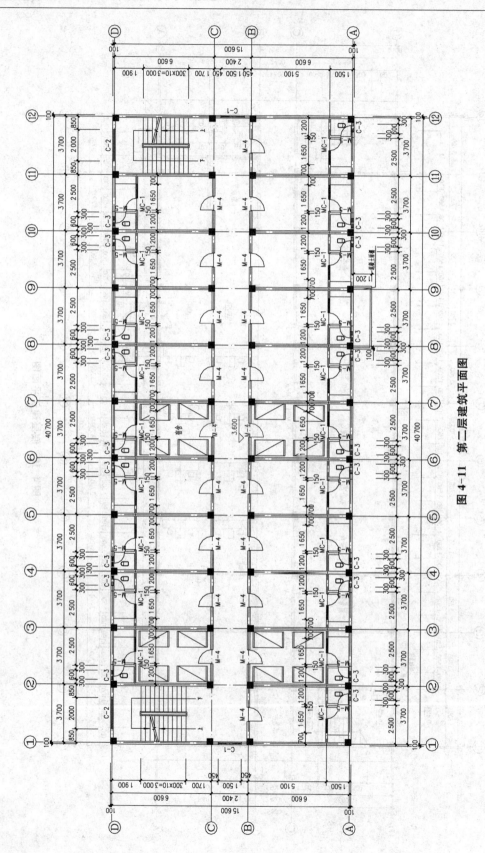

图4-11 第二层建筑平面图

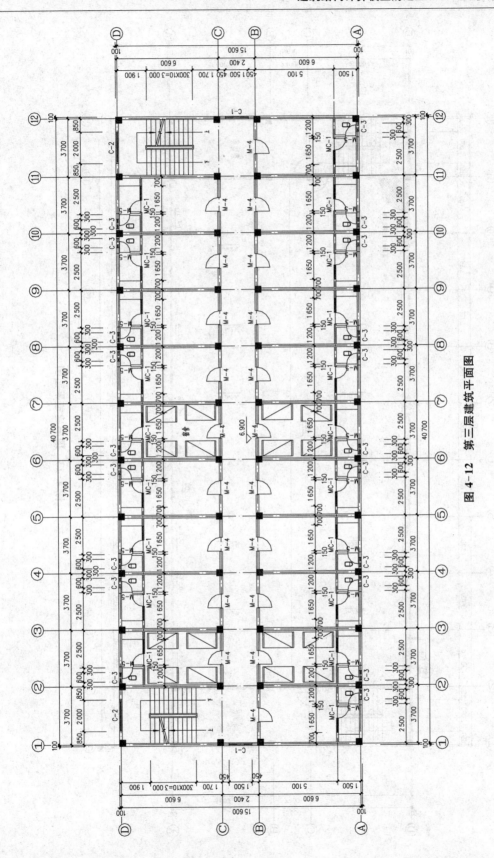

图4-12 第三层建筑平面图

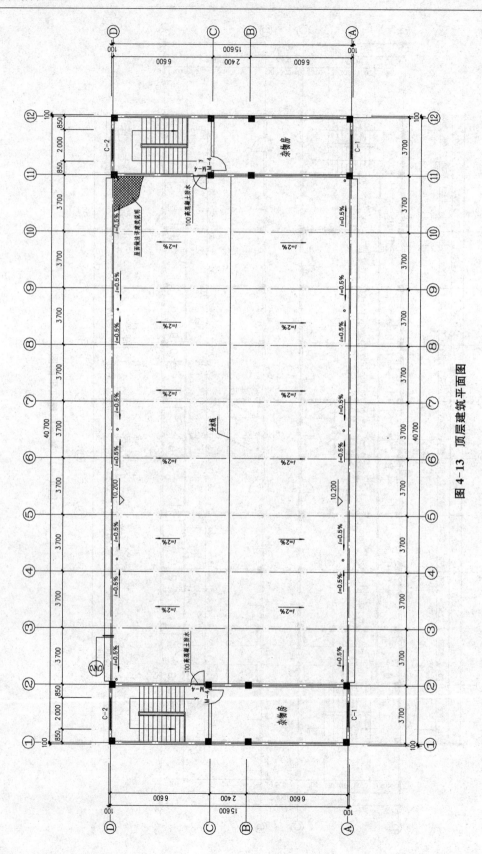

图 4-13 顶层建筑平面图

4 建筑结构计算模型的建立（PMCAD软件应用）

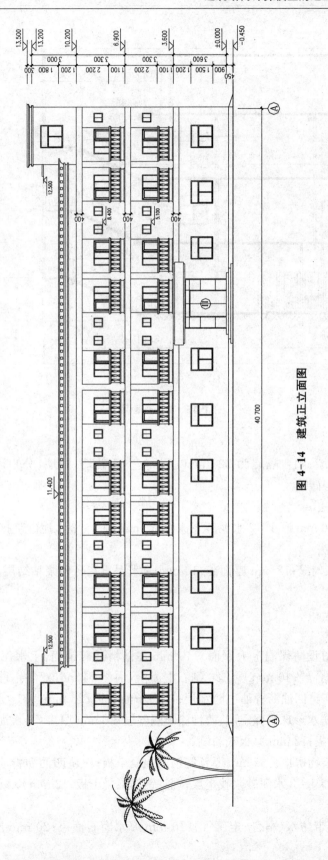

图 4-14 建筑正立面图

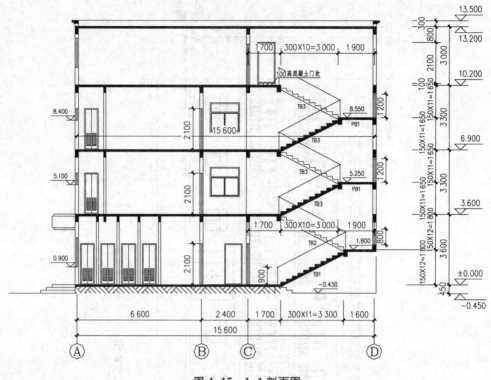

图 4-15 1-1 剖面图

1) 墙面做法

室内卫生间隔墙、阳台隔墙为 120 mm 厚粘土空心砖墙，外墙、分户墙及女儿墙均为 180 mm 厚粘土空心砖墙。

(1) 内墙面做法

喷内墙涂料；10 mm 厚 1：2 水泥砂浆抹面；15 mm 厚 1：3 水泥砂浆打底。

(2) 外墙面做法

1：1 水泥砂浆勾缝；12 mm 厚面砖；10 mm 厚水泥石灰膏砂浆粘结层；10 mm 厚 1：3 水泥砂浆打底扫毛。

2) 楼地面做法

(1) 屋面做法

上人屋面（二道设防保温上人屋面）：10 mm 厚防滑地砖铺面，干水泥擦缝；20 mm 厚 1：2.5 水泥砂浆结合层；40 mm 厚 C20 细石混凝土，内配 ϕ4 mm 双向钢筋；3 mm 厚 1：3 石灰砂浆隔离层；三毡四油沥青油毡防水层；冷底子油一道；20 mm 厚 1：3 水泥砂浆找平层；70 mm 厚水泥防水珍珠岩保温层；改性涂料隔气层；20 mm 厚 1：3 水泥砂浆找平层；现浇钢筋混凝土屋面板；12 mm 厚板底粉刷。

不上人屋面（杂物房顶）：35 mm 厚预制钢筋混凝土板；三毡四油沥青油毡防水层，冷底子油一道；20 mm 厚 1：3 水泥砂浆找平层；现浇钢筋混凝土板；12 mm 厚板底粉刷。

(2) 楼面做法

水磨石楼面不带防水（宿舍、走廊等）：10 mm 厚水磨石面层；20 mm 厚水泥砂浆找平层；现浇钢筋混凝土板；12 mm 厚板底粉刷。

水磨石楼面带防水层(卫生间)：10 mm 厚水磨石面层；20 mm 厚 1：3 水泥砂浆找平层；30 mm 厚 C20 细石混凝土；三元乙丙橡胶防水卷材；20 mm 厚 1：3 水泥砂浆找平层；现浇钢筋混凝土板；12 mm 厚板底粉刷。

(3) 地面做法

10 mm 厚水磨石面层；20 mm 厚水泥砂浆找平层；60 mm 厚 C10 混凝土；100 mm 厚碎石夯实；素土夯实。

3) 工程地质资料

地下水无侵蚀性，最高水位距地表 1.8 m；拟建场地工程地质情况如表 4-1 所示。

表 4-1 综合楼拟建场地工程地质情况

岩土层名称	土层深度(m)	稠密度/风化程度	地基承载力
① 杂填土	0~1.2	松散	
②-1 粉质粘土	1.2~5.5	可塑	130
②-2 粉质粘土	5.5~9.9	硬塑	180
②-3 粉质粘土	9.9~13.2	坚硬	200
③-1 花岗岩	13.2~16.3	全风化	
③-2 花岗岩	16.3~18.9	强风化	

【操作步骤】

(1) 输入正交轴线网。单击【正交轴网】，在"下开间"(或上开间)空白处输入"3700×11"，在"左进深"(或右进深)空白处输入"6600,2400,6600"。然后单击【确定】，在屏幕上指定插入点。

(2) 输入阳台处的轴线。单击【平行直线】，在命令栏提示"输入第一点"时，捕捉正交轴网的左下角节点，提示"输入下一点"时，捕捉轴网的右下角节点，然后出现输入复制间距的提示，输入"1500"回车即可。按同样方法可输入楼梯另一侧阳台处轴线，注意复制间距应输入"-1500"。

(3) 输入雨篷处的轴线。为了将来布置混凝土雨篷处的构件，现在应当输入雨篷处的轴线。单击【两点直线】，当命令栏提示"输入第一点"时，用鼠标捕捉最下排从右数第五个节点，提示"输入下一点"时，输入"0，-1300"；再捕捉刚输入的节点为第一点，输入"3700,0"为第二点，绘出第二条轴线；最后捕捉刚输入的节点和正交轴网中最下排从右数第四个节点，完成最后一条轴线的输入。

(4) 输入轴线的过程中若出现错误，可利用"网格生成"中的"删除节点"等菜单进行修改。

(5) 轴线命名。单击【轴线命名】，再按【Tab】键切换为成批输入，按照提示选择水平方向的起始轴线，再选择不命名的轴线，选择完毕按【Esc】键，此时命令栏提示"输入起始轴线名"，输入"A"回车，则 4 条轴线分别被命名为 A、B、C、D。用同样方法可命名竖直方向的轴线名称为 1、2、3、…、12 等。单击【轴线显示】可打开或关闭轴线名称的显示。

轴线输入的效果如图 4-16 所示。

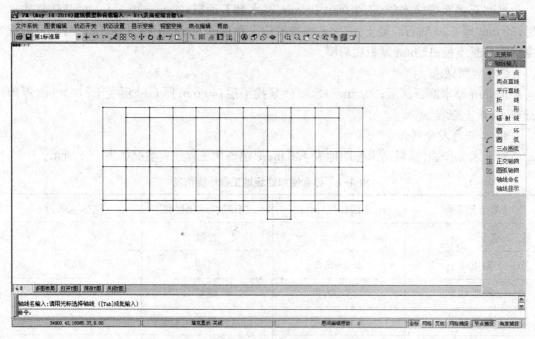

图 4-16 综合楼工程正交轴网输入结果

4.3.2 网格生成

单击"网格生成",可打开其下拉菜单,如图 4-17 所示。用户在本菜单可以对程序自动生成的网格、节点进行编辑。

(1) 轴线显示。功能同"轴线输入"中的【轴线显示】。

(2) 形成网点。用于将用户输入的几何线条转变成楼层布置需用的白色节点和红色网格线,并显示轴线与网点的总数。此项功能在轴线输入后可自动执行,一般不必专门点此菜单。

(3) 平移网点。用于在不改变构件布置的情况下,对轴线、节点、间距等进行修改。

(4) 删除轴线。用于对已经命名的轴线名称进行删除,并不是把实际的轴线线条从图中删除。

(5) 删除节点。用于删除已经形成的白色的节点。节点删除后,与之联系的网格也将被删除,该节点上布置的构件同样被删除。

(6) 删除网格。用于删除已经形成的网格线。网格线被删除后,该网格线两端的节点仍然保留。

(7) 轴线命名。功能同"轴线输入"中的【轴线命名】。

(8) 网点查询。用于查询节点信息。

(9) 网点显示。用于显示网格长度或节点坐标值。

(10) 节点距离。是为了改善由于计算机精度有限产生意外网

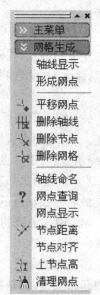

图 4-17 "网格生成"的下拉菜单

格。如果有些工程规模很大或带有半径很大的圆弧轴线,【形成网点】菜单会产生一些误差而引起网点混乱,此时应执行本菜单。程序要求输入一个归并间距,一般输入 50 mm 即可。这样,凡是间距小于 50 mm 的节点都视为同一个节点,程序初始值设定为 50 mm。

(11) 节点对齐。用于将上面各标准层的各节点与第一层的相近节点对齐。归并的距离就是在【节点距离】中定义的值,以纠正上面各层节点网格输入不准的情况。

(12) 上节点高。用于调整上节点高,即调整本层在层高处节点的高度。程序隐含为楼层的层高,改变上节点高,也就改变了该节点处的柱高、墙高和与之相连的梁的坡度。用该菜单可更方便地处理坡屋顶。

(13) 清理网点。用于对本层中的无用网格和节点进行清除。

4.3.3 楼层定义

单击"楼层定义",可打开其下拉菜单,如图 4-18 所示。用户在本菜单可以定义并布置各标准层的柱、梁、墙等构件,还可以修改、添加、复制或删除标准层。

(1) 换标准层。用于结构标准层间的切换,也具有添加新标准层的功能。单击【换标准层】,弹出如图 4-19 所示对话框。当完成一个标准层的平面布置后,可在这里完成一个新的标准层的输入,新标准层应在旧标准层的基础上输入,以保证上下节点网格的对应,因此应将旧标准层的全部或一部分复制为新标准层,在此基础上修改。标准层的建立应按照从下往上的顺序依次进行。本操作也可通过工具栏的下拉窗口来实现。

图 4-18 "楼层定义"的下拉菜单

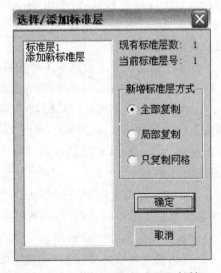

图 4-19 "选择/添加标准层"对话框

(2) 柱布置。用于对全楼将要使用的柱的类型进行定义、布置、修改、删除、清理等操作。单击【柱布置】,弹出如图 4-20 所示对话框,点击"新建",可在图 4-21 所示的对话框中选择截面类型,输入拟定的柱截面尺寸和材料类型,以完成对一种柱的定义。其中截面类型系统默认为矩形,若需要其他形式,可单击右侧的按钮,在弹出的类型列表中选择需要的截面形式。输入完成后,定义好的截面列表将显示在图 4-20 中。选择即将要布置的柱截面类型,点击对话框上方的【布置】,可弹出如图 4-22 所示柱布置参数对话框。偏心值以向右和向上为正。当偏心值为 0 时,柱截面的中心将对准白色节点布置。一个节点上只能布置一根柱。布置的柱默认显示为黄色。

需要注意的是,无论是布置柱还是布置主梁,程序均提供了 4 种布置方式:光标、轴线、窗口、围栏。可按【Tab】键进行切换。

图 4-20 "柱截面列表"对话框

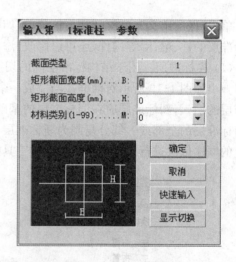

图 4-21 柱参数输入

【柱布置工程示例】仍以南京市某高校综合楼工程的第二层为例,在 4.3.1 节中完成的轴网上布置柱。

【操作步骤】

① 估算柱截面尺寸。根据本工程的资料,取柱截面尺寸均为 $B = 300$ mm, $H = 400$ mm,材料为混凝土。

② 定义柱截面。单击【柱布置】,在柱截面列表对话框中点击【新建】,输入截面宽度 B 为 300,高度 H 为 400,选择材料类别为"6:混凝土"。点击【确定】后,定义好的柱截面显示在列表中,如图 4-23 所示。

图 4-22 柱布置参数对话框

③ 布置柱。先点击一下列表中显示的数据,然后点击【布置】。根据建筑图可知,轴线与柱中心位置是有偏差的,因此在布置柱时,需要输入偏心值。以 D 轴线上 2~11 轴线之间的 10 个柱截面为例,在"沿轴偏心"处输入 0,"偏轴偏心"处输入"-100",然后按【Tab】键将输入方式切换为窗口方式,将 D 轴线上 2~11 轴线之间的 10 个白色节点选中,柱截面即成功布置在这 10 个节点上。在布置 D 轴线和 1 轴线交点上的柱子时,应输入"沿轴偏心"

为 50,"偏轴偏心"为"-100"。柱布置结果如图 4-24 所示。

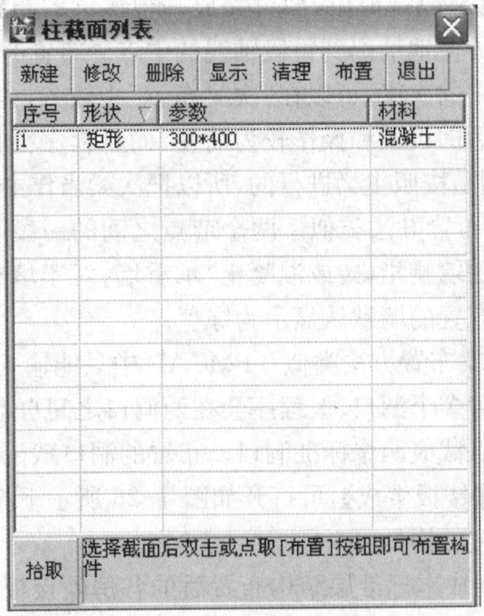

图 4-23 工程示例中的柱定义结果

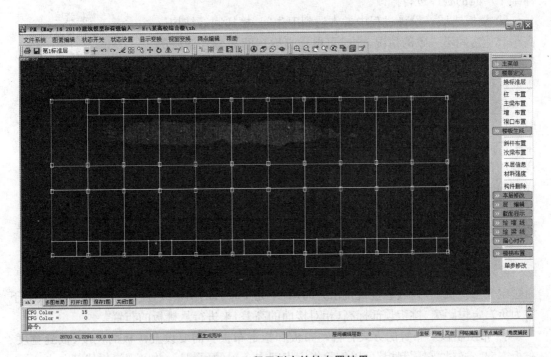

图 4-24 工程示例中的柱布置结果

(3) 主梁布置。单击【主梁布置】,可根据对话框提示进行主梁截面定义和布置,操作方法与柱布置类似。两个节点之间的一段网格线上只能布置一根梁。布置的主梁默认显示为青色。

(4) 次梁布置。点击【次梁布置】,可弹出"梁截面列表"对话框,列表中显示用户已经定义的所有梁截面,选择要布置的截面类型,点击【布置】,根据命令栏的提示,依次捕捉两点为次梁的起点和终点,再按【Esc】键退出,即可完成一根次梁的布置。捕捉点时,如果捕捉功能是打开的,程序可以很方便地捕捉到每段轴线的中点。布置的次梁默认显示为灰色。

需要指出的是:结构中的次梁,可以在"次梁布置"中输入,也可以当作主梁输入。把次梁当作主梁输入,会使之后的设置和操作较为简便,而且程序会自动区分框架主梁与次梁。但由于程序中房间的分割是按照主梁进行的,所以把次梁当作主梁输入会增加房间的数目。

(5) 墙布置。与主梁布置方法类似。两个节点之间的一段网格线上只能布置一段墙。需要特别指出的是:这里的墙是指(砖或混凝土)承重墙;对于填充墙,应折算成荷载布置到梁上,具体见 4.3.4 节。布置的墙默认显示为绿色。

(6) 洞口布置。与主梁布置方法类似。PMCAD 中只能输入矩形洞口。洞口布置在网格上,可在一段网格上布置多个洞口,但程序会在两洞口之间自动增加节点。如洞口跨越节点布置,则该洞口会被节点截成两个标准洞口。布置的洞口默认显示为深蓝色。

(7) 楼板生成。单击【楼板生成】,可打开如图 4-25 所示下拉菜单,用于修改本层中布置的构件。

图 4-25 "楼板生成"菜单

① 生成楼板。自动生成本标准层结构布置后的各房间楼板,板厚默认为"本层信息"中设置的板厚值,可通过"修改板厚"对具体某个房间的板厚进行修改。

② 楼板错层。设计过程中常常遇到卫生间、楼梯间等结构层高与其他房间不一致的情况,此时可鼠标点取房间后输入错层的数值(下沉为正),则确定了该房间为错层板。当有错层板时,错层板的配筋与楼板的配筋是不能拉通的。

③ 修改板厚。在一个标准层里,各房间的楼板厚度不相同时,可以用鼠标点取需要修改板厚的房间,输入实际板厚确定。如果把房间(例如楼梯间、电梯间)的板厚输入为 0 时,程序自动将该房间的荷载近似地传导到周围的梁或墙上。这同房间开洞不一样,凡开洞处布置不上荷载,也不存在荷载传导的问题。

④ 板洞布置与全房间洞。洞口设置时,洞口的偏心是洞口的插入点与布置节点的相对距离。全房间洞则是整个房间开洞,相当于该房间无楼板,亦无楼面恒、活荷载。

⑤ 布悬挑板。当建筑物设有雨篷、阳台、挑檐等构件时,可以通过"布悬挑板"来布置。通过定义悬挑板的形状、悬挑板挑出方向(对于完全垂直的网格线,左侧、上方为正,右侧、下方为负)、定位距离、挑板顶部标高(相对楼面的高差)来进行悬挑板的布置。

⑥ 布预制板。布置的方式有自动布板和指定布板。需要设置楼板的宽度、板缝宽度、布板方向。通过"删预制板"可以删除指定房间内布置的预制板,并以现浇板代替。

(8) 斜杆布置。与主梁布置方法类似。布置的斜杆默认显示为紫红色。

(9) 本层信息。单击【本层信息】,可弹出"本标准层信息"对话框,用于生成、编辑楼板。输入和确认结构信息,如图 4-26 所示。每个结构标准层都必须执行这个操作。最后一项"本标准层层高"仅用来"定向观察"某一轴线立面时做立面高度的参考值,各层层高的数据应在"楼层组装"菜单中输入。

4 建筑结构计算模型的建立（PMCAD软件应用）

图4-26 "本标准层信息"对话框

(10) 构件删除。单击【构件删除】，可弹出如图4-27所示对话框，可删除各种类型的构件。

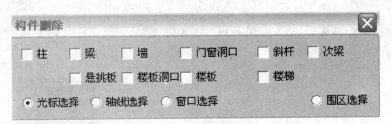

图4-27 "构件删除"对话框

(11) 本层修改。单击【本层修改】，可打开如图4-28所示下拉菜单，用于修改本层中布置的构件。包括三大项内容：①错层斜梁，可将已布置好的层高处的水平梁修改为两端不等高的斜梁，执行过程中需输入梁两端相对层高处的高差，以上为正，下为负；②柱、主梁、墙等构件的替换，就是把平面上已布置的某一类型截面的构件用另一类型截面替换；③柱、主梁、墙等构件的查改，用鼠标光标选取已布置的构件，程序将自动弹出显示构件的位置信息、详细参数、截面类型等数据，可对构件信息进行查询，也可对该构件的布置进行修改操作。

(12) 层编辑。单击【层编辑】，可打开如图4-29所示下拉菜单，用于对已建的结构标准层进行编辑、删除、复制等操作。也可以在两层结构标准层中间插入新的标准层。

(13) 截面显示。单击【截面显示】，可打开如图4-30所示下拉菜单，可控制各种构件以及构件相关数据的显示开关。例如，单击【柱显示】，可弹出如图4-31所示对话框，若将"构件显示"前面的"√"去掉，则平面图中的柱构件将不显示；若将"数据显示"选中，则可在平面图中显示柱的截面尺寸或偏心标高。

(14) 绘墙线,绘梁线。这两个菜单用于把墙、梁的布置连同它上面的轴线一起输入,省去先输轴线再布置墙、梁的两步操作,简化为一步操作。

(15) 偏心对齐。单击【偏心对齐】,可打开如图 4-32 所示下拉菜单,程序自动根据梁、柱、墙的布置关系计算并使其偏心位置对齐。

图 4-28 "本层修改"菜单

图 4-29 "层编辑"菜单

图 4-30 "截面显示"菜单

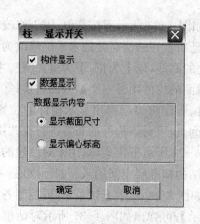

图 4-31 构件的显示控制

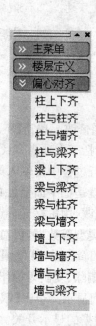

图 4-32 "偏心对齐"菜单

（16）楼梯布置。为了适应新的抗震规范要求，PMCAD 中应建立楼梯的模型。单击【楼梯布置】，可打开如图 4-33 所示下拉菜单，点选楼梯布置项，再根据提示选择要布置楼梯的房间，程序自动弹出如图 4-34 所示的楼梯智能设计对话框，程序会根据用户设定的层高自动选取踏步的宽度和高度等，帮助用户实现楼梯的建模。模型输入退出时可由用户选择是否将楼梯转化为折梁到模型中，如用户选择此项，则程序将已建好的模型拷入工作子目录下的 lt 子目录。原有工作子目录中的模型将不考虑模型中的楼梯布置的作用，其计算与往常没有楼梯布置时相同。而在 lt 子目录下的模型中，楼梯已转化为折梁杆件，该模型可由用户进一步修改，在 lt 子目录下做 SATWE 等的结构计算，此时的计算可以考虑楼梯的作用。楼梯间处不宜开全房间洞，而应将板厚设置为 0。

图 4-33 "楼梯布置"菜单

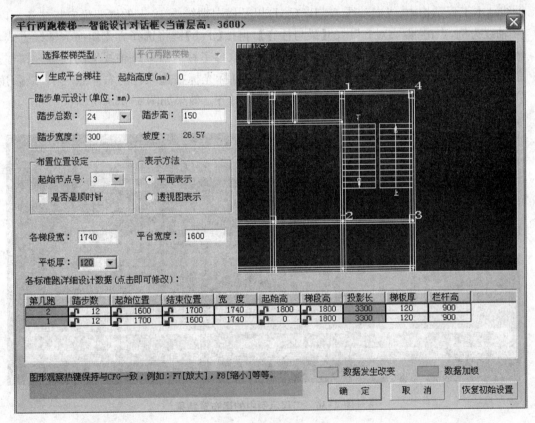

图 4-34 楼梯智能设计对话框

【梁、楼梯等构件布置工程示例】仍以南京市某高校综合楼工程为例，布置结构的主梁、次梁、楼板和楼梯等。

【操作步骤】

① 确定梁布置方案，估算梁截面尺寸。在框架柱之间布置框架梁，在有墙自重作用的位置布置次梁，但当作主梁输入。

② 定义梁截面。单击【主梁布置】，在柱截面列表对话框中点击【新建】，输入截面尺寸，选择材料类别为"6：混凝土"。点击【确定】后，定义好的梁截面显示在列表中，如图 4-35 所示。

③ 布置梁。在框架柱之间布置框架梁；阳台和卫生间的隔墙下方宜设置次梁以承受墙的重量，但这里的次梁在程序中可当作主梁输入。点击"截面显示"中的【主梁显示】，打开主梁的数据显示开关，可查看已布置的各梁的截面尺寸。若想修改某一根梁，可直接在该轴线上重新布置一次梁，则原位置处的梁自动被新的梁替换。

图 4-35 工程示例中的梁定义结果

④ 梁偏心对齐。梁输入时默认为梁的中心对准轴线。本工程结构中，纵向轴线 A、B、C、D 以及横向轴线 1、12 上的框架梁应与柱齐。以 12 轴线为例，点击"偏心对齐"中的【梁与柱齐】，再按【Tab】键将选择方式切换为轴线方式，然后选择 12 轴线。这时命令栏提示"请用光标点取参考柱"，点取该轴线上的任意一根柱。命令栏提示"请用光标指出对齐边方向"，这时用鼠标光标在选取柱的右侧点一下，最后按【Esc】键退出，则该轴线上的梁的右侧已经与柱边对齐。效果如图 4-36 所示。

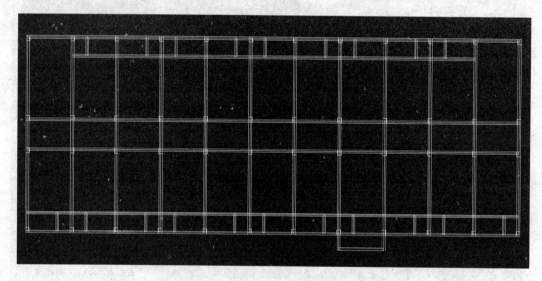

图 4-36 工程示例中的梁布置结果

⑤ 布置雨篷处的梁。先按照布置主梁的方式，在有雨篷的位置布置 3 根梁；再点击"本层修改"中的【错层斜梁】，当命令栏提示"输入梁两端相对层高处的高差（向上为正，2 个数）：(mm)"时，输入"-470,-470"，回车；然后用窗口方式选取这 3 根梁，再按【Esc】键退出，则这 3 根梁下沉了 470 mm。点击工具栏中的【透视视图】按钮，可查看其透视效果，如图 4-37所示。

4 建筑结构计算模型的建立（PMCAD 软件应用）

图 4-37 错层斜梁效果

⑥ 输入本层信息。点击【本层信息】，弹出"本标准层信息"对话框，分别设置板厚度、混凝土强度等级、钢筋类别以及本标准层层高等，如图 4-38 所示。其中本层的层高"4300"为该楼的基础顶面至二层楼板顶面的高度。

图 4-38 第一标准层信息

⑦ 楼板生成及修改板厚。打开楼板生成菜单，点击【修改板厚】，将跨度较小的走廊、阳台、卫生间等处的板厚修改为 80 mm，将楼梯间处的板厚修改为 0，雨篷板厚修改为

120 mm,其他房间内的楼板板厚仍保留为 100 mm。点击【楼板错层】,将板厚为 80 mm 的房间的楼板下沉 20 mm,将雨篷处的楼板下沉 180 mm。

⑧ 将建好的第一标准层复制为新的标准层,并进行修改。在工具栏的标准层下拉窗口中选择"添加新标准层",在弹出的对话框中选择"全部复制",将出现一个与第一标准层完全相同的第二标准层,在此基础上进行修改,以完成第二标准层模型的建立。因本工程的每个楼层均不一样,故共需建立 4 个标准层。第一标准层对应建筑图中的二楼,第二标准层对应建筑图中的三楼,第三标准层对应顶楼,第四标准层对应楼顶小房间的顶部。在每个标准层中均需执行一遍【本层信息】。

⑨ 布置楼梯。以第三标准层为例,单击【楼梯布置】,点选北面右侧房间,弹出楼梯智能设计对话框,选择楼梯类型为平行两跑楼梯,踏步总数设计为 22,此时程序自动选定踏步高 150,宽 300。根据建筑图可知,楼梯起点为靠近 12 轴线处,故应选择起始节点为 3,平台宽度设为 1 900,在对话框的右侧预览区可预览到楼梯的设置效果。其他数据设置如图 4-39 所示。其他标准层的楼梯可单独布置,也可使用"楼梯布置"菜单中的【层间复制】进行复制。

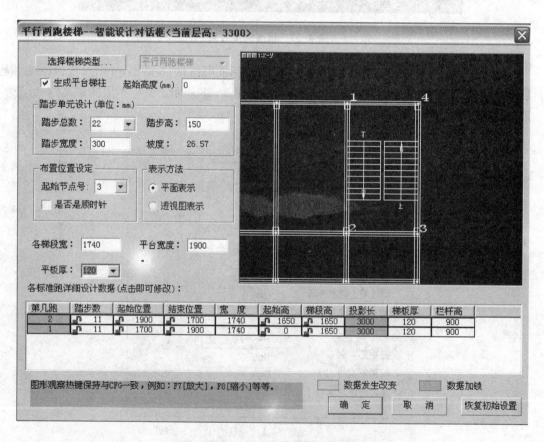

图 4-39 工程示例中的楼梯布置对话框

⑩ 各标准层的结构布置如图 4-40～图 4-43 所示。

4 建筑结构计算模型的建立（PMCAD 软件应用）

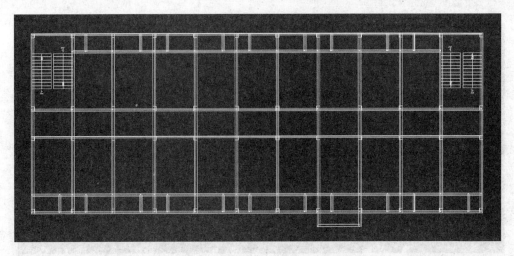

图 4-40　第一标准层结构布置

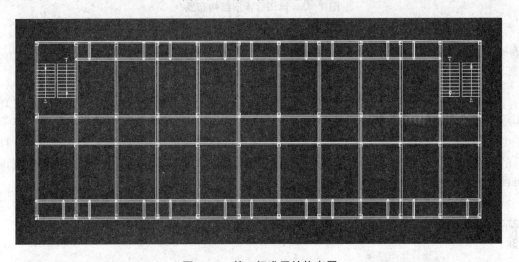

图 4-41　第二标准层结构布置

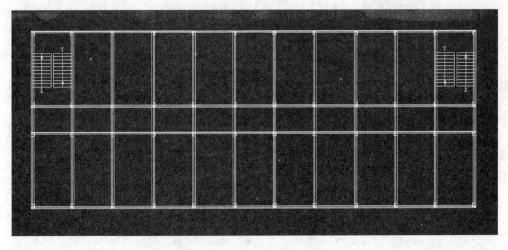

图 4-42　第三标准层结构布置

图 4-43　第四标准层结构布置

4.3.4　荷载输入

单击【荷载输入】,可打开其下拉菜单,如图 4-44 所示。用户在本菜单可以定义并布置作用于各标准层的楼面、梁、柱、墙等构件上的荷载,以及某些特殊节点上的集中荷载。本菜单中的【恒活设置】指作用于楼面的均布荷载,用户可在弹出的对话框(图 4-45)中输入计算好的恒载和活载。需要特别指出的是,若在计算恒载时已计算了楼板的自重,则此处不应该再选勾"自动计算现浇楼板自重"选项。

若某些房间的恒载、活载与其他房间不同,则可打开"楼面荷载"的下拉菜单,对这些房间的恒载、活载进行局部修改。

图 4-44　"荷载输入"菜单

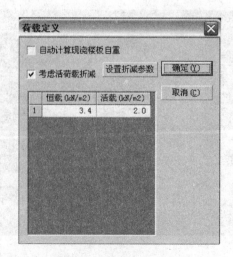

图 4-45　恒活设置对话框

框架填充墙的自重应作为"梁间荷载"输入。直接点击【恒载输入】,弹出"选择要布置的梁荷载"对话框(图4-46);点击【添加】,在弹出的"选择荷载类型"对话框(图4-47)中选择与实际情况相符的荷载类型,对于填充墙的自重应选均布荷载;然后在"荷载参数"对话框(图4-48)中输入计算好的均布线荷载值,则该线荷载出现在"选择要布置的梁荷载"对话框的列表中,先选中该荷载,再点击【布置】,即可在指定的梁上布置该荷载。梁的选择仍有光标、轴线、窗口、围栏4种方式,可按【Tab】键进行切换。

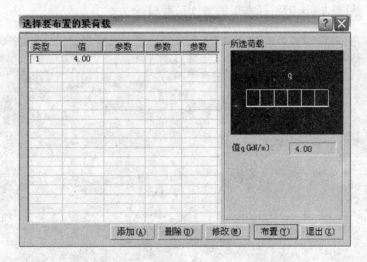

图4-46 梁间荷载(恒载)输入对话框

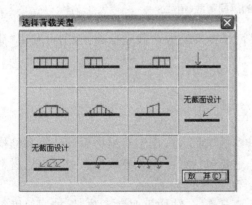

图4-47 选择荷载类型

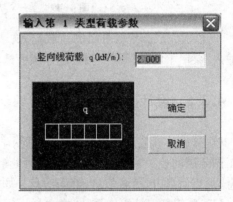

图4-48 输入荷载参数

特别需要指出的是,一段梁上的荷载可输入多个不同的值,后输入的荷载不会自动替换先输入的荷载,而是与先输入的荷载同时作用于梁上,故此处应特别注意避免荷载重复输入。荷载输入完成后,可打开"梁间荷载"下的【数据开关】,查看已经输入的荷载值。

梁间活载的输入与此类似,其他柱间荷载、墙间荷载等的输入与梁间荷载类似,不再赘述。

【荷载输入工程示例】仍以南京市某高校综合楼工程为例,为结构模型输入荷载。

【操作步骤】

① 设置楼面恒活。在弹出的恒活设置对话框中输入计算好的恒载和活载,如图4-45

所示。

② 修改局部房间的恒载、活载。点击"楼面荷载"菜单下的【楼面恒载】,在弹出的"修改恒载"对话框中输入新的恒载值,此时图形显示区显示所有房间的恒载均为之前设置的 3.4 kN/m²,点选需要修改恒载的房间即可完成修改。活载的修改与此类似。

③ 输入梁间荷载。先计算每根梁上的墙重,然后点击恒载输入,选择均布荷载类型,输入计算好的恒载值,并依次布置到每根承受墙重的梁上。打开数据显示开关,可查看已经布置的梁间荷载。图 4-49 为第一标准层的梁间荷载显示。

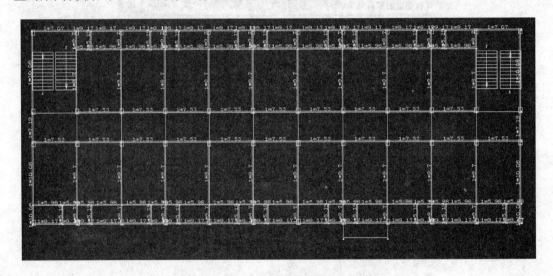

图 4-49 第一标准层的梁间荷载(恒载)

④ 依次完成其他标准层的荷载输入。若某两个标准层的荷载完全相同,则可利用"荷载输入"菜单下的【层间复制】快速完成荷载输入。

4.3.5 设计参数

单击【设计参数】,弹出如图 4-50 所示"设计参数"对话框,用于对结构设计计算和结构施工图绘制的相关参数进行输入、选择和确认。主要包括如下相关参数信息:总信息、材料信息、地震信息、风荷载信息、钢筋信息。如图 4-50~图 4-54 所示。

(1) 总信息。结构体系、结构主材根据实际情况确定,结构重要性系数、保护层厚度等应根据相关规范要求确定,框架梁端负弯矩调幅系数一般在 0.8~0.9 之间取值。地下室层数、与基础相连构件的最大底标高根据工程实际情况确定。参数设定如图 4-50 所示。

(2) 材料信息。包括材料容重、钢筋类别等。容重一般取默认值即可,梁柱箍筋类别可根据工程经验和相关规范做适当的修改。

(3) 地震信息。设计地震分组、地震烈度、场地类别、框架抗震等级可根据工程资料或查阅规范得到。计算振型个数一般应该大于 9,多塔结构计算振型应该更多些,但此处指定的振型个数不能超过结构固有的计算振型总数。如一个规则的二层结构,采用刚性楼板假定,由于每块刚性楼板只有 3 个有效动力自由度,整个结构共有 6 个有效动力自由度,这时最多只能指定 6 个振型,否则会造成地震力计算异常。因填充墙与框架相连会降低结构的自振周期,故应进行周期折减,纯框架结构可根据实际情况取值0.6~0.8,填充墙越少系数越大。

(4) 风荷载信息。修正后的基本风压、地面粗糙度类别应查阅规范确定。一般结构沿高度体型分段数取1即可,若是沿高度结构体型变化较大的高层建筑,最多可沿高度分3段取不同体型系数,用户在确定体型分段数后,在下面的相应空白处输入最高层层号及相应的体型系数即可,程序默认的体型系数为1.3。

(5) 钢筋信息。输入各钢筋等级的强度设计值。一般不需修改。

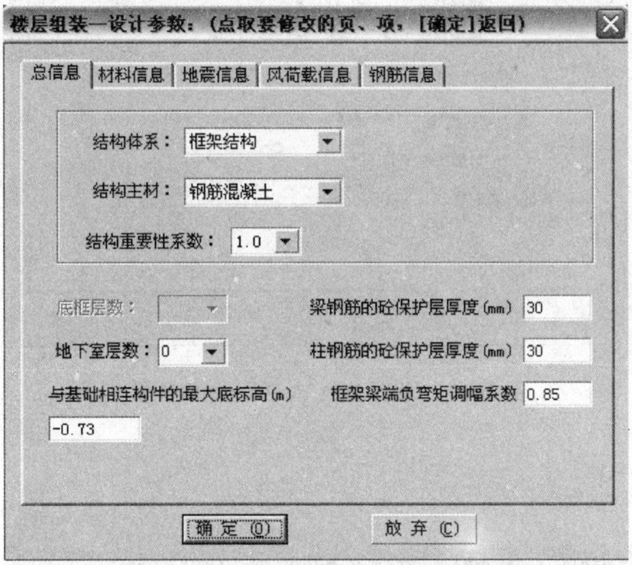

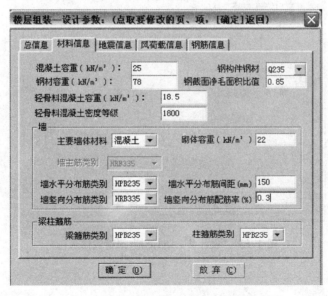

图4-50 "设计参数"对话框(总信息)

图4-51 "设计参数"对话框(材料信息)

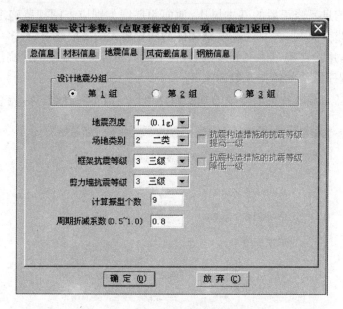

图 4-52 "设计参数"对话框(地震信息)

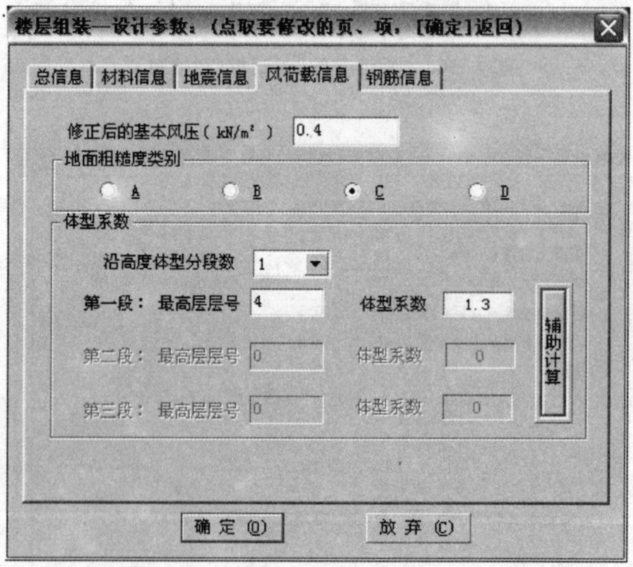

图 4-53 "设计参数"对话框(风荷载信息)

4 建筑结构计算模型的建立（PMCAD 软件应用）

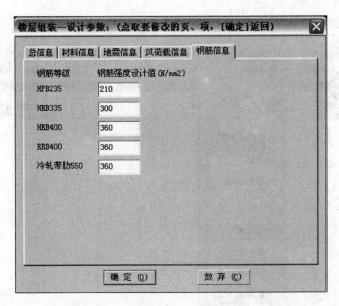

图 4-54 "设计参数"对话框（钢筋信息）

4.3.6 楼层组装

楼层组装下拉菜单如图 4-55 所示，用于对已经建好的结构标准层进行组装，形成整栋建筑的结构模型。单击菜单中的【楼层组装】，弹出如图 4-56 所示的"楼层组装"对话框，主要包括四大项内容。复制层数为需要增加的楼层个数，即要把右侧选中的标准层进行复制的个数。标准层指增加楼层的标准层号，即将要进行复制操作的标准层号。层高指要增加的该层的层高。增加第一个标准层时，需输入该层的底标高，此后的其他层可由程序根据前一层的层高和底标高自动计算出底标高。设置好第一次要增加的标准层后，点击【增加】，则会显示在右侧的组装结果中。然后依次增加其他标准层到右侧的组装结果中。

组装完成后，点击【整楼模型】，可以查看组装好的整楼的立体效果。

【楼层组装工程示例】南京市某高校综合楼工程的楼层组装方案如图 4-56 所示。

图 4-55 "楼层组装"菜单

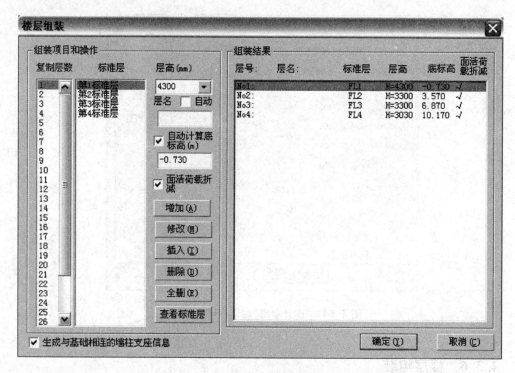

图 4-56 "楼层组装"对话框

4.3.7 保存、退出

建模完成后存盘、退出。在弹出的"选择后续操作"对话框(图 4-57)中勾选需要执行的项目,即完成 PMCAD 中主菜单 1 的操作。

注意,若在 PMCAD 主菜单 1 中仍有未完成的操作,程序会进行提示。

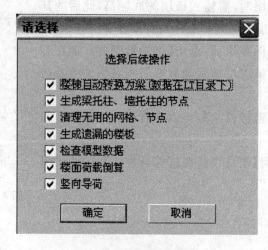

图 4-57 后续操作选项

4.4 PMCAD 的其他主菜单

4.4.1 平面荷载显示校核

主要是检查交互输入和自动导算的荷载是否正确，不会对荷载结果进行修改或重写。

4.4.2 画结构平面图

可以计算板的内力，并绘制楼板的配筋图。详见第 8 章。

4.4.3 形成 PK 文件

生成与 PK 接口的文件。

因篇幅有限，其他功能此处不再介绍。

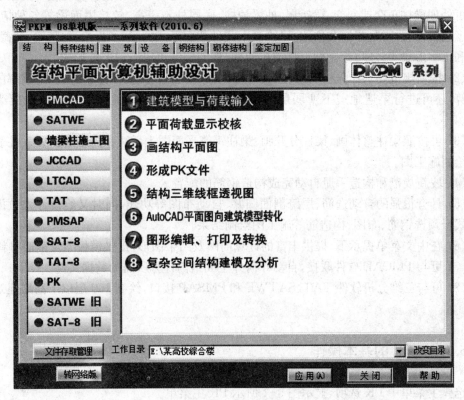

图 4-58　PMCAD 的主菜单

5 建筑结构的计算机辅助计算

5.1 钢筋混凝土框排架及连续梁结构计算与绘图软件 PK

PK 模块可用于钢筋混凝土框排架及连续梁结构的计算及其施工图的绘制。本章通过对 PK 部分的概括介绍,使读者了解 PK 模块的基本使用方法。

5.1.1 PK 的基本功能

PK 软件主要用于平面杆系结构的计算及施工绘制,其主要的基本功能如下:

(1) 适用于 20 层、20 跨以内的工业与民用建筑中各种规则和复杂类型的框架结构、框排架结构、排架结构、剪力墙简化成的壁式框架结构及连续梁的结构计算与施工图绘制。

可处理梁柱正交或斜交、梁错层、抽梁抽柱、底层柱不等高、铰接屋面梁等各种情况;可在任意位置设置挑梁、牛腿和次梁;可绘制十几种截面形式的梁,如折梁、加腋梁、变截面梁、矩形和工字形梁等;还可绘制圆形柱或排架柱,柱的箍筋可以采用多种形式。

(2) 按新规范要求作强柱弱梁、强剪弱弯、节点核心区、柱轴压比、柱体积配箍率的计算与验算,还可进行罕遇地震下薄弱层的弹塑性位移计算、竖向地震力计算和框架梁裂缝计算。

(3) 可按照梁柱整体画、梁柱分开画、梁柱钢筋平面图表示法和广东地区梁表柱表 4 种方式绘制施工图。

(4) 按新规范和构造手册自动完成构造钢筋的配置。

(5) 具有很强的自动选筋、层跨剖面归并、自动布图等功能,同时又给设计人员提供多种方式干预选钢筋、布图、构造筋等施工图绘制结果。

(6) 在中文菜单提示下,提供丰富的计算简图及结果图形,提供模板图及钢筋材料表。

(7) 可与 PMCAD 软件联接,自动导荷并生成结构计算所需的数据文件。

(8) 可与三维分析软件 TAT、SATWE 和 PMSAP 接口,绘制 100 层以下高层建筑的梁柱图。

5.1.2 PK 的基本操作

选择主菜单中 PK 选项,显示图 5-1 所示 PK 主菜单。

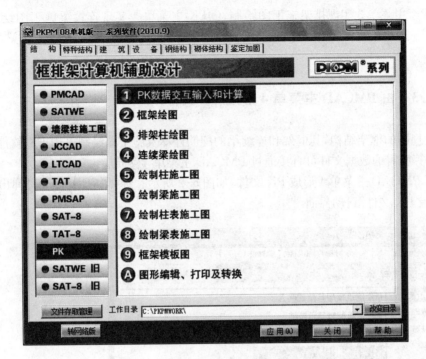

图 5-1　PK 主菜单

由图 5-1 可知，PK 各项主菜单的操作可概括为 2 个部分：一是 PK 数据交互输入和计算；二是做施工图设计。下面对 2 个部分实现的基本功能进行介绍。

(1) PK 数据交互输入和计算

执行 PK 时，首先要输入结构的计算模型。在 PKPM 软件中，有 2 种方式形成 PK 的计算模型文件。

一种是通过 PK 主菜单 1 数据交互输入和计算来实现结构模型的人机交互输入。进行模型输入时，可采用直接输入数据文件形式，也可采用人机交互输入方式。一般采用人机交互方式，由用户直接在屏幕上勾画框架、连梁的外形尺寸，布置相应的截面和荷载，填写相关计算参数后完成。人机交互建模后也生成描述该结构的文本式数据文件。

另一种是利用 PMCAD 软件，从已建立的整体空间模型直接生成任一轴线框架或任一连续梁结构的结构计算数据文件，从而省略人工准备框架计算数据的大量工作。PMCAD 生成数据文件后，还要利用 PK 主菜单 1 进一步补充绘图数据文件的内容，主要有柱对轴线的偏心、柱轴线号、框架梁上的次梁布置信息和连续梁的支座状况等信息。这时的绘图补充数据文件最好也采用人机交互方式生成。用这种方式可使用户操作大大简化。

PMCAD 还可生成底框上砖房结构中底层框架的计算数据文件，该文件中包含上部各层砖房传来的恒活荷载和整栋结构抗震分析后传递分配到该底框的水平地震力和垂直地震力。由 PK 再接力完成该底框的结构计算和绘图。

计算模型输入完毕后，即可进行一般框架、排架、连续梁的结构计算。

(2) 施工图设计

根据主菜单 1 的计算结果，就可以进行结果绘制了，即施工图设计部分。在 PK 软件中，提供了多种方式来进行施工图设计，主要有：①PK 主菜单 2 实现框架梁柱整体施工图绘制;②PK 主菜单 3 实现排架施工图绘制;③PK 主菜单 4 实现连续梁施工图绘制;④PK 主菜单 5、6 适用于框架的梁和柱分开绘图情况;⑤PK 主菜单 7、8 适用于按梁柱表画图方式。

5.1.3 由 PMCAD 主菜单 4 形成 PK 文件

对较规则的框架结构,其框架和连续梁的配筋计算及施工图绘制可用 PK 软件来完成,而 PK 计算所需的数据文件可直接通过 PMCAD 主菜单 4 生成。

执行 PMCAD 主菜单 4 形成 PK 文件,如图 5-2 所示。选择"应用"后屏幕弹出如图5-3所示"形成 PK 文件"启动界面。

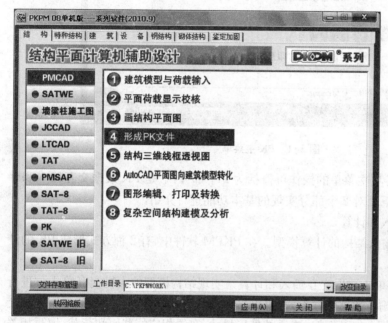

图 5-2 PMCAD 形成 PK 文件

图 5-3 形成 PK 文件

程序提供了 3 种由 PMCAD 形成 PK 数据文件的方式。

(1)"1. 框架生成"

如选择"1. 框架生成",屏幕首先显示 PMCAD 建模生成的结构布置图。图 5-4 为接第 4 章算例形成 PK 文件时的底层结构平面图。

右侧对应有"风荷载"和"文件名称"两个选项。

选择"风荷载"项,将弹出风荷载信息对话框,用于输入风荷载的有关信息,将风荷载计算标志设置为 1 后,图 5-4 中风荷载下的"红×"将变为"红√"。

选择"文件名称"项,可以输入指定的文件名称,缺省生成的数据文件名称为 PK -轴线号。

在程序"输入要计算框架的轴线号"提示下,输入要生成框架所在的轴线号,如此处要生成第 3 号轴线框架的数据文件,输入"3",程序自动返回图 5-3 所示菜单,单击【结束】按钮,屏幕上就会依次出现 3 号轴线框架的立面和恒、活荷载简图。也可按【Tab】键转换为节点方式选择要转换的框架。

可连续生成多榀框架,全部生成完后,选择"结束"退出,进入 PK 数据检查。

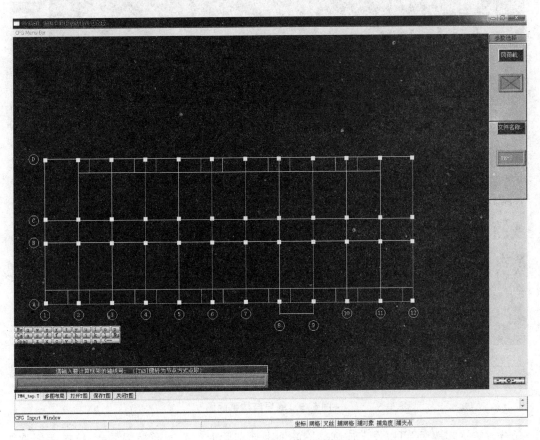

图 5-4　底层结构平面图

【例 5-1】　用 PMCAD 软件形成图 5-4 中 3 号轴线框架的 PK 计算数据文件。

① 执行 PMCAD 主菜单 4 形成 PK 文件。

② 在弹出的启动界面上,选择"框架生成"。

③ 在"输入要计算的轴线号"提示下,输入"3"后确认。

④ 按【Esc】键返回启动界面,选择"结束",即形成了 3 号轴线的框架数据文件,名称为 PK-3.SJ。

(2)"2.砖混底框"

要生成上部砖房的底层框架数据,必须进行砖混结构抗震计算。在底层框架中若有剪力墙,可以选择将荷载不传给墙而加载到框架梁上,参加框架计算。若在"建筑模型与荷载输入"时抗震等级取值为五级,则生成的 PK 数据中不再包括地震力作用信息,仅含有上层砖房对框架的垂直力作用。

(3)"3.连梁生成"

如选择"3.连梁生成",程序首先提示输入要计算连续梁所在的层号(当工程仅为一层时不提示),输入层号并确认后,屏幕显示 PMCAD 建模生成的结构布置图(图 5-5),同时右侧显示"抗震等级"、"当前层号"、"已选组数"等项。

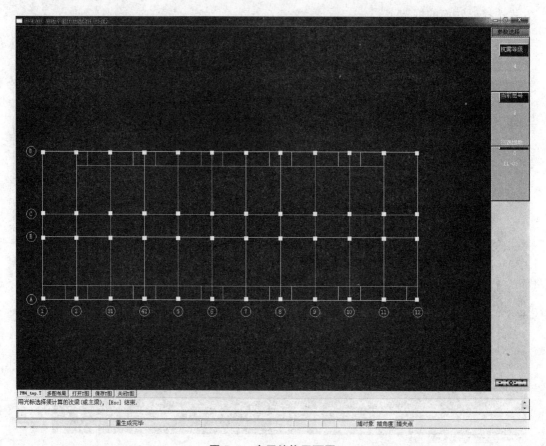

图 5-5　底层结构平面图

选择"抗震等级"可以设定连续梁箍筋加密区和梁上角筋连通是否需要，抗震等级取为五级时不设加密区及角筋连通。

选择"已选组数"，可以输入连续梁数据文件的名称，默认文件名为：LL-生成连续梁数据的顺序号，显示在其下方。

一个连续梁数据文件中可以包含多根连续梁：用光标选择一根连续梁，输入该连梁的名称，再点下一根。点前还可以换层号选择，这些包含在一个数据文件中的连续梁一起计算，一起绘图。

选择一根连续梁后，程序自动判断生成支座（红色为支座，蓝色为连通点），判断的原则是：次梁与主梁的连接点必为支座点；次梁与次梁交点及与主梁交点，当支撑梁高大于连梁高 50 mm 以上时为支座点；墙柱支撑一定为支座点。用户可根据需要重新定义支座情况，然后按【Esc】键退出。

生成连梁数据文件的梁一般应是次梁或非框架平面内的主梁，它们绘图时的纵筋锚固长度将按非抗震梁取。

5.1.4　PK 主菜单 1　PK 数据交互输入和计算

进入 PK 主菜单 1，屏幕弹出如图 5-6 所示启动界面。进入 PK 前，首先要指定启动方式,PK 提供了新建文件、打开已有交互文件和打开已有数据文件等方式。

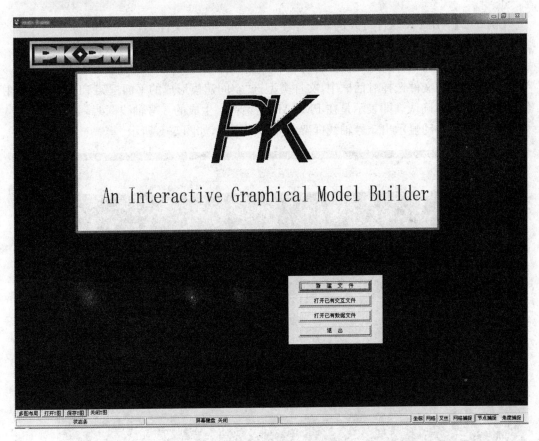

图 5-6 PK 主菜单 1 启动界面

(1) 新建文件

选择"新建文件",将从零开始创建一个框、排架或连续梁结构模型。建模前,首先要为人机交互建模文件起个名字,如图 5-7 所示。人机交互建模后仍生成一个工程名为.SJ 的文本文件,用户修改该文件时可用"打开已有数据文件"方式进入 PK 操作界面。

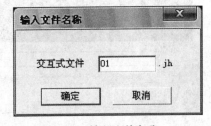

图 5-7 输入文件名称

以"新建文件"方式启动 PK 后,用户可用鼠标或键盘,采用和 PMCAD 绘制平面图相同的方式,在屏幕上勾画出框排架立面图。框架立面可用各种长度、各种方向的直线组成,再在立面网格上布置柱、梁截面,再布置恒、活、风荷载。输入中采用的单位均为 mm,kN。

(2) 打开已有交互文件

选择"打开已有交互文件"进入,将在一已有交互式文件基础上,进行补充创建新的交互式文件。进入后,屏幕上显示已有结构的立面图。

(3) 打开已有数据文件

如果是从 PMCAD 主菜单 4 生成的框架、连续梁或底框的数据文件,或以前用手工填写的结构计算数据文件,则可选择"打开已有数据文件"方式进入。数据文件名为工程名.SJ。

【例5-2】 用PK软件打开例5-1中生成的PK-3.SJ文件。

① 执行PK主菜单1:PK数据交互输入和计算。

② 在弹出的启动界面上,选择"打开已有数据文件"。

③ 在弹出的文件选择对话框中,文件类型选"空间建模形成的平面框架PK-*",文件名选择PK-3后确认。即表示是在PMCAD主菜单4生成的3号轴线框架。

④ 屏幕上自动显示出3号轴线框架的立面网格图,如图5-8所示。

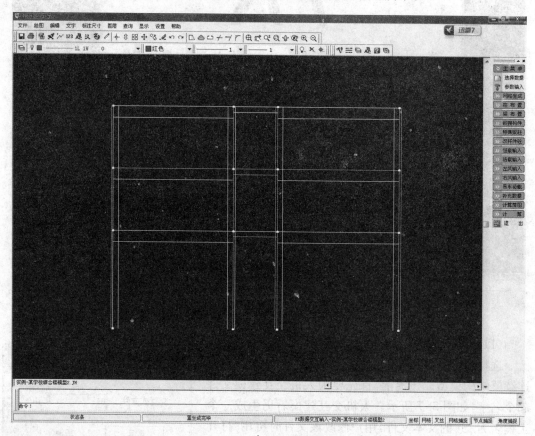

图5-8 PK主菜单1操作界面

在图5-8中,我们可见到PK主菜单1右侧的主控菜单,各菜单项含义如下。

(1) 网格生成

利用"网格生成"菜单可采用与PMCAD交互输入相同方式勾画出框架或排架的立面网格线,该网格线应是柱的轴线或梁的顶面。"网格生成"菜单下各菜单项的操作与PMCAD中命令基本相同,这里不再赘述。

【例5-3】 排架结构网格生成。

某两跨等高排架,上柱截面均为矩形,尺寸分别为400 mm×400 mm,500 mm×600 mm,500 mm×500 mm,下柱截面均为工字形,尺寸分别为400 mm×900 mm,500 mm×1 200 mm,600 mm×1 200 mm。工字形截面腹板厚为150 mm,翼缘根高225 mm,边缘高200 mm,屋

面梁皆为铰支。作 8°抗震设防，抗震等级为 2 级，混凝土强度等级为 C20，主筋为 HRB335，箍筋为 HRB235。试形成该排架结构网格。

① 启动 PK 主菜单 1 交互式数据输入和计算后，选择"网格生成"/"平行直线"。

② 在"输入第一点"提示下，输入"0,0"。

③ 在"输入下一点"提示下，按 F4 功能键将角度捕捉方式打开，然后拖动光标，屏幕上就会出现一条红色的直线，确保其处于垂直状态。输入"11000"，即在屏幕上绘制了一条垂直直线。

④ 在"复制间距"提示下，输入"18000"。

⑤ 在"复制间距"提示下，输入"24000"，按【Esc】键退出。

⑥ 在"输入第一点"提示下，捕捉节点 1。

⑦ 在"输入第一点"提示下，按 F4 功能键将角度捕捉方式打开，然后拖动光标，屏幕上就会出现一条红色的直线，确保其处于垂直状态，输入"4500"。

⑧ 在"复制间距"提示下，输入"18000"。

⑨ 在"复制间距"提示下，输入"24000"，按【Esc】键退出。

⑩ 然后执行"网格生成"/"两点直线"。

⑪ 在"输入第一点"提示下，捕捉节点 4。

⑫ 在"输入下一点"提示下，捕捉节点 6，按【Esc】键退出。形成如图 5-9 所示网格轴线。

⑬ 然后选择"回前菜单"完成轴线输入。

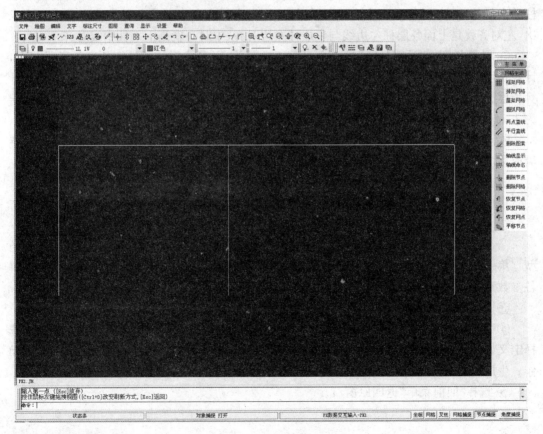

图 5-9　排架网格线

(2) 柱布置

柱布置菜单下各项操作与 PMCAD 建模中基本相同,只是有几点需注意:

① 进行截面定义时,通过选择"增加"按钮来进行截面定义,PK 提供由多种截面类型供用户定义,例如矩形、工字形等,如图 5-10 所示。

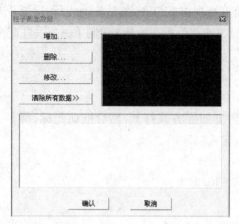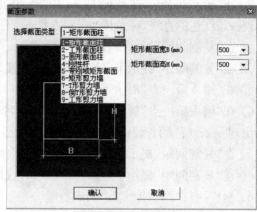

图 5-10 柱"截面参数"对话框

② 偏心对齐。多层框架柱偏心时,用该菜单可简化偏心的输入,即用户只需输入底层柱的准确偏心,上面各层柱的偏心可通过左对齐、中对齐和右对齐 3 种方式自动由程序求出,左对齐就是上面各层柱左边线与底层柱左边对齐,中对齐就是上下柱中线对齐。

③ 计算长度。"计算长度"是一个双向切换菜单,用来控制柱子计算长度的显示与否,计算长度系数按《混凝土规范》第 7.3.11 条选取,对框架结构,当采用现浇楼盖时,底层柱计算长度为 $1.0H$,其他层为 $1.25H$;当采用装配式楼盖时,底层柱计算长度为 $1.25H$,其他层为 $1.5H$。H 为层高。用户也可对计算长度进行人为指定。

④ 支座形式。"支座形式"菜单项用来修改连续梁的支座类型,其支座可以是柱子、砖墙或梁。

【例 5-4】 接例 5-3 进行排架柱的定义和布置。

接例 5-3 进行轴线输入后,接下来进行柱子定义和布置,操作过程如下:

① 选择"柱布置"/"截面定义"菜单项,首先进行柱截面的定义。

② 在弹出的"柱子截面数据"对话框中选择"增加"按钮,依次按要求定义 5 种柱截面类型。第一种、第二种为工字形截面柱,其余为矩形截面柱。在定义时左侧有示意图帮助理解各参数意义,非常方便。

③ 定义完毕后,单击【确认】按钮,返回原窗口。

④ 再选择"柱布置",屏幕弹出已定义好的柱子截面数据对话框。按照题目要求分别选择定义好的柱数据布置在相应位置的柱网格线上,全部布置完毕后按【Esc】键结束本次操作。生成如图 5-11 所示柱布置图。

⑤ 选择"回前菜单"返回原窗口。

5 建筑结构的计算机辅助计算

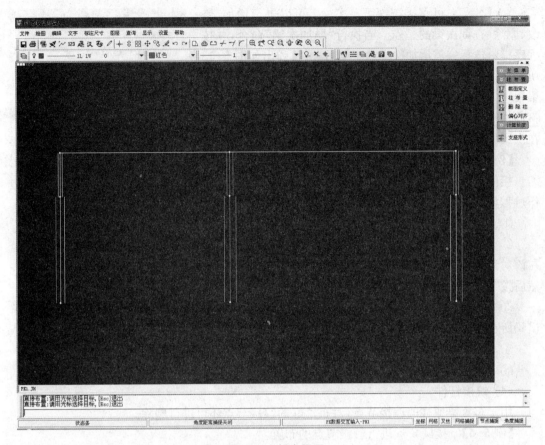

图 5-11 柱布置图

(3) 梁布置

梁布置的操作与柱布置相同,布置时程序将梁顶面与网格线齐平,梁布置无偏心操作。"梁布置"菜单下除"截面定义"、"梁布置"、"删除梁"菜单项外,还有"挑耳定义"。

"挑耳定义"菜单项用来输入各梁的截面形状,共有 15 种之多,主要是设计梁的腰筋时用来确定梁的有效截面高度。如图 5-12 所示。

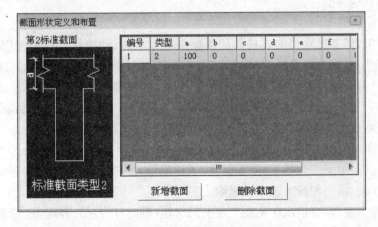

图 5-12 "挑耳定义"菜单项

101

"次梁"菜单可直接布置梁上次梁。可以进行增加、修改、删除、查询次梁的工作。当执行"增加次梁"命令,并按程序提示选择完需增加次梁的主梁后,屏幕弹出如图5-13所示对话框。利用该对话框输入次梁数据,程序可利用次梁集中力设计值计算次梁处的附加箍筋和吊筋。当计算箍筋加密已满足要求时,不再设吊筋。若只选用吊筋,可在次梁集中力设计值前加一负号。

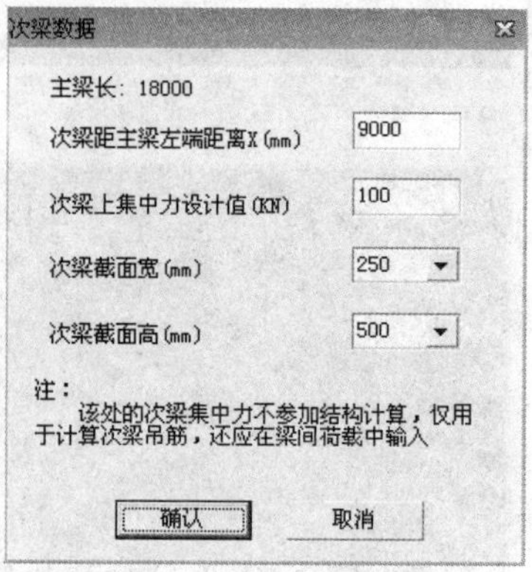

【例5-5】 接例5-4进行排架梁的定义和布置。

接例5-4柱子布置完毕后,接下来要进行梁布置,操作过程如下:

① 首先选择"梁布置"/"截面定义",进行梁截面定义。

图5-13 "次梁数据"菜单

② 在弹出的"梁截面数据"对话框中选择"增加"项,屏幕将弹出"梁截面参数"对话框。在该对话框中,首先选择截面类型1:矩形截面梁,输入一种梁截面参数 B×H:400×400,然后按"确定"按钮退出截面定义。

③ 再选择"梁布置"/"梁布置",选择第一种梁截面,确定后在"选择目标"提示下,选择横梁所在水平轴线,按【Esc】键结束操作。

④ 当程序再次提示选择梁数据进行布置时,选择"取消"结束操作,完成梁的布置。

⑤ 选择"回前菜单"返回原窗口。

(4) 铰接杆件

用于布置梁或柱的铰接节点,对布置好的铰接节点还可进行删除。

【例5-6】 接例5-5进行铰接节点的布置。

在柱与梁均布置完毕后,还要布置梁和柱的铰接节点,以形成排架体系,操作方法如下:

① 选择"铰接构件"/"布置梁铰"/"两端铰接"。

② 在"选择目标"提示下,选择梁1和梁2,按【Esc】键结束布置。

③ 然后选择"回前菜单"返回原窗口。

(5) 特殊梁柱

特殊梁柱可用于定义底框梁、框支梁、受拉压梁、中柱、角柱、框支柱等,计算特殊梁柱的配筋时需要用到这些信息。

(6) 改杆件混凝土

选择该菜单,屏幕显示当前各杆件的混凝土强度等级。"改杆件混凝土"菜单下,还有"修改梁混凝土"和"修改柱混凝土"两个菜单项,可用于对个别梁和柱强度等级的分别指定。

当执行了"修改梁混凝土"或"修改柱混凝土"后,程序提示"请输入构件混凝土的强度等级(C30输30)",输入欲修改的数字并确认后,程序会提示"请用光标选择目标",选择需修改的构件后即将该构件强度等级修改,可连续选择直至按【Esc】键结束。

(7) 恒载输入

"恒载输入"菜单下又包括了"节点恒载"、"柱间恒载"、"梁间恒载"菜单项,通过该菜单可进行节点、柱间、梁间恒载的输入和删除。

其中"节点恒载"需要输入作用在节点上的弯矩(顺时针为正)、竖向力(向下为正)、水平力(向右为正)3个数值,再选择加载所输节点荷载的节点。每个节点上只能加载一组节点荷载,后加的一组会取代前一组。其他菜单项操作方法与PMCAD交互建模基本相同,这里不再赘述。

【例5-7】 接例5-6进行排架结构恒载的输入,恒荷载布置如图5-14所示。

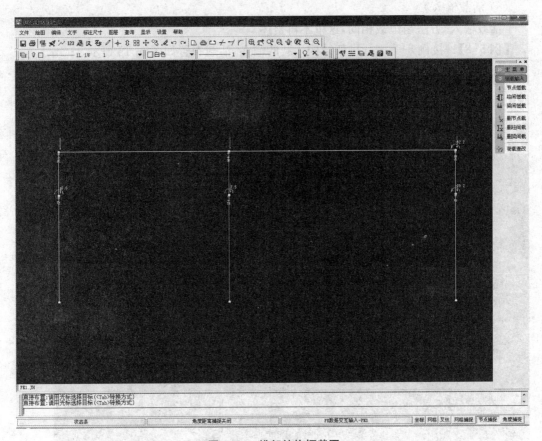

图5-14 排架结构恒载图

在结构的几何模型输入完毕后,接下来要进行结构的荷载信息输入。首先进行恒载输入,操作过程如下:

① 选择"恒载输入"/"节点恒载"。

② 在"输入节点荷载"提示下,输入"18.6,62,0"。确定后,在"选择目标"提示下,选择节点1,按【Esc】键。

③ 在继续"输入节点荷载"提示下,输入"7.5,134,0"。确定后,在"选择目标"提示下,选择节点2,按【Esc】键。

④ 在继续"输入节点荷载"提示下,输入"-25.2,72,0"。确定后,在"选择目标"提示下,选择节点3,按【Esc】键。

⑤ 在继续"输入节点荷载"提示下,输入"0,261,0"。确定后,在"选择目标"提示下,选择节点4,按【Esc】键。

⑥ 在继续"输入节点荷载"提示下,输入"0,609,0"。确定后,在"选择目标"提示下,选择节点5,按【Esc】键。

⑦ 在继续"输入节点荷载"提示下,输入"-52.2,348,0"。确定后,在"选择目标"提示

下,选择节点 6,按【Esc】键。

⑧ 在继续"输入节点荷载"提示下,选择"取消",结束节点恒载输入。

⑨ 选择"回前菜单"返回原窗口。

(8) 活载输入

"活载输入"方法与恒载相同,这里不再赘述。

【例 5-8】 接例 5-7 进行排架结构活载的输入,活载布置如图 5-15 所示。

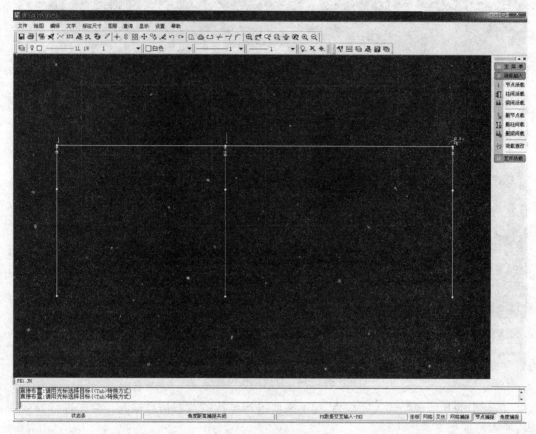

图 5-15 排架结构活载图

恒载输入完毕后进行活载输入,操作过程如下:

① 选择"活载输入"/"节点活载"。

② 在"输入节点荷载"提示下,输入"0,68,0"。确定后,在"选择目标"提示下,选择节点 4,按【Esc】键。

③ 在继续"输入节点荷载"提示下,输入"0,158,0"。确定后,在"选择目标"提示下,选择节点 5,按【Esc】键。

④ 在继续"输入节点荷载"提示下,输入"13.5,90,0"。确定后,在"选择目标"提示下,选择节点 6,按【Esc】键。

⑤ 在继续"输入节点荷载"提示下,选择"取消",结束节点活载输入。

⑥ 然后选择"回前菜单"返回原窗口。

(9) 左风输入、右风输入

这两项菜单用于输入节点左(右)风和柱间左(右)风,也可以通过输入左(右)风信息由程序自动布置。

【例 5-9】 接例 5-8 进行排架结构左风荷载的输入,左风荷载布置如图 5-16 所示。

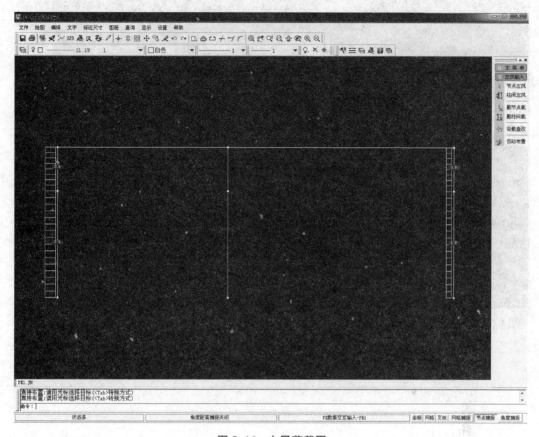

图 5-16 左风荷载图

节点恒载和活载输入完毕后,进行风荷载输入。首先进行左风输入,操作过程如下:

① 选择"左风输入"/"柱间左风"。按荷载类型设置柱间风荷载的类型和大小,第一种类型,数值为 3.6 kN/m。设置好后,选择"确定"。在"选择目标"提示下,选择柱 1、4,按【Esc】键。

② 继续按要求的类型和大小设置柱间风荷载。第一种类型,数值为 1.8 kN/m,设置好后,选择"确定"。在"选择目标"提示下,选择柱 3、6,按【Esc】键。

③ 选择"取消",结束左风输入。

④ 选择"回前菜单",返回原窗口。

【例 5-10】 接例 5-9 进行排架结构右风荷载的输入,右风荷载布置如图 5-17 所示。

左风荷载输入完毕后,接下来进行右风荷载输入,操作过程如下:

① 选择"右风输入"/"柱间右风"。设置柱间风荷载为第一种类型,数值为 −1.8 kN/m,要注意设置时的方向问题,右风时数值前应加"−"号。设置好后,选择"确定"。在"选择目标"提示下,选择柱 3、6,按【Esc】键。

② 继续设置柱间风荷载为第一种类型,数值为 −3.6 kN/m,设置好后,选择"确定"。在"选择目标"提示下,选择柱 1、4,按【Esc】键。

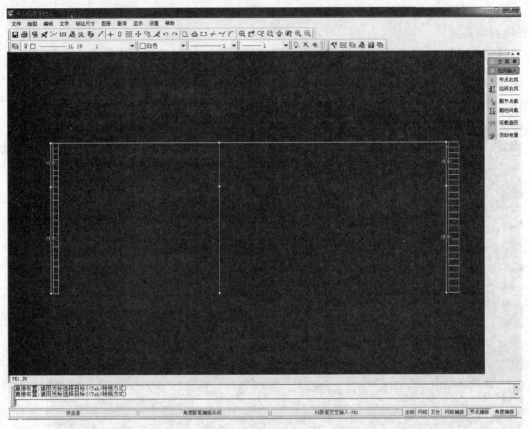

图 5-17 右风荷载图

③ 选择"取消",结束右风输入。

④ 选择"回前菜单",返回原窗口。

(10) 吊车荷载

排架结构中还有一种特殊荷载即吊车荷载。利用"吊车荷载"菜单可对吊车荷载进行输入和修改。"吊车荷载"菜单下又包括"吊车数据"、"布置吊车"、"删除吊车"等菜单项。

"吊车数据"菜单用以定义一组吊车荷载,如图 5-18 所示。选择"增加"按钮,弹出如图 5-19 所示"吊车参数输入"对话框,修改各参数定义一组吊车荷载。

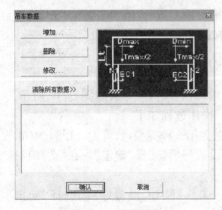

图 5-18 吊车荷载数据

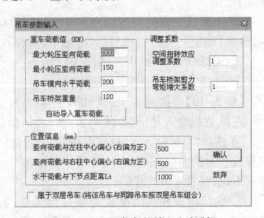

图 5-19 "吊车参数输入"对话框

"布置吊车"菜单要由用户把每组吊车荷载布置到框架上,布置每组吊车荷载要单击左、右一对节点。

【例 5-11】 接例 5-10 进行排架结构吊车荷载的输入,吊车荷载如图 5-20 所示。

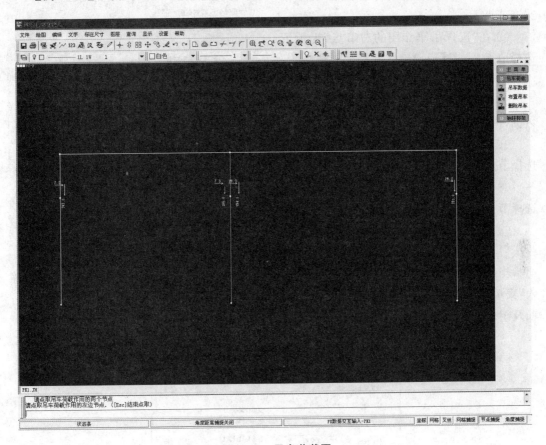

图 5-20 吊车荷载图

接下来我们对吊车荷载进行定义,操作过程如下:

① 选择"吊车荷载"/"吊车数据"。

② 在弹出的"吊车数据"对话框中,选择"增加"按钮。

③ 在弹出的"吊车参数输入"对话框中,对吊车参数进行设置。第一组吊车参数设置如图 5-21 所示。

④ 选择"确定"后,再次选择"增加"。设置第二组吊车参数如图 5-22 所示。

⑤ 选择"确认"后,选择"布置吊车"菜单项,屏幕弹出吊车数据对话框。上面所增加的两组吊车荷载数据显示在对话框中。

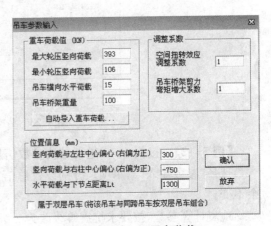

图 5-21 第一组吊车荷载

⑥ 在弹出的对话框中,选中第一组吊车数据,选择"确定"。

⑦ 在"选择吊车作用的左节点"提示下,选择节点1。

⑧ 在"选择吊车作用的右节点"提示下,选择节点2。按【Esc】键结束本次布置。

⑨ 再选择"布置吊车"菜单项。

⑩ 在弹出的对话框中,选中第二组吊车数据,选择"确定"。

⑪ 在"选择吊车作用的左节点"提示下,选择节点2。

⑫ 在"选择吊车作用的右节点"提示下,选择节点3。按【Esc】键结束本次布置。

⑬ 选择"回前菜单",完成本次操作。

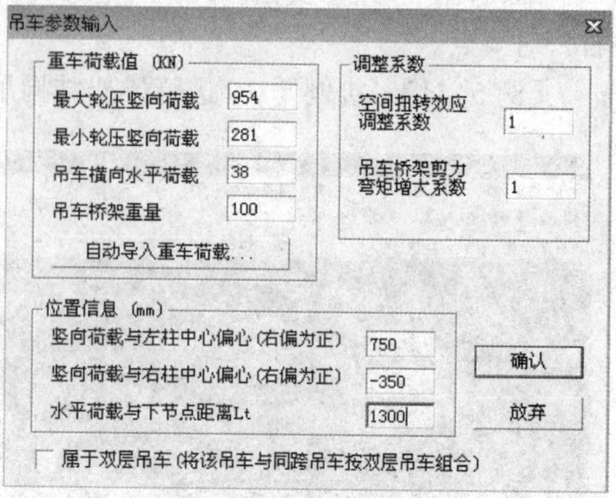

图 5-22 第二组吊车荷载

(11) 参数输入

当所有荷载输入完毕后,还需要对结构的总体计算参数信息进行输入。选择"参数输入"菜单,屏幕上将弹出"总信息参数"选项卡。此外还有"地震计算参数"、"结构类型"、"分项及组合系数"、"补充参数"4项选项卡,如图5-23所示。

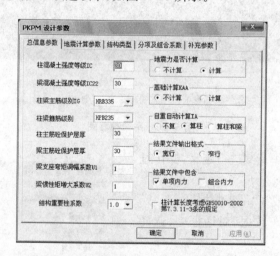

图 5-23 结构的总信息参数

【例 5-12】 接例 5-11 进行结构参数信息输入。

选择"参数输入"菜单项。分别设置总信息参数,柱和梁混凝土强度等级修改为20,其余不变。

地震计算参数,按要求抗震等级改为2级,地震烈度改为8度,场地土类别为2类,振型数2,计算周期折减0.7,地震分组第1组,计算方法为振型分解法。

结构类型,选排架。

分项及组合系数,用系统默认值。

补充参数,用系统默认值。

(12) 补充数据

"补充数据"菜单下有"附加重量"、"基础参数"等相关选项。其中"附加重量"是未参加结构恒载、活载分析的重量,但应在统计各振动质点重量时计入该重量。"基础参数"菜单项用于输入设计柱下基础的参数,如图5-24所示。

"底框数据"菜单项用于输入底框每一节点处地震力和梁轴向力。

(13) 计算简图

利用计算简图选项对已建立的几何模型和荷载模型进行检查,出现不合理的数据时,程序暂停,屏幕上显示出错误的内容,指示用户错误

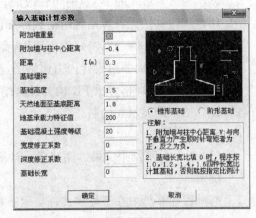

图 5-24 补充数据中的基础计算参数

的数据在哪一部分、哪一行和该数据值。判断无误后,选择"正确"菜单,程序将依次输出框架立面(KLM.T)、恒载(D-L.T)、活载(L-L.T)、左风载(L-W.T)、右风载(R-W.T)、吊车荷载简图(C-H.T),图5-25为一框架计算简图。

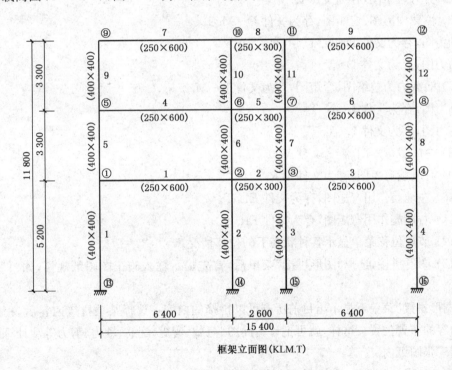

框架立面图(KLM.T)

图 5-25 框架立面计算简图

数据输入操作完毕后,程序会把以上输入的内容写成一个按 PK 结构数据文件格式写成的数据文件,文件名为进入本程序时用户输入的名称加后缀.SJ。同时,程序生成了传给 PK 结构计算用的文件 PK0.PK。这一步由程序自动完成,用户不必干涉。

数据交互输入完毕后,可用计算菜单进行结构计算。程序会提示"输入计算结果文件名",默认为"PK11.OUT",这时可修改成自己需要的文件名,也可确认用 PK11.OUT。程序采用矩阵位移法先计算出各组荷载标准值作用下构件的分组内力标准值;再按《建筑结构荷载规范》(GB50009—2001)(以下简称《荷载规范》)进行荷载效应组合,得到构件的各种组合内力设计值,从而画出设计内力包络图,然后进行构件截面的配筋计算,形成配筋包络图。

计算完毕后,屏幕弹出 PK 内力计算结果图形输出选择菜单。选择对应选项,即可实现各种计算结果的显示和绘制。

显示内容如下:

(1) 显示计算结果文件。用来显示计算结果数据文件(默认情况下即为 PK11.OUT)。

提示

有时因计算机内存不够该文件显示不出来,可退出 PKPM 主菜单释放内存后再重新操作,也可退出 PKPM 后再启动 Windows 的文件编辑命令打印文件。

(2) 弯矩包络图,绘制后存为文件 M.T。

(3) 配筋包络图,存为文件 AS.T。

(4) 柱轴力图,存为文件 N.T。

(5) 剪力包络图,存为文件 Q.T。

(6) 恒载内力图、弯矩图,存为文件 D-M.T。

轴力图,存为文件 D-N.T。

剪力图,存为文件 D-V.T。

(7) 活载内力包络图、弯矩图,存为文件 L-M.T。

轴力图,存为文件 L-N.T。

剪力图,存为文件 L-V.T。

(8) 左风载弯矩图,存为文件 WL.T。

(9) 右风载弯矩图,存为文件 WR.T。

(10) 左地震作用弯矩图,存为文件 EL.T。

(11) 右地震作用弯矩图,存为文件 ER.T。

(12) 节点位移菜单显示各种状态下的位移情况。

(13) 图形拼接,选择"图形拼接"菜单后,首先提示输入施工图图纸规格,如"1"代表 1 号图纸。

"图形拼接"菜单下显示出目前所有可以拼接的内容。选择某项拼接内容后,程序提示该项内容的布置位置。这样,就可把计算简图、荷载、弯矩、配筋、轴力、剪力等项计算结果布置在同一张图纸内。

【例 5-13】 接例 5-12 进行 PK 结构计算。

① 交互输入完毕后,直接点击主菜单下最后一项"计算",启动框架、排架结构计算。

② 在"输入计算结果文件名"提示下,直接按【Enter】键,接受缺省文件名 PK11.OUT,则计算结果自动保存在 PK11.OUT 文件中。

③ 依次选择各结果输入选项,则显示各项计算结果,所有结果都有图形显示效果,非常

直观,也可以选择计算结果菜单项,则可以显示出文本计算书,甚至还可以形成 HTML 结果,可在网络上进行结果的共享。

④ 选择"退出",退出计算。

5.1.5 PK 主菜单 2 框架绘图

执行主菜单第 2 项"框架绘图"进行整体框架绘图。框架绘图的主菜单如图 5-26 所示。可以进行修改参数、查该梁柱及节点的纵筋和箍筋、裂缝和挠度计算、绘制施工图等操作。

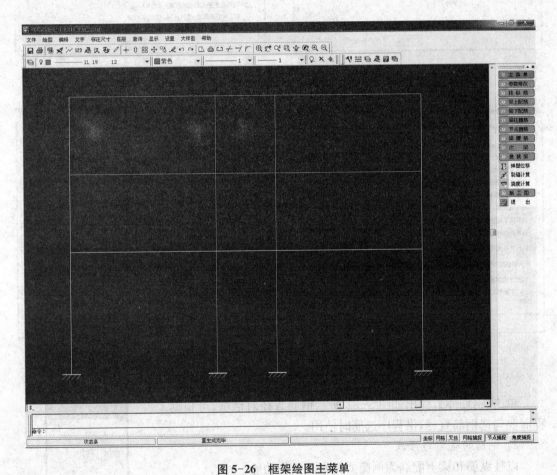

图 5-26 框架绘图主菜单

1) 参数修改

单击"参数修改",可以执行参数输入、定义钢筋库、修改梁顶标高、柱箍筋等数据。

(1) 参数输入

用于输入归并放大参数、绘图参数、钢筋信息参数、补充输入参数等操作,各项参数输入对话框如图 5-27~图 5-30 所示。本例采用默认值。

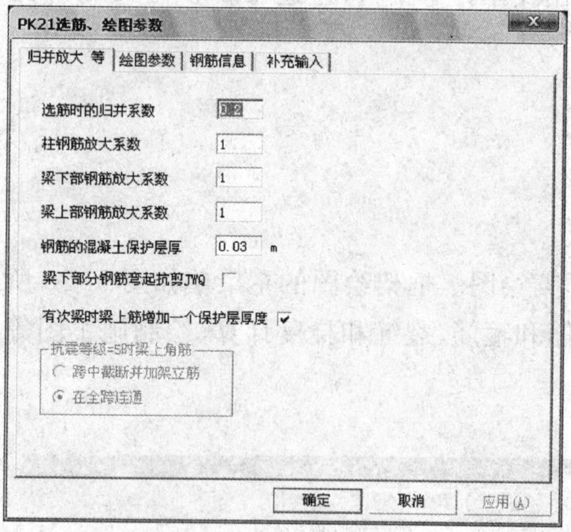

图 5-27 归并放大参数

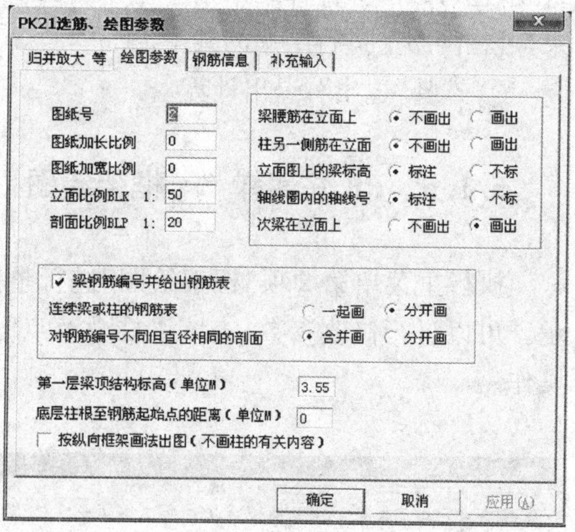

图 5-28 绘图参数

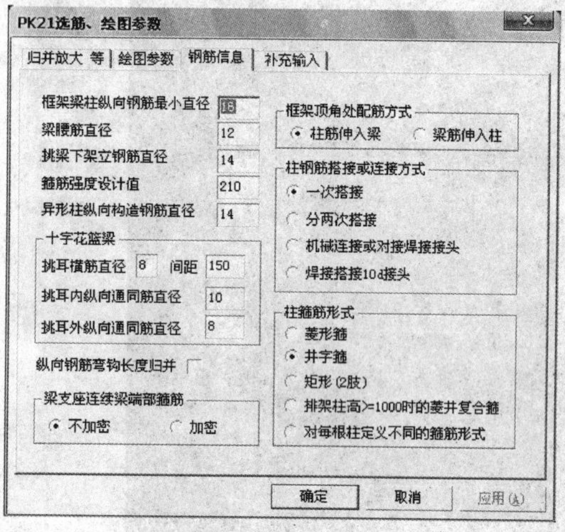

图 5-29 钢筋信息参数

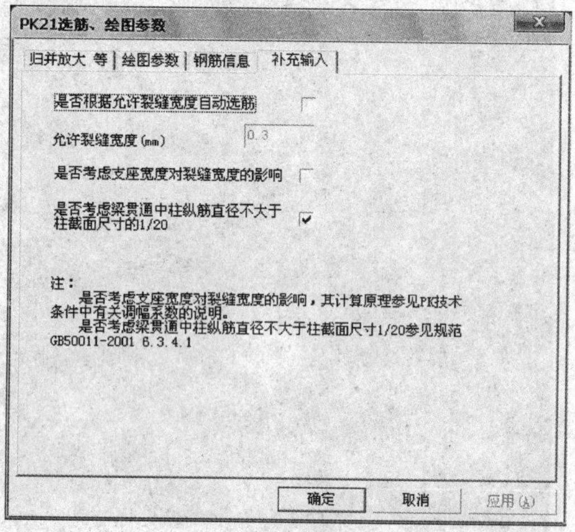

图 5-30 补充输入参数

（2）钢筋库

单击【钢筋库】，弹出如图 5-31 所示钢筋直径对话框，可根据工程需要勾选钢筋直径，供程序选筋时使用。

2）钢筋的查看与修改

以柱纵筋和梁上配筋为例简要介绍其操作功能。

（1）柱纵筋

选择主菜单中【柱纵筋】，其子菜单如图 5-32 所示，屏幕显示所选框架的柱纵筋配筋图，如图 5-33 所示。图示中轴线左侧为钢筋根数，右侧为相应的钢筋直径，图中一层右侧柱的配筋为 2 根直径为 20 mm 的 HRB335 钢筋（钢筋等级在图 5-23 所示的总信息中输入）和 1 根直径为 18 mm 的 HRB335 钢筋。用户可以根据工程需要和经验进行修改，干预程序进行配筋。修改时用户单击【修改钢筋】

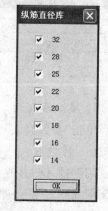

图 5-31 纵筋直径库

后命令行提示选择需要修改的柱,然后输入钢筋根数和直径即可。

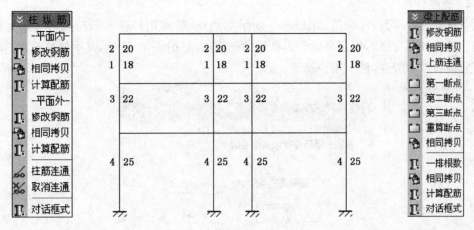

图 5-32 "柱纵筋"菜单　　　图 5-33 柱纵筋配筋图　　　图 5-34 "梁上配筋"子菜单

(2) 梁上配筋

选择主菜单中【梁上配筋】,其子菜单如图 5-34 所示,屏幕显示所选框架的梁上部配筋(负弯筋)图,如图 5-35 所示,图示中轴线上侧为钢筋根数,下侧为相应的钢筋直径,图中顶层边跨两端的配筋为 2 根直径为 16 mm 的 HRB335 钢筋(钢筋等级在如图 5-23 所示的总信息中输入),跨中按构造要求配筋,中间跨两端,跨中均为 2 根直径为 16 mm 的 HRB335 钢筋。可以根据工程需要和经验进行修改,干预程序进行配筋。

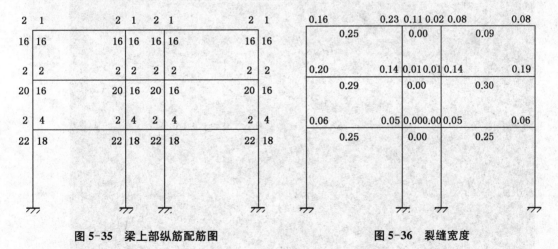

图 5-35 梁上部纵筋配筋图　　　图 5-36 裂缝宽度

(3) 梁下配筋

梁下配筋菜单与梁上配筋菜单一样,可以根据工程需要和经验及规范进行修改,人工干预程序进行配筋。

3) 变形验算

(1) 裂缝计算

运行【裂缝计算】程序自动绘出框架的裂缝图,如图 5-36 所示,其中超过允许裂缝宽度的以红色显示,以示警告,便于用户修改,限制裂缝宽度。为避免此类现象的发生,在【参数输入】中的【补充输入】(图 5-30)时勾选"是否根据允许裂缝宽度自动选筋"即可。

(2) 挠度计算

运行【挠度计算】程序弹出如图 5-37 所示对话框，提示用户输入活荷载的准永久值系数，输入后按"OK"按钮，程序自动绘出框架的挠度图，如图 5-38 所示，其中超过允许挠度的以红色显示，以示警告，便于用户修改。

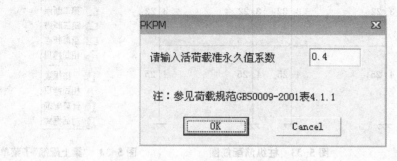

图 5-37 准永久值系数

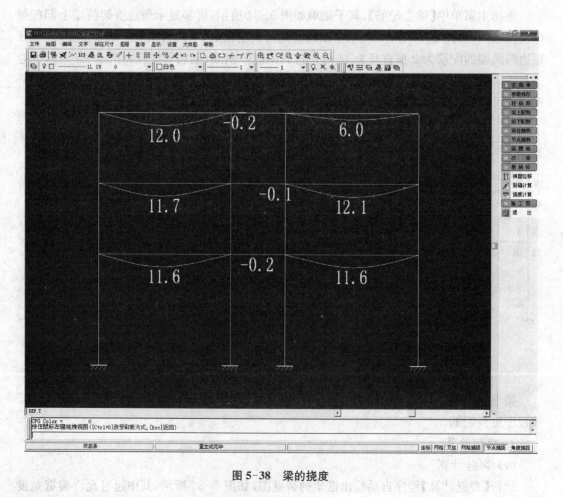

图 5-38 梁的挠度

4)施工图绘制

运行【施工图】,显示如图5-39所示的子菜单。单击【画施工图】,弹出对话框要求输入框架名称。本例输入 KJ-3,程序自动绘出框架配筋图(并绘出图框),如图5-40所示,有截面图、整榀框架图、钢筋表。用户可以对生成的图块、标注进行移动等操作。

图5-39 施工图子菜单

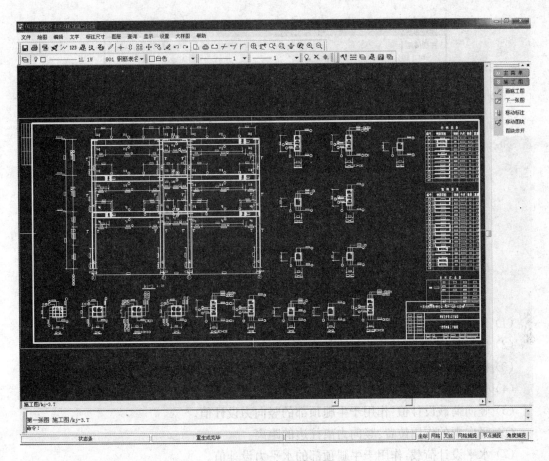

图5-40 框架施工图

5.1.6 PK主菜单3 排架柱绘图

1)执行主菜单第3项 排架柱绘图

进入排架柱绘图。给出绘图数据文件名,其文件名即排架柱配筋图的图名。进入菜单后,程序读取最后一次计算的"结构计算结果",进入交互式输入绘图数据。

2) 选择"吊装验算"

可按需要选择排架的吊装计算,一般是根据排架柱的编号选择进行验算。选择好需验算的柱子后,根据提示输入吊装时的混凝土强度等级,然后指定吊点位置(用光标点取),程序进行排架柱做翻身单点起吊的吊装验算;柱的最后配筋考虑结构计算与吊装计算截面配筋结果的较大值,并且还可以重新修改吊装点的位置,使其达到最合理的位置。

3) 牛腿信息选项

进入此选项可修改牛腿设计的各种信息。牛腿信息对话框如图 5-41 所示。

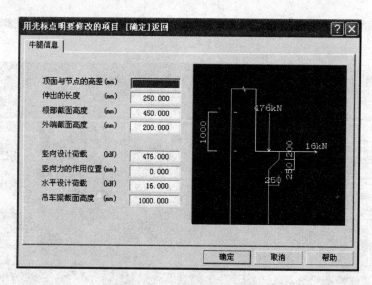

图 5-41 "牛腿信息"对话框

(1) 顶面与节点的高差:牛腿顶面与柱上吊车布置节点的高差,向上为正。

(2) 伸出长度:牛腿从柱边挑出长度。

(3) 根部截面高度:牛腿截面高度。

(4) 外端截面高度:牛腿端部高度。

(5) 竖向荷载设计值:作用于牛腿顶部的竖向力设计值。

(6) 竖向力的作用位置:竖向力离柱边的距离。

(7) 水平设计荷载:作用于牛腿顶部的水平力设计值。

(8) 吊车梁截面高度:牛腿上吊车梁高度。

4) 改柱纵向钢筋及牛腿钢筋

可修改柱截面和牛腿纵向钢筋。

5) 布置施工图图面

按菜单提示操作,根据需要调整图面。用【F8】键缩小画面,可看到图面外的图块。

6) 生成排架柱施工图

生成排架柱的施工图,图名为绘图数据文件名 .T,如图 5-42 所示,可进行图形编辑。也可转换为 AutoCAD 文件,用 AutoCAD 修改。

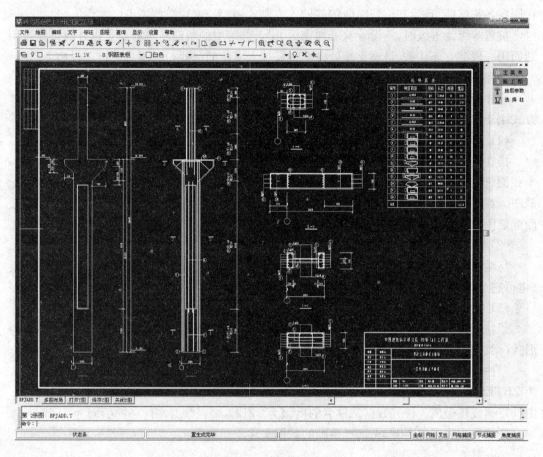

图 5-42 排架施工图

5.1.7 PK 主菜单 4-8 梁柱分开绘图

与主菜单 2 不同的是,主菜单 2 是在框架计算后按整榀框架绘制施工图,而从 PK 主菜单 4 开始,仅是绘制单独梁或柱的施工图。在分开绘图方式中,绘图菜单的操作步骤也大多与主菜单 2 中相同。

1) 连续梁绘制

PK 主菜单 4 用于单独绘制连续梁施工图,操作时要注意以下几点:

(1) PMCAD 生成连续梁数据时,对于梁支承处支座的模型要确认它是支座还是非支座(非支座时支座梁将变为次梁),这一点对于计算和绘图影响很大,对于端跨来说设为非支座则端跨成为挑梁。

(2) 连续梁只能承担竖向的恒载和活载,不能承担水平力。

(3) 直接交互生成连续梁计算数据时,柱要当作两端铰支杆,柱截面高度要反映连梁支座的实际宽度,因为画图时要根据支座宽度计算梁筋锚固长度。

(4) 抗震等级这一参数对画图影响很大。

抗震等级为一级至四级时,程序默认应按框架梁构造画图,设置箍筋加密区,梁上角筋在同层各跨连通,且梁支座处纵向钢筋伸入支座的锚固长度均按抗震设防考虑。

抗震等级为五级时,不设置箍筋加密区,梁上部跨中的角筋在不需要点以外时可能被切断而用一段架立筋代替,且梁支座处纵向钢筋伸入支座的锚固长度不必按抗震设防考虑。

2) 框架梁或柱绘制

程序分别提供了绘制梁施工图、绘制柱施工图、绘制柱表施工图和绘制梁表施工图几种方式用于实现框架梁和柱的施工图单独绘制。

(1) 绘制柱施工图

指在柱平面布置图上(一般只需绘制底层,也称柱网图),分别在相同编号的柱中选择一个截面(也可选全部)标注几何尺寸及对轴线的偏心情况。每种编号的柱绘制一个柱截面配筋图。在柱平面布置图中标注柱编号(名称)、柱段起止标高及配筋的具体数据,并配以柱截面配筋图的方式来表示柱施工图的方式。

(2) 绘制梁施工图

与绘制柱施工图相同,在分标准层绘制的梁平面布置图中,在相同编号的梁中选择一根(也可选全部)标注几何尺寸及对轴线的偏心情况。每种编号的梁绘制一根梁施工图。

(3) 绘制梁或柱表施工图

梁柱表施工图的绘图方式与梁柱分开画施工图方式相似,只是将梁、柱施工图用图表的形式(梁柱表)来表示。

梁柱表施工图一般分为图例部分和数据部分。图例部分是相同的,柱表的图例文件名为 ZBTLSM. BZT,梁表图例文件名为 LBTLSM. BZT;数据部分是梁柱施工图的具体数据,由选定梁或柱生成。柱表数据文件名的后缀为 .ZBD,梁表数据文件名的后缀为 .LBD。

开始画梁表或柱表时,先选择要画的数据文件添加到一起,然后打开统一绘表。

5.2 多层及高层建筑结构三维分析软件 TAT

TAT 采用空间杆系计算柱梁等杆件,采用薄壁柱计算模型计算剪力墙。它可计算各种规则或复杂体型的钢筋混凝土框架、框剪、剪力墙、简体结构。除此之外,TAT 还针对高层钢结构的特点,对水平支撑、垂直支撑、斜柱等均做了考虑,因此,也可用于分析计算多层和高层钢结构。本章通过对 TAT 高级版的系统介绍,使读者了解 TAT 软件的基本功能及使用方法。

5.2.1 TAT 的基本功能及有关说明

1) TAT 的基本功能介绍

TAT 是专门用于复杂体型的多、高层建筑三维分析的软件,具有以下基本功能及特点:

(1) 采用三维空间模型,对剪力墙采用薄壁柱单元,对梁柱采用空间杆系,使程序可用于分析复杂体型结构,更真实地反映结构的受力性能。

(2) 与结构平面 CAD 软件 PMCAD 有完善的数据接口,建筑物各层结构数据与荷载数据均通过读取PMCAD主菜单1、2、3项已经产生的结果并按TAT格式自动生成,因此,整个工程计算不必再填写数据文件。

(3) 自动导算统计风荷载。

(4) 具备较强的数据检查与容错功能,程序归纳总结用户多年使用中经常出现的各种误操作,及时给出提示,帮助用户改正,使计算可顺利进行。

对原始数据及计算结果配备图形检查输出功能,对各种图形的操作及打印方法均与PKPM系列软件相同。

(5) 对复杂体型结构可进行地震作用下的平动和扭转耦联分析,可考虑竖向荷载、风荷载和地震荷载在不同工况下的内力组合,可对框架结构进行罕遇地震作用下薄弱层的弹塑性位移计算,找出薄弱层。可模拟施工过程,进行竖向荷载作用下的施工模拟计算,解决一般程序中一次性加载时对柱子轴向变形估计过大而引起的误差问题,可更真实地反映结构受力性能。

(6) 可以考虑活荷载不利分布对梁的影响,对于多层结构或大活荷载结构,设计更安全、更可靠。

(7) 可改变水平力作用的方向,程序自动按转角进行坐标转换,以考虑任意方向的风和地震作用。

(8) 对柱墙上、下端有偏心的结构,程序自动处理偏心刚域。

(9) 可以计算层间梁、错层梁和斜梁,并有斜柱、斜支撑单元以及异形截面柱、弧梁的计算功能。

(10) 可以计算多塔、错层等特殊结构形式,并可考虑梁柱偏心的效应。

(11) 可计算各层梁的活荷载不利布置,TAT可将恒载和活载分开计算,并按每根梁单独加活荷载的反复循环计算,精确地得出每根梁在活荷载作用下的最大正弯矩和最大负弯矩包络。

(12) 对结构配筋计算结果作全楼的归并计算,根据归并后的结果进行选筋和绘施工图。程序还配有圆柱单元,可作圆柱配筋计算以及矩形柱的双偏压、拉计算。

(13) TAT的计算结果与PKPM系列软件接力运行,完成梁柱、剪力墙、各层结构平面及楼板配筋、楼梯及各类基础的施工图辅助设计,共同组成一个多、高层建筑结构从计算到施工图的较完整的CAD系统。其接力运行过程如下:

① 与PMCAD连接。由PMCAD生成TAT的几何数据和荷载数据,完成楼板和次梁的计算、配筋及施工图辅助设计,绘制出各层的结构平面图。

② 与PK连接。由TAT计算完配筋后,可接力PK作梁、柱的施工图,可做的层数达到70层,并考虑了高层建筑的构造要求和措施。

③ 与JLQ连接。JLQ是绘制剪力墙施工图软件,它从PMCAD中生成模板尺寸,再从TAT中读出剪力墙的各种配筋计算结果后,画出墙的边框柱、边缘构件、墙梁钢筋构造及墙分布钢筋的施工图,考虑了梁柱与剪力墙衔接部位的构造处理,并提供两种图纸表达方式,第一种是剪力墙平面图、节点大样图与墙梁钢筋表结合的表达方式,第二种是剪力墙竖向立面图、剖面大样图表达方式。

④ 与基础软件JCCAD及BOX连接。本系统提供了4类基础软件:

- 独立基础、条形基础设计软件。

- 钢筋混凝土交叉弹性地基梁、筏板基础设计软件。
- 桩基设计软件。
- 箱基设计软件。

这几个基础软件均从 PMCAD 中建立底层柱网轴线和平面布置,并可读取 TAT 生成的柱底组合内力作为基础设计的荷载,并传给基础上部结构刚度,从而使基础设计中原始数据的准备大大简化。

⑤ 与 LTCAD 连接。CAD 软件 LTCAD 可设计 100 层以内的单跑、双跑、四跑板式(或梁式)楼梯以及螺旋、悬挑等各种形式的楼梯。

总之,TAT 与系统各功能模块一起形成了一整套多、高层建筑结构设计和施工图辅助设计系统。

2) TAT 的适用范围

TAT 软件适用于各种体型的框架、框剪、剪力墙、筒体结构,以及带有斜柱、钢支撑的钢结构或混合结构的多、高层建筑。

由于采用了动态申请内存技术,解题能力不再受限。

3) TAT 的基本假定

TAT 软件在计算过程中采用了如下一些基本假定:

(1) 假定楼板在平面内为无限刚性的,平面外刚度为零。

(2) 对空旷结构可以定义弹性节点,不考虑楼板的作用。

(3) 对剪力墙引进薄壁杆件的基本假定。

(4) 选用国际单位制:kN,m。

(5) 输入数据中柱、梁箍筋和剪力墙水平分布筋间距的单位为 mm;在输出配筋文件中,钢筋面积的单位为 mm^2;在配筋简图上,钢筋面积的单位为 cm^2。

(6) 采用右手坐标系,z 轴向上,各层的结构平面坐标系和原点与 PMCAD 建模时的坐标系一致。

(7) 柱局部坐标的 x,y 方向分别为 PMCAD 建模时柱宽 B 的布置方向和柱高 H 的布置方向。

(8) 楼层划分按一般设计习惯,从下向上划分,最底层为第 1 层(从柱脚到楼板顶面),向上分别为第 2、第 3 层等,以此类推。

TAT 软件中采用了一些专用名词,现说明如下。

(1) 标准层。指具有相同几何、物理参数的连续层,不论连续层的层数是多少,均称为一个标准层;在 TAT 中标准层是从顶层开始算起为第 1 标准层,依次从上到下检查,如几何、物理性质有变化则为第 2 标准层,如此直至第 1 层。

(2) 薄壁柱。由一肢或多肢剪力墙形成的竖向受力结构,亦可称为剪力墙。

(3) 连梁。两端与剪力墙相连的梁称为连梁,亦可称为连系梁。

(4) 无柱节点。有两根或两根以上梁的支点,此交点下面没有柱。

(5) 工况。一种荷载(如风、地震等)作用下,称为结构受一种工况荷载。多种荷载组成一种荷载(如风+地震)作用下,也称为结构受一种工况荷载。

4) TAT 的文件管理

TAT 软件要求不同的工程在不同的子目录内进行运行计算,以避免数据文件冲突。

TAT 的数据文件主要有几类,现分别说明如下。

(1) 工程原始数据文件。这里所说的原始数据文件是指 PMCAD 主菜单 1,2,3 生成的数据文件,若工程数据文件名为 AAA,则工程原始数据文件包括 AAA.*和*.PM。

(2) TAT 基本输入文件。进入 TAT 后,用于由 PM 转换到 TAT 的文件,分别是:

几何数据文件:DATA.TAT;

荷载数据文件:LOAD.TAT;

多塔数据文件:D-T.TAT;

错层数据文件:S-C.TAT;

特殊梁柱数据文件:B-C.TAT。

后 3 个文件称为附加文件,不一定每个结构都有。

(3) 计算过程的中间文件。计算过程的中间文件对硬盘的占用量比较大,其文件内容为:

DATA.BIN:数检后的几何和荷载(用二进制表示);

SHKK.MID:结构的总刚;

SHID.MID:单位力作用下的位移;

SHFD.MID:结构各工况下的位移。

其中 DATA.BIN 是在前处理的数据检查时生成的,其余的中间数据文件都是在结构整体分析时生成的,程序没有自动删除这些中间数据文件,其目的是为了便于分步进行计算,以减少不必要的重复计算工作。计算完成后,若想留出更多的硬盘空间给其他工程使用,可删掉这些中间数据工作文件。

提示

如果在同一子目录做不同的工程,则必须把*.TAT,DATA.BIN 文件删除。

(4) 主要输出结果文件。TAT 软件的输出结果文件分为两部分:一部分是以文本格式输出的文件(*.OUT);另一部分为图形方式输出的图形文件(*.T)。

① 文本输出文件。这类文件主要有:

TAT-C.OUT:数检报告;

TAT-C.ERR:出错报告;

DXDY.OUT:各层柱墙水平刚域文件;

TAT-M.OUT:质量、质心坐标、风荷载和层刚度文件;

TAT-4.OUT:周期、地震力和位移文件;

TAT-K.OUT:薄弱层验算结果文件;

V02Q.OUT:$0.2Q_0$ 调整的调整系数文件;

NL-*.OUT:各层内力标准值文件(*代表层号);

PJ-*.OUT:各层配筋、验算文件(*代表层号);

DCNL.OUT:底层柱、墙底最大组合内力文件;

DYNAMAX.OUT:动力时程分析最大值文件。

② 图形输出文件。这类文件主要有:

FP*.T:各层平面图(*代表层号);

FL*.T:各层荷载图(*代表层号);

PJ*.T:各层配筋简图(*代表层号);
PS*.T:各层梁、柱、墙、支撑标准内力图(*代表层号);
PB*.T:各层梁、柱、墙、支撑内力配筋包络图(*代表层号);
PD*.T:各层梁挠度、框架节点验算和墙边缘构件图(*代表层号);
DCNL*.T:底层柱、墙底最大组合内力图;
MODE*.T:振型图;
地震波名.T:地震波图。
另接 PK 所绘的施工图,图名由用户自定义。

(5) 前后接口文件。这类文件主要有:
TOJLQ.TAT:由 PM 转到 TAT 的接口文件;
TATNLPJ.TAT:传 TAT 各层内力配筋文件;
TATJC.TAT:把 TAT 内力传给基础文件;
TATFDK.TAT:把 TAT 上部刚度传给基础文件。

5.2.2　TAT 主菜单 1　接 PM 生成 TAT 数据

TAT 软件的主菜单如图 5-43 所示。普通版(10 层及以下)选择 TAT-8,高级版选择 TAT。

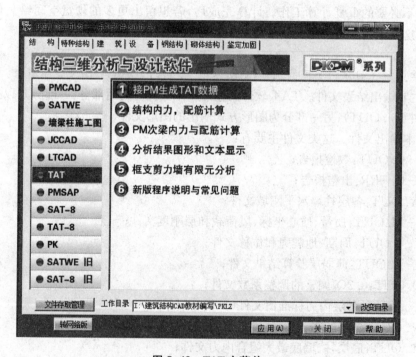

图 5-43　TAT 主菜单

当选择了主菜单 1 并启动后,屏幕显示如图 5-44 所示的"接 PMCAD 生成 TAT 数据"对话框。

该对话框包括"补充输入及 TAT 数据生成"和"图形文本检查"两页。从 PMCAD 已经建立好的结构模型与荷载库中直接生成 TAT 的几何数据文件 DATA.TAT 和荷载数据文件 LOAD.TAT，是把 PMCAD 建立的模型转到 TAT 计算的必要接口。

在此之前必须执行过 PMCAD 主菜单 1。

TAT 为 PKPM 系列 CAD 软件的一个模块，其前处理工作主要由 PMCAD 完成。对于一个工程，经 PMCAD 的第 1 项菜单后，生成数据文件"工程.*"和"*.PM"。TAT 的第一项菜单的主要功能就是在 PMCAD 生成的数据文件的基础上，补充高层结构分析所需的一些参数，并对一些特殊结构（如多塔、错层结构）、特殊构件（如角柱、非连梁、弹性楼板等）作出相应设定，最后将上述

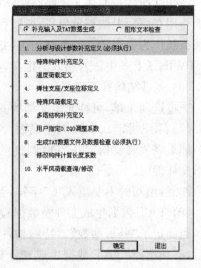

图 5-44　TAT 接 PMCAD 生成 TAT 数据

所有信息自动转换成高层结构有限元分析及设计所需的数据格式，生成几何数据文件 DATA.TAT、竖向荷载数据文件 LOAD.TAT 和风荷载数据文件 WIND.TAT，供 TAT 的第二、三项主菜单调用。

（1）分析与设计参数补充定义（必须执行）

共 10 页，分别为：总信息、风荷载信息、地震信息、活荷信息、调整信息、设计信息、配筋信息、荷载信息、地下室信息、砌体结构信息。对于一个工程，在第一次启动 TAT 主菜单时，程序自动将上述所有参数赋值（取多数工程中常用值作为其隐含值）。可以根据当前工程的实际情况进行修改以满足实际要求。

本项菜单是一项必须执行的菜单项。

（2）特殊构件补充定义

这是一项补充输入菜单。通过这项菜单，可补充定义特殊柱、特殊梁、弹性楼板单元、材料强度和抗震等级等信息。对于一个工程，经 PMCAD 的第 1 项菜单后，若需补充定义特殊柱、特殊梁、弹性楼板单元、材料强度和抗震等级等，可执行本项菜单，否则可跳过这项菜单。

（3）温度荷载定义

本菜单通过指定结构节点的温度来定义结构温度荷载，若工程中并不需要，可跳过这项菜单。

（4）弹性支座/支座位移定义

支座指定刚度或位移作为恒载工况的一部分，其产生的内力与恒载产生的内力迭加。支座定义信息记录在文件 ZHIZUO.PM 中。若想取消定义，可简单地将该文件删除。该项若不需要，不执行即可。

（5）特殊风荷载定义

特殊风荷载就是使用户选择可以不按照 TAT 计算一般风荷载的方式，而是由用户自己定义作用在柱顶节点或梁上的风荷载，并定义特殊风与其他荷载的组合系数。

特殊风荷载一般用于大跨空旷结构、轻型坡屋面结构等。尤其是对某些大跨度结构应考虑作用在屋面上的正负风压,所以程序对特殊风荷载可以考虑节点和梁上荷载。每组特殊风荷载作为一个独立的荷载工况,并与恒、活、地震组合配筋、验算。特殊风荷载记录在文件 SPWIND.PM 中。若想取消定义,可简单地将该文件删除。

(6) 多塔结构补充定义

通过这项菜单,可补充定义结构的多塔信息。对于一个非多塔结构,可跳过这项菜单。

(7) 用户指定 0.2Q0 调整系数

如果需要强制指定 0.2Q0 调整系数,可点取此项菜单,在弹出的文本文件中按照提示编辑文件即可。

注意:填写时不要填入"C"字符,否则表示该行为注释行,将不起作用。

(8) TAT 数据生成文件及数据检查(必须执行)

当确定了"分析参数"、"特殊构件"、"特殊荷载"以后,必须选择"TAT 数据生成和计算选择项"。如图 5-45。

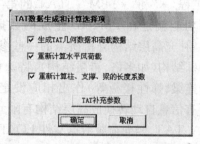

图 5-45　TAT 数据生成和计算选择项

这是因为在生成数据的同时,还进行了一系列内容的计算,尤其是水平风荷载和计算长度系数的计算。在生成数据以后仍然可以对这两项进行修正,所以,为了保留修正过的水平风荷载和计算长度系数,在重复生成数据时,提示"是否需要重新计算"。选择"取消",将保留已经生成并修改过的水平风荷载和计算长度系数。

该项菜单中有一个 TAT 补充参数按钮,可对一些工程所需的补充参数进行调整。

(9) 修改构件计算长度系数

数检以后,程序已把各层柱的计算长度系数按规范的要求计算好了,并对支撑平面内外的长度系数缺省取 1;梁平面外计算长度缺省取与平面内一致。在梁和支撑的中间标注了梁平面外长度和支撑平面内外的长度系数,便于校核修改。对一些特殊情况,还可以人工直接输入、修改柱梁支撑的长度系数。

(10) 修改水平风荷载

生成数据并计算风荷载以后,可以在此进行水平风荷载的查看和修改。选择"点取修改"可以修改楼层中"刚性板"中心的风力或"弹性节点"上的风力。

(11) 查看各层平面简图

几何数据检查无误后,可以选择本项来作各楼层的几何平面简图。

(12) 查看各层荷载简图

在荷载检查无误后,可以选择本项来作各楼层的荷载图,其功能与几何平面图类似,其中白色显示为恒载,黄色显示为活载。

(13) 底框荷载简图

上部砖混传来的恒、活载还带有考虑墙梁作用的上部荷载折减系数,即恒、活荷载产生的均布荷载不完全作用在底框梁上,而应按折减系数将部分荷载向两边传,对两边柱产生两个集中力,因此折减系数将影响梁的上部砖混的荷载分布。折减系数已在 PMCAD 的第 8 步确定,想改变折减系数,只有到 PMCAD 中去修改,并且要重新转换到 TAT 数据才被确认。

(14) 结构轴测简图

在几何数据检查无误后,可以选择本项来作各层的三维线框图或结构全楼的三维线框图,如图 5-46,并且可以任意转角度观察,以确定杆件之间的连接关系。

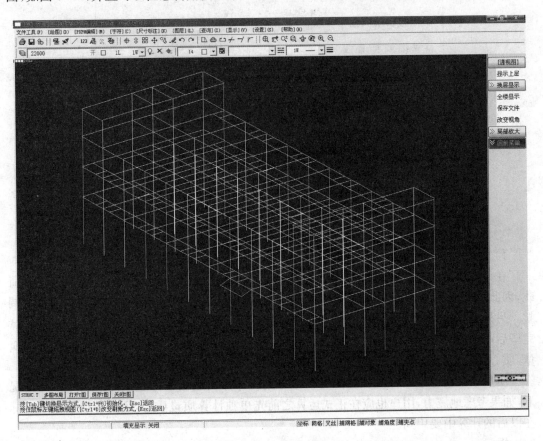

图 5-46　三维线框图

(15) 文本文件查看

这里可点取文件直接调用编辑程序,查看和修改这一节生成的各种数据文件,内容主要有:几何数据文件 DATA.TAT、荷载数据文件 LOAD.TAT、错误和警告信息文件 TAT-C.ERR、数据检查报告 TAT-C.OUT,如图 5-47。

5.2.3　TAT 主菜单 2　结构内力、配筋计算

选择 TAT 主菜单 2 后,屏幕显示如图 5-48 所示计算操作选项框。程序按选项框的设置进行计算,对有关事项说明如下。

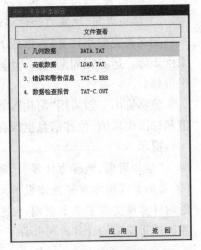

图 5-47　文本输出

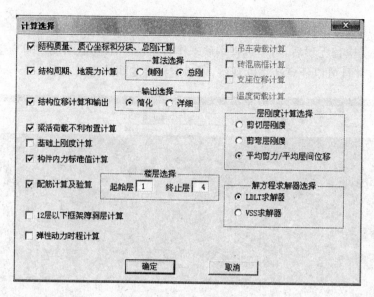

图 5-48 内力、配筋计算对话框

1) 质量、质心坐标和分块、总刚计算

在计算质量的过程中,程序以构件轴线和层高为计算长度来确定梁、柱、墙的自重和荷载,因此会带来一些误差,这个误差或大或小因工程而异,用户可以根据自己的经验进行调整。另外,程序在计算质量矩时,对梁采用两端点取矩,对剪力墙采用薄壁柱形心取矩,计算完毕后产生输出文件 TATM.OUT。用户可以打开 TAT-M.OUT 文件,查看各层的质量、质心坐标以及质量矩。

质量矩仅在考虑扭转耦联的情况下才有用。计算质量应在荷载文件已经产生的情况下,如果考虑地震力,用户也应在正式运算之前先单独计算质量质心,因为各层的质心坐标在以后的计算中要用到。

提示

"结构质量、质心坐标和分块、总刚计算"选项一般应选中。

2) 结构周期、地震力和位移计算

当运算完侧刚计算后,形成 SHID.MID 文件,存放结构的 X,Y 方向的侧向刚度矩阵和柔度矩阵。运算完周期、位移计算后,形成 TAT-4.OUT 文件,存放周期、地震力和楼层水平位移。

位移输出一般采用"简化",如选择"详细",则在文件最后再输出各层节点各工况的位移值和柱间位移值,位移信息也保存在 TAT-4.OUT 文件中。

提示

"结构周期、地震力计算"选项一般都是选择按侧刚计算,但是当考虑楼板的弹性变形(某层局部或整体有弹性楼板单元)或有较多的错层构件时建议采用总刚,对于任何情况总刚的计算精度都要高于侧刚,但总刚计算时间长,特别是对于大型工程采用总刚的计算时间要比采用侧刚的计算时间长许多。

3) 活荷载不利布置计算

这是一个可选项菜单,它将生成每根梁的正弯矩包络和负弯矩包络数据,这些数据可较好地反映活荷的不利分布,与恒载、风、地震作用组合后可得出梁的最不利内力组合与配筋。

活荷载不利布置计算逐层进行,把梁下的柱和墙当作支座,把整个楼层作为一个交叉梁来计算,当第一次选择该项后,程序记录该工程需做活荷载不利分布,在后面的梁的设计配筋中加以考虑,以后如有其他改动,而活荷载没变,可不再进行不利分布计算。如果这时还想回到不考虑不利分布的情况,可进行一遍数检,即取消对"活荷载不利布置计算"的选择。

不选择该复选框,将不考虑不同楼层之间的活荷不利布置影响。

提示

"活荷不利布置计算"选项视活荷载大小确定是否采用,一般来说活荷载大时应选择该项,例如《高层建筑混凝土结构技术规程》5.1.8条有如下规定:"高层建筑结构内力计算中,当楼面活荷载大于 $4 kN/m^2$ 时,应考虑楼面活荷载不利布置引起的梁弯矩的增大。"对于多层结构,用户也可参照采用,需要提醒的是选择该选项后会增加20%的计算时间。

4) 基础上刚度计算

计算基础上刚度是为了把上部结构的刚度传给下部基础(JCCAD 中使用)所做的上部刚度凝聚工作,在用 JCCAD 进行基础计算时,考虑上部结构的实际刚度,使之上下共同工作。

5) 构件内力标准值计算、配筋计算及验算

计算以层为单元进行,配筋、验算可以同时算所有层,也可以只挑选某几层计算。

每层输出一个内力文件,名为 NL-*.OUT,"*"为层号,每层输出一配筋文件,名为 PJ-*.OUT,"*"为层号。

6) 12层以下框架的薄弱层计算

该计算只针对纯框架进行操作,并要求已完成各层的内力、配筋计算。采用拟弱柱法进行各层极限承载力的验算,按《建筑抗震设计规范》(GB50011—2010)求各层屈服系数,当有小于 0.5 的屈服系数时,再计算各层的塑性位移和层间位移。产生输出文件 TAT-K.OUT。

7) 弹性动力时程分析

弹性动力时程分析的操作方法,如地震波的选择、主方向作用最大加速度、次方向最大加速度等参数的合理选择。并且,计算构件的弹性时程分析的预组合内力,最后使其与恒活风组合进行配筋验算。

8) 吊车荷载的计算

吊车荷载的作用点就是与吊车轨道平行的柱列各节点,它根据吊车轨迹由程序自动求出。在 TAT 计算选择项是否计算吊车选项中,选择"计算",则 TAT 对吊车荷载作如下计算:

(1) 程序沿吊车轨迹自动对每跨加载吊车作用。

(2) 求出每组吊车的加载作用节点。

(3) 对每对节点作用4组外力,分别为:①左点最大轮压,右点最小轮压;②右点最大轮压,左点最小轮压;③左、右点正横向水平刹车力;④左、右点正纵向水平刹车力。

(4) 对每组吊车的每次加载,求每根杆件的内力。

(5) 分别按轮压力和刹车力求每根柱的预组合力,预组合力的目标为最大轴力、最大弯矩等。

9) 砖混底框的计算

砖混底框部分的计算仅限于底框层部分的 TAT 空间计算:

(1) 把上部砖混传来的恒、活荷载与底框层的恒、活荷载叠加计算。

(2) 把上部传来的地震、风的水平力作为作用在底框质心的地震和风的外力,并把地震和风的倾覆弯矩转化为节点拉力和压力,作用在相应的地震力、风力工况中。

(3) 在 TAT 计算选择对话框中,选择底框计算。

底框计算的后处理与普通框架结构一样,查阅方式、输出打印等也与普通框架结构一样。

10) 支座位移的计算

在 TAT 计算选择对话框中,选择支座位移"计算",则 TAT 对已定义的结构进行已知支座位移的计算。

支座位移产生内力计算后,将被处理成恒载工况的一部分,不单独设为一个工况,即支座位移的内力与恒载作用下的内力叠加,成为一个新的恒载内力工况,然后再与活载、地震和风力工况进行内力组合配筋。

11) 温度应力的计算

在 TAT 计算选择对话框中,选择温度应力"计算",则 TAT 对已定义的结构进行温度应力的计算。

温度应力作为一个独立的工况进行计算和输出,计算时把定义的温度差作为正向等效荷载来计算一种工况,而反向温度荷载产生的内力可以通过对正向温度荷载内力加负号来产生。

在内力组合中,既考虑了膨胀产生的正温差,又考虑了收缩产生的负温差。为对偏大的温度应力计算结果进行修正,程序取用了"温度应力折减系数",其缺省值为 0.75。

12) 特殊风荷载的计算

在 TAT 中,当定义了特殊风荷载后,程序自动计算特殊风荷载对结构的影响,计算其产生的内力,用户可以自定义特殊风荷载的组合方式和分项系数。缺省时,程序按水平风荷载的组合方式、分项系数进行组合。

13) 层刚度计算选择

TAT 提供了 3 种层刚度的计算方式:①剪切层刚度;②剪弯层刚度;③平均剪力比平均层间位移的层刚度。对于不同类型的结构,可以选择不同的层刚度计算方法。

【例 5-14】 接例 5-13 进行结构内力和配筋计算。

① 执行 TAT 主菜单 2 结构内力配筋计算。

② 设置"计算选择"操作菜单如下:

"结构质量、质心坐标和分块、总刚计算"选项,选中;

"结构周期、地震力计算"选项,选择按侧刚计算;

"结构位移计算和输出"选项,选择简化结果;

"活荷不利布置计算"选项,本例选择计算;

"基础上刚度计算"选项,本例选择该项。

其他选项采用默认值即可。

③ 单击"确定"按钮即开始进行结构内力及配筋计算。计算完毕TAT会自动返回到TAT主菜单。

5.2.4　TAT主菜单3　PM次梁内力与配筋计算

选择主菜单3，程序将PMCAD主菜单2布置的所有次梁，按连续梁的方式全部计算完。其配筋可以在TAT配筋图中显示，在TAT归并中也可整体归并绘出施工图。

PM次梁并不参与TAT的整体计算，其计算过程如下：

（1）将在同一直线上的次梁连续生成一连续次梁。

（2）对每根连续梁按PK的二维连梁计算模式算出恒载、活载下的内力和配筋，包括活荷载不利布置计算。

（3）计算逐层进行，自动完成计算过程，生成每层PM次梁的内力与配筋简图。

提示

对于有次梁的工程，应执行"PM混凝土次梁计算"项，若无次梁可不执行该选项。次梁配筋只对混凝土梁进行，对钢结构次梁只能参考其内力。

【例5-15】　接例5-14进行混凝土次梁计算。

① 执行TAT主菜单4 PM混凝土次梁计算，并单击"应用"按钮，TAT即开始自动计算PMCAD主菜单2输入次梁楼板中设置的所有次梁，计算完毕会弹出如图5-49所示的菜单。

② 选择"1、显示弯矩包络值图"，程序提示"输入欲显示的楼层号"，输入"1"，按【Enter】键确认。

③ 屏幕窗口中即显示次梁的弯矩包络值图。

④ 查看完毕单击屏幕右侧菜单中的"退出程序"，即返回图5-49所示菜单。

⑤ 单击"0、退出"返回TAT主菜单。如需查看剪力包络图或次梁配筋图可分别选择2、3选项，操作方法类似。

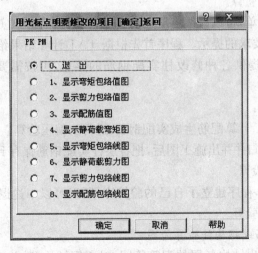

图5-49　次梁计算结果菜单

5.2.5 TAT主菜单4 分析结果图形和文本显示

选择 TAT 主菜单 4 分析结果图形和文本显示,屏幕显示如图 5-50 所示的 TAT 输出菜单。

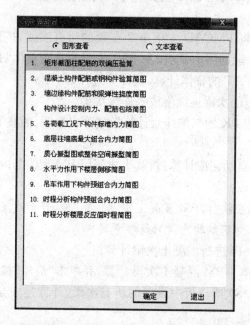

图 5-50 TAT 计算结果图形显示菜单

1) 矩形截面柱配筋的双偏压验算

当选用到双偏压计算混凝土柱的配筋时,由于双偏压、拉配筋计算本身是一个多解的过程,如当采取不同的内力排序时得到的配筋可能不同,但它们都满足承载力的要求。所以一般可采取先单偏压计算柱的配筋,通过归并、柱平法施工图、保存柱的配筋入库,然后再进入该项菜单进行双偏压的验算。

程序在这里提供菜单,可以修改各层柱的实配钢筋,然后对该实配钢筋作双偏压、拉的验算,并给出是否满足要求的提示。程序首先根据 TAT 计算结果给出各层柱的实配钢筋,按各层平面输出;接着提供各种修改柱实配钢筋的菜单,可按需要进行各种形式的钢筋修改。

在做双偏压验算时:

(1) 可以读取 TAT 计算配筋生成实配钢筋,进行双偏压验算。

(2) 可以在柱整体归并并出施工图后,把各层柱实配钢筋保存到 COLUMN.STL 文件中,然后再进行双偏压验算。

(3) 在验算过程中,程序建立了自己的验算库,所以可以中途退出,并在下次验算时保留上次的验算结果继续验算。

2) 混凝土构件配筋或钢构件验算简图

用户可以查看和输出结构各层的配筋简图,对于钢结构,其验算结果也在配筋简图中显示。

3) 墙边缘构件配筋和梁弹性挠度简图

该项显示墙的边缘构件配筋简图。其中,当选择"刚心和质心"项时,程序把该层结构的刚心和质心位置用圆圈画出,这样可以很方便地看出刚心和质心位置的差异。

梁的弹性挠度是一种相对值,只有主梁才有意义,对次梁弹性挠度意义不大。弹性挠度的计算是假定梁两端柱点的竖向位移为0,梁中间的竖向位移与柱点竖向位移差值,这样计算得到的。恒、活荷载下的弹性挠度只有对钢梁才有意义。

4) 构件设计控制内力、配筋包络简图

此项可以查看和输出各层梁、柱、墙和支撑的控制配筋的设计内力包络图和配筋包络图。在配筋包络图中,标出支座上面的钢筋和跨中下面的钢筋。

包络图是指控制主筋的弯矩包络图、剪力包络图和轴力包络图;配筋包络图有主筋包络图和箍筋包络图。

5) 各荷载工况下构件标准内力简图

此项可以查看和输出各层梁、柱、墙和支撑等的标准内力图。

6) 底层柱墙底最大组合内力简图

选择此项,可以把专用于基础设计的上部荷载以图的形式查看。

注意:

(1) 上述均为设计荷载,即已含有荷载分项系数,但不考虑抗震调整系数以及框支柱等的调整系数(如强柱弱梁,底层柱增大系数)。

(2) 这里在求最大值或最小值遇有地震参与的内力组合时,其值除1.25,然后再去比较,但输出的组合内力值是有除1.25的。这是因为在基础设计时,上部外力如有地震参与则地耐力要提高1.25倍。

(3) D+L 是 1.2恒+1.4活、1.35恒+0.98活组合的最大值。

(4) 这里给出的 7 组设计值,可用于独立基础设计。

7) 质心振型图或整体空间振型简图

此项可以按要求绘制各个振型的振型图,可以一个振型一张图,也可以几个或全部振型一张图,并可随时更改图名。

8) 水平力作用下楼层侧移简图

楼层侧移单线条的显示图,可以显示地震力、风力作用下的楼层位移、层间位移、位移比、层间位移比、平均位移、平均层间位移、作用力、层剪力、层弯矩等。

9) 吊车作用下构件预组合内力简图

此项在 TAT 高级版中出现,用来显示在两种吊车荷载作用下的内力组合、柱内力以及梁内力。各层柱吊车组合力的表达方式与"楼层柱、墙最大组合内力图"类似,而梁的包络图则与配筋时的内力包络图类似。

10) 时程分析构件预组合内力简图

与吊车荷载组合内力查询类似,TAT 可以输出弹性动力时程分析组合内力简图。

11) 时程分析楼层反应值时程简图

TAT 可以输出弹性动力时程分析后的各层、各塔、各条地震波的时程反应值曲线,即反应位移、反应层间位移、反应速度、反应加速度、反应力、反应剪力、反应弯矩等。

12) 文本文件查看

选择查看 TAT 计算的单个文件有标准内力 NL-*.OUT、配筋 PJ-*.OUT,可以选择其中相应项目的内容输出成文本文件。

5.2.6 TAT 运行注意事项

TAT 软件运行过程中,主要应注意如下事项:

1) 参数的选择与数据检查

TAT 计算得是否正确、合理取决于 TAT 参数的选取,TAT 的参数与结构设计概念密切相关,TAT 数据检查是初步检查结构的基本参数的合理性,真正参数的合理性应由用户仔细检查确认。因此,TAT 数据检查既是重要的,自行检查也是必需的,一定要清楚每个参数的含义和每个参数在分析中所起的作用。

2) 参数的选择与整体分析

在 TAT 总信息中如修改了"是否按混凝土规范 7.11.3 条计算柱长度系数标志 Lzhu"、"是否考虑梁柱重叠影响标志 Mbcm"、"水平力与结构整体坐标的夹角 Arf"等,应根据要求再次"数据检查";当对结构定义有错层、多塔时,仍应进行一遍"数据检查";当定义了特殊节点后,也应按要求再次"数据检查"。

DATA.TAT 中总信息的"中梁刚度放大系数"、"边梁刚度放大系数"、"连梁刚度折减系数"、"混凝土自重"和"可变荷载的组合值系数",由于它们与刚度有关,因此应该从头重新计算;如果修改"需要计算的振型数 Nmode"、"地震设防烈度"、"场地土类型"、"设计地震分组"、"周期折减系数",由于它们和周期、地震力有关,因此必须重新从周期振型算起;如果修改了"是否考虑扭转耦联标志",则应从侧刚算起;如果修改了"梁端负弯矩调幅系数"、"梁弯矩放大系数"、"梁扭转折减系数"、"结构顶部小塔楼放大系数"、"$0.2Q_0$ 调整起算层号"、"$0.2Q_0$ 调整终止层号"、"梁箍筋间距"、"柱箍筋间距"、"剪力墙水平分布筋间距"等其他总信息,则只需重新计算配筋即可。

特殊梁柱支撑和节点补充文件不要在不同工程中混淆,如在 PMCAD 中增加或删除构件,则应重新定义该层的特殊构件。

多塔、错层的补充数据文件不要在不同工程中混淆,如在 PMCAD 中增加或删除构件,则应重新定义多塔、错层文件。

多塔和错层设置后,应检查相应的数据文件以免产生设置错误,用前处理菜单来检查。

特殊荷载文件也不要在不同工程中混淆,如在 PMCAD 中增加或删除构件,则应重新定义特殊荷载文件。

3) 与 PMCAD 的前接口

在进入 TAT 前,应首先通过 PMCAD 的 1、2、3 前 3 步,在 PMCAD 中有的参数应尽量在 PMCAD 中定义,尽量使 PMCAD 与 TAT 的参数一致。

在从 PM 到 TAT 转换时,对不同版本,不同工程应先删除 *.BIN,*.TAT。

TAT 计算时要求用户插入 TAT 的锁,才能继续往下运算。

对混凝土构件由 PMCAD 转换为 TAT 时均为刚接连接。

对钢柱、钢梁由 PMCAD 转换为 TAT 时为刚接连接,而对钢支撑由 PMCAD 转换为

TAT 时为铰接连接。

在 TAT 中定义的多塔、错层、特殊构件如修改柱长度、修改混凝土强度、修改钢筋强度、箍筋水平筋间距等,均不能回传到 PMCAD 中,所以用户应尽量在 PMCAD 中修改参数和尺寸,这样在处理施工图时就可以一致了。

4) 与 PK、JCCAD、JLQ 的后接口

只有各层配筋计算完毕才可接 PK、JC-CAD 和 JLQ。

只有计算了底层内力,才产生基础荷载接口。

只有计算了上刚度凝聚,才可以进行上下部刚度共同工作。

梁、柱整体归并的归并系数要理解,才能正确选择。

梁、柱归并后应回到 PMCAD 的第 5 步作结构平面图时才能有归并编号。

在与 PK 连接绘制框架施工图时,应注意 PK 只读 TAT 的构件钢筋面积,构件的截面尺寸、跨度、标高、偏心均从 PMCAD 中读得,所以要想用 PK 接 TAT 画施工图,该结构必须从 PMCAD 中进入,并且如果用 TAT 计算完毕后需要调整截面等,应在 PMCAD 中调整后再转换,否则施工图与配筋不符合。

5.2.7 TAT 实例计算分析

本例通过第 4 章所给出的 4 层框架结构用 TAT 进行计算,给出一个框架结构的计算过程。

1) 工程实例资料

各层建筑平面图见第 4 章。

2) 结构的 PM 建模

PM 的具体建模过程不做具体介绍,结构各层平面图和楼板厚度、混凝土强度等级、钢筋强度等级、楼层组装等信息详见第 4 章。

3) 接 PM 生成 TAT 数据

启动 PKPM 主菜单,选择 TAT 程序,屏幕出现 TAT 主菜单。选择"接 PM 生成 TAT 数据"。

(1) 分析与设计参数补充定义(必须执行)

① 总信息。选择"总信息"标签,打开如图 5-51 所示的选项卡。按图示填入数据。

② 风荷载信息见图 5-52。

③ 地震信息见图 5-53。

其中周期折减系数:$T_C = 0.7$,框架结构砖填充墙多 0.6~0.7,砖填充墙少 0.7~0.8;框剪结构砖填充墙多 0.7~0.8,砖填充墙少 0.8~0.9;剪力墙结构砖填充墙多 0.9~1.0,砖填充墙少 1.0。

结构阻尼比:5%,高层钢结构(层数≥12)取 2%,高层钢结构(层数<12)取 3.5%,组合结构取 4%。

④ 活载信息见图 5-54。

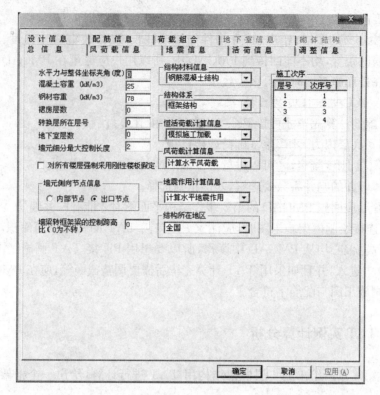

图 5-51 总信息

图 5-52 风荷载信息

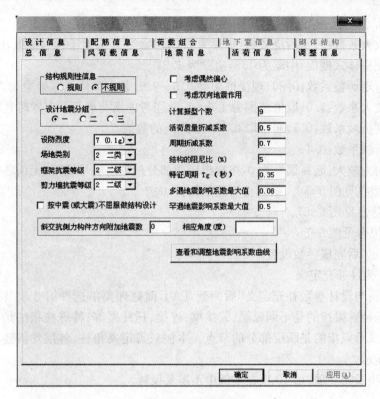

图 5-53 地震信息

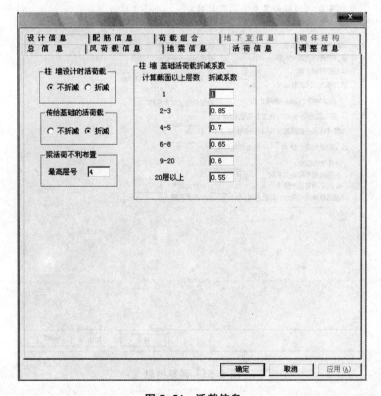

图 5-54 活载信息

⑤ 调整信息。选择"调整信息"标签,出现如图 5-55 所示的选项卡。

梁刚度放大系数:对于现浇楼板,中梁为 2.0,边梁为 1.5;对于预制楼板,中梁和边梁为 1.0;对于装配整体式楼板,中梁为 1.5,边梁为 1.2。

梁端负弯矩调整系数:0.80,现浇框架梁 0.8~0.9;装配整体式框架梁 0.7~0.8。

梁弯矩放大系数:1.0,取值范围为 1.0~1.3,当考虑活荷载不利布置时宜取 1.0。

连梁刚度折减系数:0.7,通常取 0.55~1 之间的数值。

梁扭转折减系数:0.4。

顶塔楼内力放大:起算层号为 0,按突出屋面部分最低层层号填写,无顶塔楼填 0。

⑥ 设计信息见图 5-56。结构重要性系数:1.0。

⑦ 配筋信息见图 5-57。

⑧ 荷载组合见图 5-58。

选择"确定"后完成参数设置。

(2) 特殊构件补充定义

完成"分析与设计参数补充定义"后回到 TAT 前处理菜单选择第 2 项"特殊构件补充定义",其中的特殊梁指的是不调幅梁、铰接梁、连梁、托柱梁等;特殊柱指的是角柱、框支柱和铰接柱;特殊节点指的是跃层部分的节点。本例只需定义角柱,各层均需要定义,定义完成后以紫色显示。

第 3~7 项及第 9 项、第 10 项在本例中不需要设置。

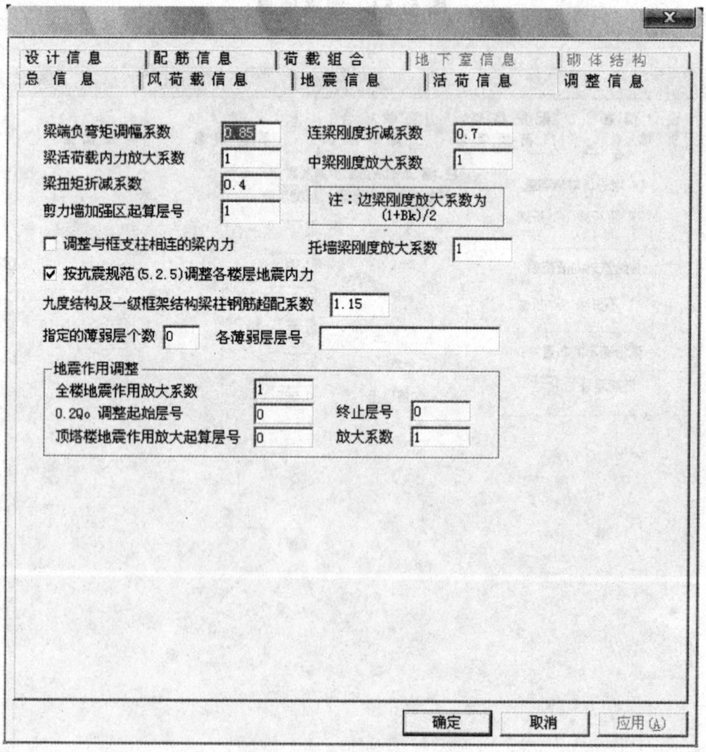

图 5-55 调整信息

5 建筑结构的计算机辅助计算

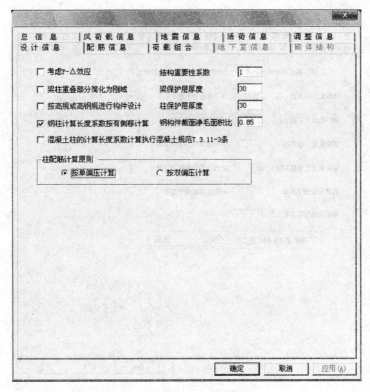

图 5-56 设计信息

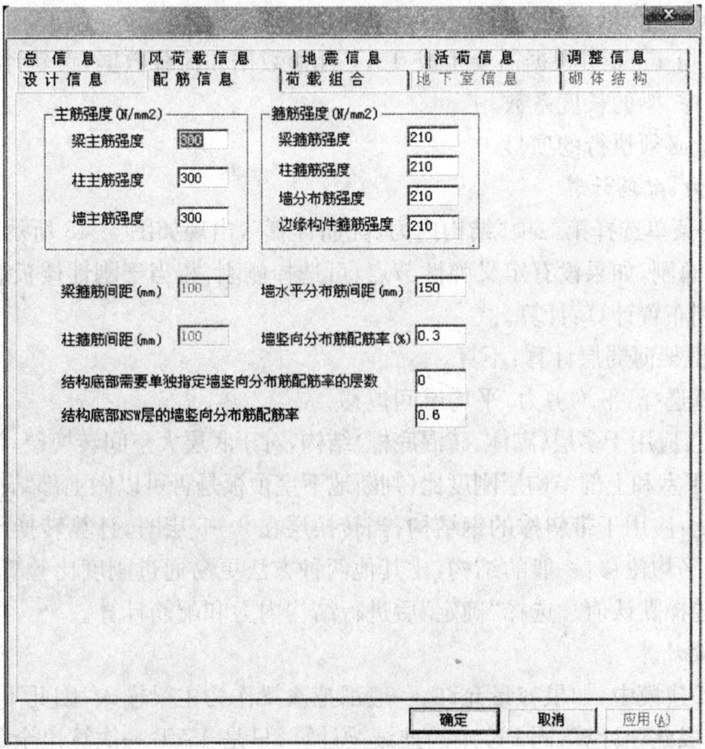

图 5-57 配筋信息

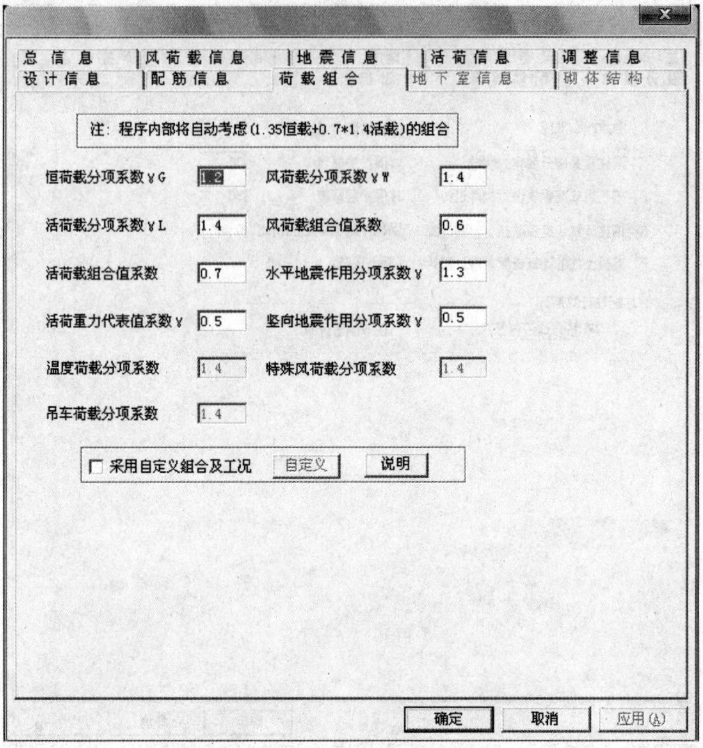

图 5-58 荷载组合

(3) 生成 TAT 数据文件及数据检查（必须执行）

选择此项，则 TAT 可根据需要生成 TAT 几何数据和荷载数据，重新计算水平风荷载，重新计算柱、支撑、梁的长度系数。

该项是一个必须执行的项目。

4）结构内力、配筋计算

在 TAT 主菜单选择第二项"结构内力、配筋计算"，出现如图 5-48 所示的对话框。

算法选择：总刚，如果没有定义弹性节点，可选择侧刚，相当于刚性楼板假定。

梁活载不利布置计算：计算。

12 层以下框架薄弱层计算：不算。

层刚度计算选择：平均剪力/平均层间位移。

剪切层刚度：应用于多层（砌体、砖混底框）结构，对于底层大空间转换层，计算转换层上下刚度比，计算地下室和上部结构层刚度比（判断地下室顶板是否可以做上部结构的嵌固端）。

剪弯层刚度：应用于带斜撑的钢结构，当转换层在 3～5 层时，计算转换层上下刚度比。

平均剪力/平均位移：一般的结构，比其他两种方法更易通过刚度比验算。

其余参数选择默认值。选择"确定"后进行结构内力和配筋计算。

5）PM 次梁计算

一般在 PM 建模中，如果容量允许，一般都把次梁作为主梁输入，因此不必执行此项，如果有次梁，则完成此项计算，同 PK 中的连续梁计算，只是 TAT 一次算出全部次梁的内力和配筋。本例不执行此项。

6) 分析结果图形和文本显示

完成"结构内力、配筋计算"后,在 TAT 主菜单选择"分析结果图形和文本显示",在出现的菜单中,选择其中相应的项目即可进行 TAT 后处理。

(1) 矩形截面柱配筋的双偏压验算。在 TAT 输出菜单选择第一项"矩形截面柱配筋的双偏压验算",一般框架柱可按单偏压计算配筋,角柱要求按单偏压计算配筋后按双偏压验算。

选择"钢筋验算",再选择"全部添加"。选择"确认"后,进行双偏压验算。

(2) 混凝土构件配筋或钢构件验算简图。绘各层柱、梁、墙配筋验算图 PJ*.T。可以查看各层配筋计算结果,图中的配筋面积以 cm^2 为单位,可以进行主筋开关、箍筋开关、字符避让等操作。可通过选择楼层查看其余各层配筋,超筋以红色显示。该项是构件配筋的主要依据,非常重要,也是计算书的构成部分。

(3) 墙边缘构件配筋和梁弹性挠度简图。

(4) 构件设计控制内力、配筋包络简图。

(5) 各荷载工况下构件标准内力简图。

(6) 底层柱墙底最大组合内力简图。很重要,作为基础设计的依据之一。

(7) 质心振型图或整体空间振型简图。

(8) 水平力作用下楼层侧移简图。

(9) 吊车作用下构件预组合内力简图。本例无。

(10) 时程分析构件预组合内力简图。本例无。

(11) 时程分析楼层反应值时程简图。本例无。

选择相应的菜单可以查看计算结果的文本输出。各层刚度比、刚重比、顶点在风载下的加速度在文件 TAT-M.OUT 中,结构自振周期、层间位移角、位移比、振型质量参与系数在文件 TAT-4.OUT 中,需要仔细查看。

7) 绘制梁墙柱施工图

计算完毕后即可进行梁墙柱等的施工图绘制,详见有关章节的内容。

5.3 多层及高层建筑结构空间有限元分析软件 SATWE

SATWE 空间组合结构有限元程序与 TAT 的区别在于墙和楼板的计算模型不同,SATWE 对剪力墙采用的是在壳元基础上凝聚而成的墙元模型,对于楼盖,SATWE 程序采用多种模式来模拟,有刚性楼板和弹性楼板两种。采用墙元模型,在建模时就不需要像 TAT 程序那样做那么多的简化,只需要按实际情况输入即可;应用弹性楼板可以更准确地计算更复杂、不规则的实际工程。

5.3.1 SATWE 与 TAT 的计算模型和应用对比

1) 计算模型的差别

TAT 是利用薄壁杆件理论的三维杆系结构有限元分析程序,SATWE 是利用壳元理论的三维组合结构有限元分析程序,两者均属于空间三维高层建筑结构空间分析程序,已有很多应用实例,但是它们毕竟是两种不同的程序。它们究竟有什么区别?对计算结果有什么影响?在实际工程中应该注意些什么?

(1) TAT 采用薄壁杆件理论,它具有两条基本假定:①把彼此连在一起的剪力墙模型简化为一个薄壁杆件单元,把上、下层剪力墙洞口间的部分模型化为一个连系梁单元(允许开裂,可以进行刚度折减的梁单元);②对于楼板,假定平面内无限刚,平面外刚度为零。

SATWE 采用空间杆单元来模拟梁、柱及支撑杆件,用在壳单元基础上凝聚而成的墙元来模拟剪力墙。墙元是专用于模拟高层结构中剪力墙的,对于尺寸较大或带洞口的剪力墙,按照子结构的基本思想,由程序自动进行细分,然后用静力凝聚原理将由于墙元细分而增加的内部自由度消去,从而保证墙元的精度和有限的出口自由度,这种墙元对剪力墙洞口的大小及空间位置无限制,具有较好的适应性,墙元不仅具有墙所在平面内刚度,而且可以较好地模拟工程中剪力墙的实际受力状态。对于楼板 SATWE 给出了4种简化假定:①楼板整体平面内无限刚;②分块无限刚;③分块无限刚带弹性连接板带;④弹性楼板。在应用中,可根据实际情况和分析精度,选用其中一种或几种简化假定。

(2) TAT 在许多工程中有大量的应用,它的计算特点是自由度少,使复杂的结构分析得到了极大的简化,因而运算速度快,计算简单,对硬件要求较低。但是实际工程中许多复杂结构的剪力墙很难满足其基本假定,这时需要把实际工程的计算模型进行简化,这样经过人为修改而达到理想化的模型又同实际工程有一定的差别,就难以保证其计算的准确性。

相对于 TAT 来说,SATWE 运算时间要长得多,对硬件要求比较高。但是这种墙元模型允许剪力墙上下层洞口不对齐,因此可以准确地分析复杂的框剪、剪力墙结构,可以分析楼板局部开大洞口、板柱体系、转换层等复杂结构。

(3) 当建筑物为普通框架结构时,两者计算结果差别不大。如果框架结构有错层,则略有差异。这是因为 SATWE 把错层构件质量加在每一层分界的节点上,而 TAT 把错层构件连接起来加在其顶端,这样计算结果就会导致 TAT 计算的周期偏大。

(4) 在计算风载时,SATWE 取本层迎风面面积,TAT 则取本层和上层各一半的面积,这样的结果导致 TAT 在计算中忽略了第一层的一半迎风面荷载。

2) 在工程设计中 TAT 软件运算时易产生的问题

(1) 对于板柱体系不宜采用 TAT 的计算结果。对于板柱体系在采用 TAT 进行分析时,要将楼板简化为等带梁,这种处理方法对楼板的模拟与实际情况出入较大。就目前而言,等带梁宽的取值还没有一个科学的原则,由于 SATWE 软件考虑了楼板弹性变形,因此可以用弹性楼板单元较真实地模拟楼板的刚度和变形。

(2) 在分析框支剪力墙和转换大梁时,其连接面上是线变形协调的,采用薄壁杆件理论分析框肢墙时,由于薄壁杆件是以点传力的,作为一个薄壁杆件的框肢墙只有一点和转换大梁的一点进行变形协调,其变形关系与框肢转换结构原形相差甚大。另外,在竖向荷载作用下简单平面框肢结构的转换大梁跨中不仅有弯矩,还存在着轴向拉应力,混凝土结构抗拉强度低,因此轴向拉力是不可忽视的。但程序中假定"楼板平面内无限刚,平面外刚度为零",在这种情况下不能分析出转换梁的轴力。

(3) 框架梁与剪力墙的连接。在与剪力墙垂直连接的框架梁的计算中,常常出现与剪力墙连接的梁端弯矩计算值偏大的现象,而实际上,剪力墙在平面外向上的刚度并不大,梁受剪力墙的约束并不强,在程序计算过程中,按照薄壁杆件的基本假定,梁要通过刚臂与薄壁杆件的剪力墙相连,这里所说的刚臂是计算者人为地强加给梁的。由于薄壁杆件只能反映彼此连在一起的各墙肢的综合刚度,其结果是强化了剪力墙对梁的嵌固作用,使梁端弯矩偏大,这就是常遇到的有些梁超筋的原因。

(4) 当截面不相同且差异较大的剪力墙相连接时,TAT 的计算结果会产生一定的计算误差,在设计时应尽量避免剪力墙厚度变化过大。

(5) 较矮、较长的剪力墙且洞口较少时,这样的剪力墙很难满足薄壁杆件在几何尺寸上的基本要求,会产生很大的误差。

(6) 剪力墙上下层洞口部分连系梁,在 TAT 计算中是用梁单元模拟其刚度和变形,由于连梁与薄壁杆件之间是通过刚臂实现的点变形协调连接,而在剪力墙原形中是以线变形协调的,同连梁模拟剪力墙,其计算结果是偏柔的,连梁越多,偏柔程度越大。

(7) 在计算中,由于杆系单元是通过点接触传力的,因而在分析计算时,不管实际情况如何,都要求剪力墙的上下洞口对齐,那么就不得不对实际工程中上下洞口错位的工程进行修改和简化,通过改变洞口的位置和大小等措施建立规则的结构计算模型,来人为地明确传力路线,其结果导致与实际情况产生差异。一方面,计算洞取多大,该加在什么地方,都是人为的,没有一定规律可寻,而这些因素与分析结果的精度密切相关,这就使分析结果带有很强的主观性;另一方面,如加计算洞口后,计算简图与剪力墙原形可能相差甚远,按这样的简图分析,即使计算洞口加得非常理想,其分析结果也很难如实地反映剪力墙的原形位移场和应力场。

(8) 地下室或人防工程处理。用 TAT 软件计算时,由于地下室或人防工程外围护结构都采用剪力墙,使之形成一封闭的连续墙体,用 TAT 这种薄壁杆系计算与计算假定不符,则需要进行简化。简化的方法之一是忽略外围墙体计算,实际配筋时采用构造配筋;二是外围墙体根据上部墙段进行简化。而这两种简化后计算出的结果仅能作为参考,不能作为计算依据。

3) SATWE 的几种楼板假定的适用范围

(1) 刚性楼板。"刚性楼板"的含义是楼板平面内刚度无穷大,忽略面外刚度。其中,"假定楼板整体平面无限刚"多用于常规结构,"假定楼板分块内无限刚"适用于多塔式错层结构。

(2) 弹性楼板 6。"弹性楼板 6"采用壳单元真实计算楼板平面内和平面外的刚度,适用于板柱结构和板柱-抗震墙结构。

(3) 弹性楼板 3。"弹性楼板 3"假定楼板面内刚度无穷大,面外刚度真实计算,适用于厚板转换层结构。

(4) 弹性膜。"弹性膜"采用壳单元真实计算楼板平面内的刚度,忽略楼板平面外的刚度,适用于空旷的工业厂房和体育场馆结构、楼板局部开大洞结构、楼板平面较长或者有较大凹入以及弱连接结构。

5.3.2 工程实例的结构建模

具体建模过程见第 4 章。

完成输入次梁楼板和输入荷载数据后,可以接力 SATWE 即行计算分析。

5.3.3 接 PM 生成 SATWE 数据

选择接 PM 生成 SATWE 数据,如图 5-59 所示,选择应用后出现如图 5-60 所示的前处理对话框。

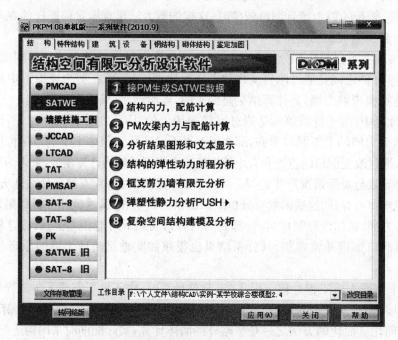

图 5-59 SATWE 主菜单

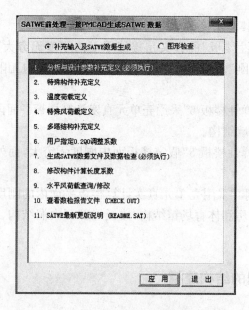

图 5-60 SATWE 前处理菜单

1) 分析与设计参数补充定义（必须执行）

选择第 1 项"分析与设计参数补充定义（必须执行）"进行参数设置，出现如图 5-61 所示的对话框。由对话框可以看出，该项的设置基本与 TAT 相同。下面只对具体的参数进行解释。

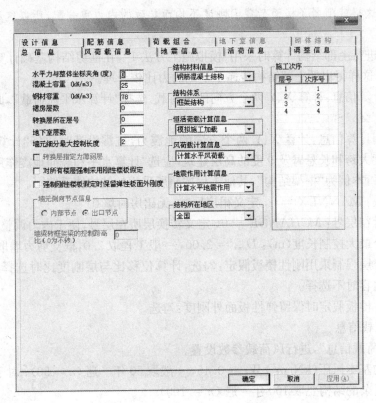

图 5-61 分析与设计参数补充菜单

(1) SATWE 总信息

选择"总信息"，进行总信息参数设置，同 TAT 设置。

结构材料信息：按主体结构材料选择"钢筋混凝土结构"，如果是底框架结构要选择"砌体结构"。

混凝土容重（kN/m^3）：$G_c = 27.00$，一般框架取 26～27，剪力墙取 27～28，在这里输入的混凝土容重包含饰面材料。

钢材容重（kN/m^3）：$G_s = 78.00$，当考虑饰面材料重量时，应适当增加数值。

恒、活荷载计算信息："模拟施工加载 1"，多层建筑选择"一次性加载"，高层建筑选择"模拟施工加载 1"，高层框剪结构在进行上部结构计算时选择"模拟施工加载 1"，但在计算上部结构传递给基础的力时应选择"模拟施工加载 2"。

提示

模拟施工方法 1 加载：就是按一般的模拟施工方法加载，对高层结构，一般采用这种方法计算。但是对于"框剪结构"，采用这种方法计算在导给基础的内力中剪力墙下的内力特别大，使得其下面的基础难以设计，于是就有了另一种竖向荷载加载法——模拟施工加载 2。

模拟施工方法 2 加载：这是在"模拟施工方法 1"的基础上将竖向构件（柱、墙）的刚度增大 10 倍的情况下再进行结构的内力计算，也就是再按"模拟施工方法 1"加载的情况下进行计算。采用这种方法计算出的传给基础的力比较均匀合理，可以避免墙的轴力远远大于柱的轴力的不合理情况。由于竖向构件的刚度放大，使得水平梁两端的竖向位移差减少，从而其剪力减少，这样就削弱了楼面荷载因刚度不均而导致的内力重分配，所以这种方法更接近手工计算。

建议：在进行上部结构计算时采用"模拟施工方法 1"，在框剪结构基础计算时，用"模拟施工方法 2"，这样得出的上部结构传递至基础的力比较合理。

风荷载计算信息：计算 X、Y 两个方向的风荷载，选择"计算水平风荷载"，此时地下室外墙不产生风荷载。

地震作用计算信息：计算 X、Y 两个方向的地震力，抗震设计时选择"计算水平地震作用"；8 度、9 度大跨和长悬臂及 9 度的高层建筑，应选"计算水平和竖向地震作用"。

结构体系：本例为"框架结构"，其他工程按照所采用的结构体系填写。

裙房层数：$MANNEX = 0$，定义裙房层数，无裙房时填 0。

转换层所在层号：$MCHANGE = 0$，定义转换层所在层号，便于内力调整，无则填 0。

墙元细分最大控制长度（m）：$D_{max} = 2.00$，一般工程取 2.0，框支剪力墙取 1.5 或 1.0。

对所有楼层强制采用刚性楼板假定：勾选，计算位移比与层刚度比时选择，计算内力与配筋及其他内容时不选择。

强制刚性楼板假定时保留弹性板面外刚度：勾选。

(2) 风荷载信息

选择"风荷载信息"，进行风荷载参数设置。

修正后的基本风压（kN/m²）$W_0 = 0.45$，一般取 50 年一遇（$n = 50$）；对于对风荷载敏感的和体形复杂的结构要取 100 年一遇（$n = 100$）。

地面粗糙程度类别：建筑密集城市市区选 C 类，乡镇、市郊等选 B 类，海岸选择 A 类，如果建筑密集城市市区且房屋较高选 D 类。

结构基本周期（s）：$T_1 = 0.28375$，初步计算宜取程序默认值，待程序计算出结构的基本周期后再代回重新计算。

体型分段数：$MPART = 1$，定义结构体型变化分段，体形无变化填 1。

各段最高层号：$NST_i = 4$，按各分段内各层的最高层层号填写。

各段体形系数：$U_{si} = 1.30$，高宽比不大于 4 的矩形、方形、十字形平面取 1.3。

(3) 地震信息

选择"地震信息"，进行地震信息参数设置。

结构规则性信息：选择"规则"，不规则结构选择"不规则"。

地震烈度：$NAF = 7$。

场地类别：$KD = 2$。

设计地震分组：第一组。

特征周期：$T_g = 0.35$ s，Ⅱ类场地设计地震分一、二、三组，分别取 0.35 s、0.40 s、0.45 s。

多遇地震影响系数最大值：$R_{max} = 0.08$。

罕遇地震影响系数最大值：$R_{max} = 0.50$。

框架的抗震等级：$N_F = 2$，丙类7度$H \leqslant 30$ m，取2。
剪力墙的抗震等级：$N_w = 2$，丙类7度框架取2。
活荷重力荷载代表值组合系数：$RMC = 0.50$，雪荷载及一般民用建筑楼面等效均布活荷载取0.5。
周期折减系数：$CT = 0.70$，框架结构填充墙较多取0.6～0.7，填充墙较少取0.7～0.8；框剪结构填充墙较多取0.7～0.8，填充墙较少取0.8～0.9；剪力墙结构填充墙较多取0.9～1，填充墙较少取1。
结构的阻尼比(%)：$DAMP = 5.00$，钢筋混凝土结构一般取0.05，高层钢结构取0.02（层数多于12层）、0.035（层数少于12层），门式轻型钢结构取0.05，组合结构取0.04。
是否考虑偶然偏心："否"，高层结构可选"是"，规则多层选择"否"。
是否考虑双向地震作用："否"，多层建筑一般按单向地震计算，即不考虑"双向地震"，高层建筑(平面或者竖向不规则)一般直接选择"双向地震"。
斜交抗侧力构件方向的附加地震数：填0，斜交角度大于15°时应输入计算。

(4) 活载信息
选择"活载信息"，进行活载信息参数设置。
柱、墙活荷载是否折减："折减"，在PM建模不折减时宜选"折减"。
传到基础的活荷载是否折减："折减"，在PM建模不折减时宜选"折减"。折减系数选默认值。
柱、墙、基础活荷载折减系数：参见《荷载规范》。

(5) 调整信息
选择"调整信息"，进行调整信息参数设置。
中梁刚度增大系数：$B_K = 2.00$，现浇楼板取1.3～2.0，宜取2.0；装配式楼板取1.0。
梁端弯矩调幅系数：$B_T = 0.85$，现浇框架梁0.8～0.9；装配整体式框架梁0.7～0.8。调幅后，程序按平衡条件将梁跨中弯矩相应增大。
连梁刚度折减系数：$B_{LZ} = 0.70$，一般取0.7；位移由风载控制时取$\geqslant 0.8$。
梁扭矩折减系数：$T_B = 0.40$，现浇楼板取0.4～1.0，宜取0.4；装配式楼板取1.0。
全楼地震力放大系数：$R_{SF} = 1.00$，取值0.85～1.50，一般取1.0。
$0.2Q_0$调整：纯框架填"0"。
是否调整与框支柱相连的梁内力：$IREGU\_KZZB = 0$，一般不调整。
剪力墙加强区起算层号：$LEV\_JLQJQ = 1$，一般取"1"。
强制指定的薄弱层个数 $NWEAK = 0$，由用户自行指定某些薄弱层，不需指定时填"0"。

(6) 设计信息
选择"设计信息"，进行设计信息参数设置。
结构重要性系数：$R_0 = 1.00$，安全等级二级，设计使用年限50年，取1.00。
柱计算长度计算原则：一般按"有侧移"，钢结构也属于"有侧移"结构。
梁柱重叠部分简化为刚域：一般工程选择"不简化"，异形柱结构宜选择"简化作为刚域"。
是否考虑$P - \Delta$效应："否"，一般不考虑。

柱配筋计算原则:按单偏压计算,整体计算选"单偏压",角柱、异形柱按照"双偏压"进行补充验算。可按特殊构件定义角柱,程序自动按"双偏压"计算。

钢构件截面净毛面积比:$R_N = 0.85$,用于钢结构。

梁保护层厚度(mm):$BCB = 30.00$,室内正常环境,混凝土强度 $>$ C20 时取 $\geqslant 25$ mm。

柱保护层厚度(mm):$ACA = 30.00$,室内正常环境取 $\geqslant 30$ mm。

是否按混凝土规范(7.3.11-3)计算混凝土柱计算长度系数:一般情况下选"否",水平力设计弯矩占总设计弯矩 75% 以上时选"是"。

(7) 配筋信息

选择"配筋信息",进行配筋信息参数设置。

梁箍筋强度(N/mm²):$J_B = 210$。

柱箍筋强度(N/mm²):$J_C = 210$。

墙分布筋强度(N/mm²):$J_{WH} = 210$。

边缘构件箍筋强度(N/mm²):$J_{WW} = 210$。

梁箍筋最大间距(mm):$S_B = 100.00$,抗震设计时取加密区间距,一般取 100。

柱箍筋最大间距(mm):$S_C = 100.00$,抗震设计时取加密区间距,一般取 100。

墙水平分布筋最大间距(mm):$S_{WH} = 150.00$。

墙竖向筋分布最小配筋率(%):$R_{WV} = 0.30$,抗震设计时应 $\geqslant 0.25$。

(8) 荷载组合

选择"荷载组合",进行荷载组合参数设置。

一般选择程序默认值。

(9) 地下室信息

本例无地下室,所以不能选择。

(10) 砌体结构

选择"砌体结构",进行砌体结构信息设置,本例为多层钢筋混凝土结构,此项不填。

2) 特殊构件补充定义

在 SATWE 主菜单中选择"特殊构件补充定义"。可以定义特殊梁(不调幅梁、连梁、转换梁、一端铰接、两端铰接、滑动支座、门式刚架、耗能梁、组合梁等)、特殊柱(上端铰接、下端铰接、两端铰接、角柱、框支柱、门式刚柱)、特殊支撑(两端固结、上端铰接、下端铰接、两端铰接、人/V 支撑、十/斜支撑)、弹性板(弹性板 6、弹性板 3、弹性膜)、吊车荷载、刚性板号、框抗震等级、材料强度、刚性梁等。

本例只需要定义角柱为特殊构件,在各标准层中完成角柱定义,如果有其他特殊构件的补充定义,可以继续进行定义和修改。

3) 温度荷载定义

本例不考虑温度荷载,一般的多层建筑不需要考虑温度荷载。

4) 弹性支座/支座位移定义

本例没有弹性支座/支座位移,其他工程如果有"弹性支座/支座位移"则在此处完成定义。

5) 多塔结构补充定义

本例没有多塔,多塔对于大底盘建筑是常见的,多塔和单塔的主要区别在于风荷载、结构周期计算方面,具体参见《高层建筑混凝土结构技术规程》。对于多塔结构,目前有离散模型和整体模型两种计算方法。

(1) 离散模型

单塔1+大底盘,单塔2+大底盘,……,单塔N+大底盘分别计算。

(2) 整体模型

按结构的实际模型输入计算。

提示

在计算结构的周期比时采用离散模型以计算单塔的周期,避免多塔耦合。在计算结构的位移比和整体内力时采用整体模型。

6) 生成SATWE数据文件和数据检查(必须执行)

完成各项定义后,选择"生成SATWE数据文件和数据检查(必须执行)",完成后运行"查看数检报告文件",如果出现提示错误则要进行修改,完成修改后再次执行"生成SATWE数据文件和数据检查(必须执行)"和"查看数检报告文件"。数据检查通过,则SATWE前处理完成。

5.3.4 结构内力、配筋计算

在SATWE主菜单选择"结构内力、配筋计算",屏幕弹出如图5-62所示的对话框。

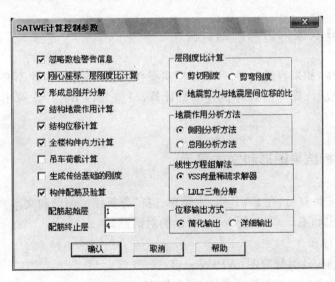

图 5-62 "SATWE计算控制参数"对话框

1) 层刚度比计算

计算层刚度比有剪切刚度、剪弯刚度、地震剪力与地震层间位移的比3种方法。

方法1:《高层建筑混凝土结构技术规程》附录E.0.1建议的方法——剪切刚度 $K_i = G_i A_i / h_i$。

方法 2：《高层建筑混凝土结构技术规程》附录 E.0.2 建议的方法——剪弯刚度 $K_i = V_i/\Delta_i$。

方法 3：《建筑抗震设计规范》(GB 50011—2010) 第 3.4.2 和第 3.4.3 条文说明及《高层建筑混凝土结构技术规程》建议的方法——地震剪力与地震层间位移的比 $K_i = V_i \Delta u_i$。

SATWE 程序提供 3 种方法的选择项，用户可以选用其中之一。程序隐含的方法是第 3 种，即"地震剪力与地震层间位移之比"。这 3 种计算方法有差异是正常的，可以根据需要选择，对于大多数一般的结构应选择第 3 种层刚度算法。

方法 1 适用于多层（砌体、砖混底框），对于底层大空间转换层，计算转换层上下刚度比，计算地下室和上部结构层刚度比（判断地下室顶板是否可以作为上部结构的嵌固端）。

方法 2 适用于带斜撑的钢结构，转换层在 3～5 层时，计算转换层上下刚度比。

方法 3 适用于一般的结构，比其他两种方法更易通过刚度比验算。选择第 3 种方法计算层刚度和刚度比控制时，要采用"刚性楼板假定"的条件，对于有弹性板或者板厚为零的工程应计算两次，在刚性楼板假定条件下计算层刚度和找出薄弱层，然后再真实条件计算，并且检查原找出的薄弱层是否得到确认，完成其他计算。

2) 地震作用分析

在选择地震作用计算方法时，没有弹性楼板选择算法 1"侧刚分析方法"，计算量较小，有弹性楼板选择算法 2"总刚分析方法"；计算量较大。

其余选择程序默认值即可，然后选择"确认"，进行整体计算分析。

3) 构件配筋与计算

各参数设置完成后选择"确认"，进行整体计算分析。

5.3.5　PM 次梁内力与配筋计算

在 PM 建模中，如果容量允许，一般都把次梁作为主梁输入，因此不必执行此项。如果有次梁，则完成此项计算，同 PK 中的连续梁计算，只是 SATWE 一次算出全部次梁的内力和配筋。

5.3.6　分析结果图形和文本显示

完成构件配筋计算后，在 SATWE 主菜单选择"分析结果图形和文本显示"（与 TAT 基本相同），屏幕弹出如图 5-63 和图 5-64 所示的对话框。

1) 图形文件输出

(1) 各层配筋构件编号简图：WPJW＊.T。

(2) 混凝土构件配筋及钢构件验算简图：WPJ＊.T。

(3) 梁弹性挠度、柱轴压比、墙边缘构件简图：WPJC＊.T。

(4) 各荷载工况下构件标准内力简图：WBEM＊.T。

(5) 各荷载工况下构件调整前标准内力简图：WBEMF＊.T。

(6) 梁设计内力包络图：WBEMR＊.T。

(7) 梁设计配筋包络图。

(8) 底层柱、墙最大组合内力简图:WDCNL.T。
(9) 水平力作用下结构各层平均侧移简图:WDCNL.T。

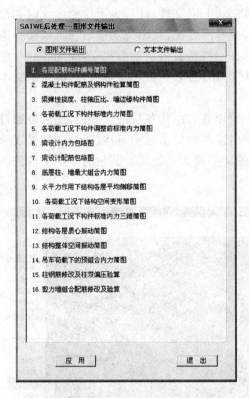

图5-63 图形文件输出

图5-64 文本文件输出

(10) 各荷载工况下结构空间变形简图:3D_VIEW*.T。
(11) 各荷载工况下结构标准内力三维简图:3D VIEW*.T。
(12) 结构各层质心振动简图:WMODE*.T。
(13) 结构整体空间振动简图:3D_VIEW*.T。
(14) 吊车荷载下的预组合内力简图:WDC*.T。
(15) 柱钢筋修改及柱双偏压验算。
(16) 剪力墙组合配筋及验算。

2) 文本文件输出

(1) 结构设计信息:WMASS.OUT。
(2) 周期振型地震力:WZQ.OUT。
(3) 结构位移:WDISP.OUT。
(4) 各层内力标准值:WNL*.OUT。
(5) 各层配筋文件:WPJ*.OUT。
(6) 超配筋信息:WGCPJ.OUT。
(7) 底层最大组合内力:WDCNL.OUT。
(8) 薄弱层验算结果:SAT-K.OUT。
(9) 框架柱倾覆弯矩和$0.2Q_0$调整系数:WV02Q.OUT。

(10) 剪力墙边缘构件数据：SATBMB.OUT。

(11) 吊车荷载预组合内力：WCRANE＊.OUT。

高层结构设计控制层刚度比时要查看 WMASS.OUT 文件，计算上下层刚度比时如果有弹性楼板，要选择所有楼板强制刚性楼板假定，查看刚度比，找出薄弱层后在真实楼板条件下再次进行计算。同样，周期比、位移比都要求在刚性楼板假定的前提下，周期、振型、地震力文件 WZQ.OUT、结构位移文件 WDISP.OUT 属于比较重要的计算文件，其余的文本文件查看在这里不再详述。

构件的配筋图形如图 5-65 所示，可以通过主菜单查看结构各层的配筋图，还可以通过箍筋/主筋开关调整来单独查看主筋、箍筋。如果出现红色显示说明有构件超筋，如果字符较多拥挤在一起，可以通过下拉菜单字符选项中的文字避让来处理。其余的文本文件和图形文件可以通过上面的方法查看。

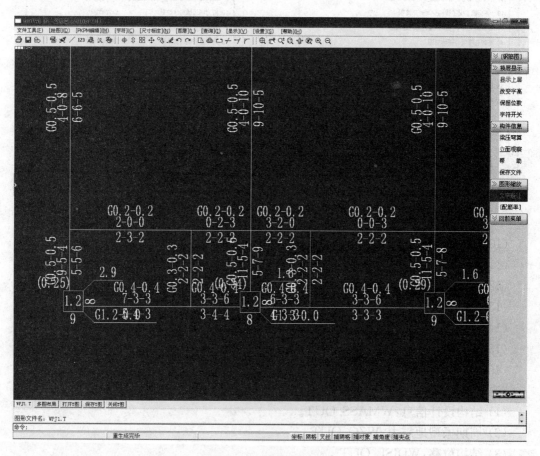

图 5-65　结构层配筋图

6 建筑结构基础辅助设计软件 JCCAD

JCCAD 软件是建筑工程的基础设计软件。主要功能如下：

(1) 可自动或交互完成工程实践中常用的诸类基础设计，其中包括柱下独立基础、墙下条形基础、弹性地基梁基础、带肋筏板基础、柱下平板基础、墙下筏板基础、柱下独立桩基承台基础、桩筏基础、桩格梁基础等基础设计及单桩基础设计，还可进行由上述多类基础组合的大型混合基础设计，并且可设计同时布置多块筏板的基础。

(2) 可自动读取上部结构中与基础相连的各层柱、墙、支撑布置信息，并可在基础交互输入和基础平面施工图中绘制出来。

(3) 可继承上部结构设计软件生成的各种信息。从 PMCAD、砌体结构或 STS 三维建模软件生成的数据库中自动提取上部结构与基础相连的各层柱网、轴线、柱、墙、支撑的布置信息，如果已有网格线不能满足基础设计要求时，可交互编辑已有网格线。软件还可读取由 PMCAD、TAT、SATWE 等软件计算生成的构件内力当作设计基础的荷载工况，并按要求进行荷载组合。此外，软件还能够提取利用 PKPM 柱平法施工图软件生成的柱钢筋数据，用来画基础柱的插筋。

(4) 通过基础施工图菜单便可方便地画出软件中设计的所有类型基础的施工图，包括平面图、详图及剖面图。

本章主要介绍工程实例中所采用柱下独立基础、交叉条形基础的建模，以及计算和施工图绘制方法。

6.1 基础人机交互输入

在 JCCAD 主界面(图 6-1)，执行 JCCAD 主菜单【2-基础人机交互输入】，进入如图 6-2 所示的基础设计界面；通过读入上部结构布置与荷载，自动设计生成或人机交互定义、布置基础模型数据，作为后续基础设计、计算、施工图辅助设计的基础。

6.1.1 概述

1) 本菜单根据用户提供的上部结构、荷载以及相关地基资料的数据，完成以下计算与设计

(1) 人机交互布置各类基础，主要有柱下独立基础、墙下条形基础、桩基承台基础、钢筋混凝土弹性地基梁基础、筏板基础、梁板基础、桩筏基础等。

(2) 柱下独立基础、墙下条形基础和桩承台的设计是根据用户给定的设计参数和上部结构计算传下的荷载，自动计算，给出截面尺寸、配筋等。

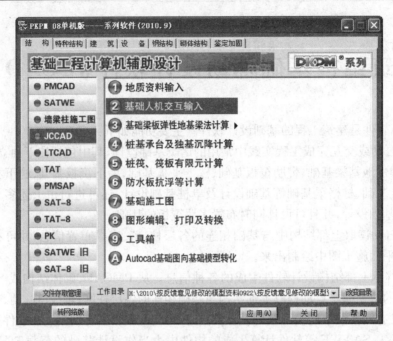

图 6-1 JCCAD 主界面图

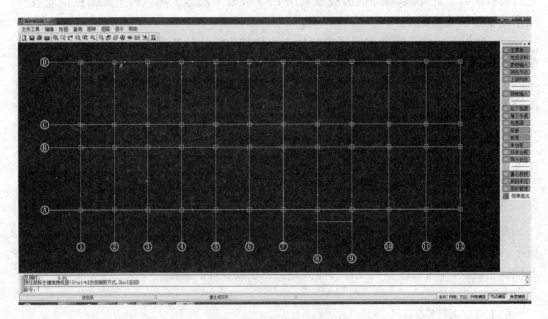

图 6-2 基础设计界面图

(3) 桩长计算。

(4) 钢筋混凝土地基梁、筏板基础、桩筏基础由用户指定截面尺寸并布置在基础平面上。

(5) 可对柱下独基、墙下条基、桩承台进行碰撞检查，并根据需要自动生成双柱或多柱基础。

(6) 对平板式基础中进行柱对筏板的冲切计算，上部结构内筒对筏板的冲切、剪切计算。

(7) 柱对独基、桩承台、基础梁和桩对承台的局部承压计算。

(8) 可由人工定义和布置拉梁和圈梁,基础的柱插筋、填充墙、平板基础上的柱墩等,以便最后汇总生成画基础施工图所需的全部数据。

2) 本菜单运行的必要条件

(1) 已完成上部结构的模型数据、荷载数据。

(2) 如果要读取上部结构分析传来的荷载还应该运行相应程序的内力计算部分。

(3) 如果要自动生成基础插筋数据还应运行画柱施工图程序。

6.1.2　参数输入

菜单【参数输入】用于设置各类基础的设计参数,以适合当前工程的基础设计,见图6-3。用户可根据当前工程基础类型修改相应的参数。一般来说,新输入的工程都要先执行参数输入菜单,并按工程的实际情况调整参数的数值。如不运行上述菜单,程序自动取其默认值。以下为各个菜单的内容。

1) 基本参数

本菜单定义了各类基础的公共参数,设计各种类型的基础时还伴有相关的参数定义,放在各类基础设计菜单之下。基本参数有3页对话框。

(1) 地基承载力计算参数

承载力修正用基础埋置深度 d(m):一般应自室外地面标高算起。对于有地下室的情况,采用筏板基础时应自室外地面标高算起,其他情况如独基、条基、梁式基础从室内地面标高算起。

自动计算覆土重:覆土重指基础及其基底上回填土的平均重度,仅对独基和条基计算起作用。

"√"表示程序自动按 20 kN/m³ 的基础与土的平均重度计算;去掉"√"则对话框显示"单位面积覆土重"参数,见图6-4,此时需要用户填写此值。

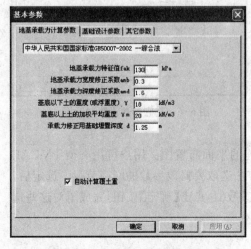

图6-3　"基本参数"设置对话框

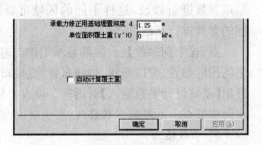

图6-4

(2) 基础设计参数(图 6-5)

室外自然地坪标高：此参数用于计算弹性地基梁覆土重以及筏板基础地基承载力修正。

基础归并系数：指独基和条基截面尺寸归并时的控制参数，程序将基础宽度相对差异在归并系数范围内自动归并为同一种基础，其初始值为 0.2。

独基、条基、桩承台底板混凝土强度等级：指浅基础的混凝土强度等级(不包括柱、墙、筏板和基础梁)。

拉梁承担弯矩比例：指由拉梁来承受独立基础或桩承台沿梁方向上的弯矩，以减小独基底面积。承受的大小比例由所填写的数值决定，0.5 就是承受 50%。其初始值为 0，即拉梁不承担弯矩。

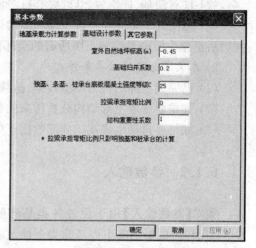

图 6-5 基础设计参数对话框

结构重要性系数：对所有部位的混凝土构件有效，应按《混凝土结构设计规范》(GB 50010—2002)第 3.2.3 条采用，但不应小于 1.0。

(3) 其它参数(图 6-6)

人防等级：可选不计算或者选择人防等级为 4-6B 级核武器或常规武器中的某一级别。

底板等效静荷载、顶板等效静荷载：选择了人防等级后，对话框会自动显示在该人防等级下无桩无地下水时的等效静荷载。可以根据工程需要调整等效静荷载数值。

地下水距天然地坪深度(m)：该值只对梁元法起作用。程序用该值计算水浮力，影响筏板重心和地基反力的计算结果。

2) 个别参数

此菜单功能用于对【基本参数】统一设置的基础参数进行修改，这样不同的区域可以用不同的参数进行基础设计。

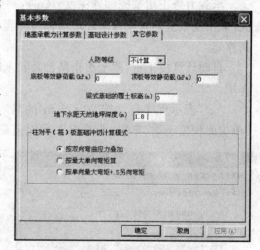

图 6-6 其它参数设置对话框

点击【个别参数】后，屏幕显示结构与基础相连的平面布置图。用户可用类似 PMCAD 中的围区布置、窗口布置、轴线布置、直接布置等方法选取要修改参数的网格节点。选定后，弹出【基础设计参数输入】对话框。输入要修改的参数值，点击【确定】按钮，完成了对这些选定网格节点上的基础参数修改。

3) 参数输出

点击【参数输出】菜单，弹出如图 6-7 所示的"基础基本参数.txt"文件，用户可查看上述输入的相关参数,并可将此文本文件打印输出。文件所列的参数为总体参数,当个别节点的参数与总体参数不一致时,应以相应计算结果文件中所列参数为准。

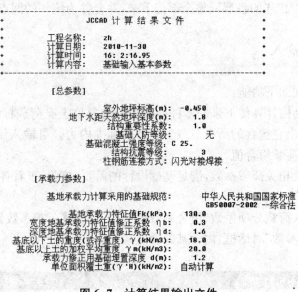

图 6-7 计算结果输出文件

6.1.3 网格节点

本菜单功能用于增加、编辑 PMCAD 传下的平面网格、轴线和节点,以满足基础布置的需要。

1) 加节点

需要将屏幕已有点作为精确定位的参照点时,用鼠标将光标停留在屏幕已有点上,程序将自动捕捉该点为参照基点,并在屏幕上显示引出线,用户可以以此点作为原点输入相对坐标,即可实现精确定位。

2) 加网格

基础平面网格上增加网格,按照屏幕下方命令行提示操作即可增加所需网格。

3) 网格延伸

按《混凝土结构设计规范》(GB 50010—2002)第 3.2.3 条采用。

原有轴线上的端网格线向外延伸指定长度。一般专用于弹性地基梁的悬挑部位网格的输入。

《建筑地基基础设计规范》(GB 50007—2002)第 8.3.1 条规定:条形基础的端部宜向外伸出,其长度宜为第一跨距的 0.25 倍。

4) 删节点

删除一些不需要的节点,在删除节点时会同时删除或合并一些网格。

5) 删网格

删除不需要的网格。

注意:【网格节点】菜单调用应在【荷载输入】和【基础布置】之前,否则可能会导致荷载或基础构件错位。由于在基础中进行网格输入时必须保持从上部结构传来的网格节点编号不变，因此有许多限制条件，所以建议有些网格可以在上部建模程序中预先布置完善，程序可将 PMCAD 中与基础相连的各层网格全部传下来，并合并为统一的网点。

6.1.4 荷载输入

本菜单可以实现如下功能：

自动读取上部结构计算传下来的多种荷载来源的各单工况荷载标准值，对于每一种荷载种类，程序自动读出它包含的所有荷载工况下的标准内力。可输入用户自定义附加荷载值，编辑已有的基础荷载组合值。

按工程用途定义相关荷载参数，满足基础设计的需要，校验、查看各荷载组合的数值。

1) 荷载参数

本菜单用于输入荷载分项系数、组合系数等参数。点击【荷载参数】后，弹出如图 6-8 所示的"输入荷载组合参数"对话框，内含其隐含值。

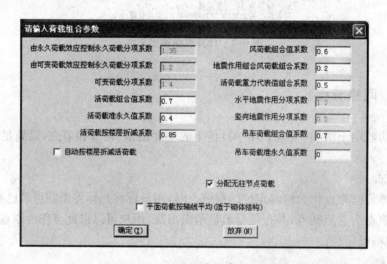

图 6-8 "输入荷载组合参数"对话框

2) 附加荷载

本菜单用于用户输入附加荷载，允许输入点荷载和均布线荷载。

通过【加点荷载】、【删点荷载】、【加线荷载】、【删线荷载】等菜单实现对于附加荷载的编辑。点荷载中弯矩的方向遵循右手螺旋定则，轴力方向向下为正，剪力沿坐标轴方向为正。

一般来说，框架结构首层填充墙或设备重，在上部结构建模时没有输入。当这些荷载作用在基础上时应按附加荷载输入。

对独立基础来说，如果在独基上设置连梁，连梁上有填充墙，则应将填充荷载以节点荷载方式输入，而不要作为均布荷载输入。

3) 读取荷载

本菜单用于选择上部荷载的荷载来源种类，界面如图 6-9 所示。

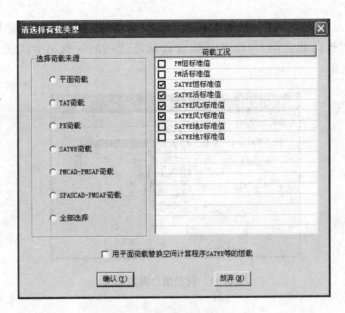

图 6-9 "选择荷载类型"对话框

若要选用某上部结构设计程序生成的荷载工况,则点击左面相应项。选取之后,右面的列表框中相应荷载项前显示"√",表示荷载选中。程序读取相应程序生成的荷载工况标准内力当作基础设计的荷载标准值,并自动按照相关规范的要求进行荷载组合。

4) 当前组合

用户选择某种荷载组合,用于在图形区显示该组合的荷载图,便于用户查询或打印。前面带"*"的荷载组合是当前组合,如图 6-10 所示。

图 6-10 荷载组合类型

用光标选择某组荷载组合,点击【确认】按钮,该组荷载组合称为当前组合,屏幕显示该组荷载组合图,并在提示区显示该组荷载的总值以方便荷载校核。

5）目标组合

本菜单用于显示具备某些特征的荷载图。如标准组合下最大轴力、最大偏心距等目标组合，仅供用户校核荷载之用，与地基基础设计最终选用的荷载组合无关，点击后显示如图 6-11 所示的菜单。

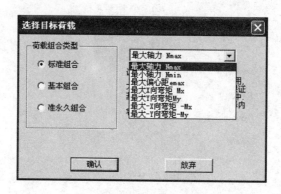

图 6-11　荷载组合类型选择

6.1.5　上部构件

本菜单用于输入基础上的一些附加构件，以便程序自动生成与基础相关或者绘制相应施工图之用。

框架柱筋：本菜单用于输入框架柱在基础上的插筋。

1）柱筋布置

用于定义各类柱筋的数据和布置柱筋，作为柱下独立基础施工图绘制之用。点击后，弹出如图 6-12 所示的构件选择对话框。用户可用【新建】、【修改】、【拾取】按钮来定义和修改柱筋类型。点击已有柱筋类型后，屏幕上弹出如图 6-13 所示的"框架柱钢筋定义"对话框。

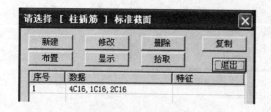

图 6-12　"选择柱插筋标准截面"对话框

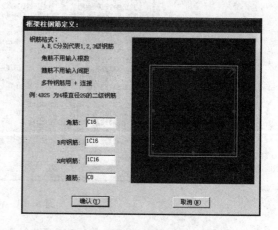

图 6-13　"框架柱钢筋定义"对话框

输入柱的 B 和 H 一侧的主筋直径和根数以及箍筋的形式、直径、间距、钢筋级别后，点

【确认】生成或修改一种框架柱钢筋类型。

2）填充墙

本菜单用于输入基础上面的底层填充墙,在此布置完填充墙并在附加荷载中布置了相应的荷载后,就可在后续的菜单中自动生成墙下条基。

3）拉梁

本菜单用于在两个独立基础或独立桩基承台之间设置拉接连系梁。

6.1.6 地基梁

地基梁(也称基础梁或柱下条形基础)是整体式基础。设计过程是由用户定义基础尺寸,然后采用弹性地基梁或倒楼盖方法进行基础计算,从而判断基础截面是否合理;基础尺寸选择时,不但要满足承载力和变形的要求,更重要的是要保证基础的内力和配筋要合理。

1）地基梁布置

用于定义各类地基梁尺寸和布置地基梁。用户可用【新建】、【修改】按钮来定义和修改地基类型。点击【新建】后,屏幕上弹出如图6-14所示的"地基梁定义"对话框。

《建筑地基基础设计规范》(GB 50007—2002)第8.3.1条规定:柱下条形基础梁的高度宜为柱距的1/4～1/8。翼板厚度不应小于200 mm。当翼板厚度大于250 mm时,宜采用变厚度翼板,其坡度宜小于或等于1∶3。

2）翼缘宽度

该菜单用于程序根据荷载的分布情况、基础梁肋宽、高等信息自动生成基础梁翼缘宽度。

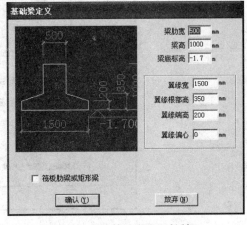

图6-14 "地基梁定义"对话框

在考虑这些情况之后,程序对在同一轴线上基础梁肋宽、高相同的梁生成相同宽度的翼缘。点取后先输入翼缘放大系数,如图6-15所示,程序自动计算得到的翼缘宽度乘以放大系数后得到最终翼缘宽度。由于承载力计算并不是确定翼缘宽度的唯一因素,因此这里通常要输入一个大于1.0的系数,让生成的翼缘宽度有一定的安全储备。

图6-15 "翼缘放大系数"对话框

6.1.7 柱下独立基础

柱下独立基础是一种分离式的浅基础,它承受一根或多根柱传来的荷载,基础之间一般用拉梁连接在一起以增加其整体性,同时可以用来砌筑框架结构底层的墙体。

本菜单用于独立基础设计,根据用户指定的设计参数和输入的多种荷载自动计算独立基础尺寸、自动配筋,并可人工干预。

1) 自动生成

用于独基自动设计。点击后,在平面图上用"围区布置"、"窗口布置"、"轴线布置"、"直接布置"等方式布置柱下独立基础。选定后,在弹出【基础设计参数输入】的菜单中输入地基承载力特征值(参见6.1.2)和柱下独立基础的计算参数,见图6-16。自动进行这类独基设计,屏幕显示柱下独基形状,且弹出【是否进行基础碰撞检查】提示。若进行碰撞检查,发生碰撞的独基会自动合并成双柱基础或多柱基础。

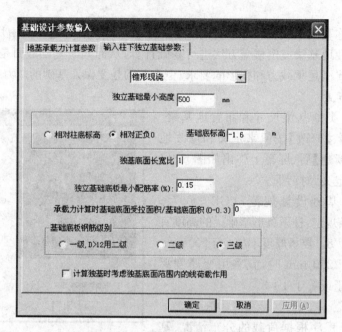

图 6-16 独立基础参数对话框

【独立基础最小高度(mm)】:指程序确定独立基础尺寸的起算高度。冲切不能满足要求时,程序自动增加基础各阶的高度。

【相对柱底标高】:当点选后,后面填写的基础底标高值的起始点均相对于此处,即相对于每个柱底的标高值。当上部结构底层柱底标高不同时,宜勾选此项。程序可自动算出每个基础底标高的值。

【相对正负0】:当点选此项后,后面填写的基础底标高值的起始点均相对于此处。

【基础底标高(m)】:其初始值为-1.5,本工程为-1.6。在这里要特别注意的是基础顶部标高和条形基础不同,如果结构方案初期就确定为独立基础,则第一标准层的层高应相应变化。

【独基底面长宽比(S/B)】:用来调整基础底板长和宽的比值。

【独立基础底板最小配筋率(%)】:用来控制独立基础底板的最小配筋百分率,可根据《混凝土结构设计规范》第9.5.2条取0.15%。如果不控制则填0,程序按最小直径不小于10 mm,间距不大于200 mm配筋。

【承载力计算时基础底面受拉面积/基础底面积(0~0.3)】:程序在计算基础底面积时允

许基础底面局部不受压。填 0 时全底面受压。

【基础底板钢筋级别】：可以选择二级钢，也可选择全部用三级钢。

【计算独基时考虑独基底面范围内的线荷载作用】：若打"√"，则计算独立基础时取节点荷载和独立基础底面范围内的线荷载的矢量和作为计算依据。程序根据计算的基础底面积迭代两次。

2) 独基布置

用于修改自动生成的独基或用户自定义的独基尺寸及布置。执行过自动生成菜单后，程序会生成多个基础截面数据，见图 6-17。

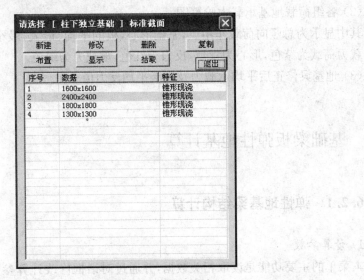

图 6-17 独立基础截面选择对话框

选取想要修改的某独立柱基后，点击【修改】按钮，程序弹出如图 6-18 所示对话框，在对话框中可进行修改调整。

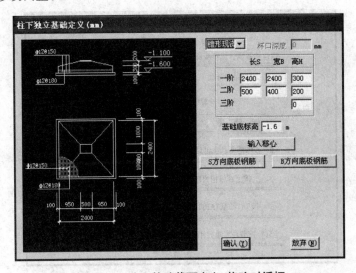

图 6-18 独立基础截面定义、修改对话框

6.1.8 结束退出

本菜单用于结束基础的输入,退出【基础人机交互输入】菜单。点击菜单后,程序根据用户基础设计的内容进行必要的检查,显示相应的提示信息:

(1) 弹性地基梁退出时是否显示地基承载力验算结果

操作:点取【显示】按钮时,屏幕将反复显示各组荷载地基承载力验算图。弹性地基验算数据存于 DJJS.CHK 文件中。

(2) 各组荷载地基承载力验算图

其中显示为总竖向荷载作用点,基础形心、板的平均、最大、最小反力(含基础自重),基础承载力荷载为紫色,形心为青色,反力为红色,承载力为绿色。

(3) 地基梁修正后平均承载力及底板平均反力值

6.2 基础梁板弹性地基计算

6.2.1 弹性地基梁结构计算

1) 计算参数

本菜单的主要功能是读取相关数据,并通过对话框修改计算参数。当用户点取本菜单时,屏幕出现如图 6-19 所示对话框,在该对话框内有多个按钮选项。其中【弹性地基梁计算参数修改】按钮采用如图 6-20 所示的对话框方式修改混凝土强度等级、纵筋、箍筋、翼缘筋级别、箍筋间距等。

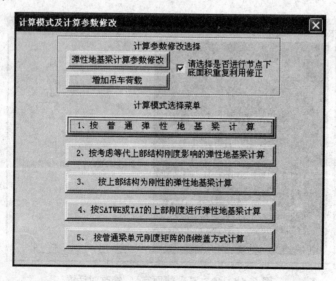

图 6-19 弹性地基梁计算模式与计算参数选择对话框

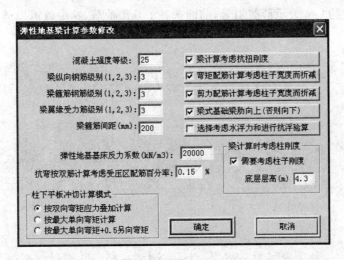

图 6-20 "弹性地基梁计算参数修改"对话框

关于【节点下底面积重复利用修正】的选择,用户用光标点该项菜单时,方框内显示"√"就是要求修正,否则就不修正。对于柱下平板基础程序隐含为修正,对其他类型基础程序隐含为不修正。

模式1 【按普通弹性地基梁计算】是指进行弹性地基梁结构计算时不考虑上部结构刚度影响,该方法是最常用的,一般推荐使用,只有当该方法计算截面不够且不宜扩大时再考虑其他计算模式。

模式2 【按考虑等代上部结构刚度影响的弹性地基梁计算】是指进行弹性地基结构计算时可考虑一定的等代上部结构刚度的影响。

模式3 【按上部结构为刚性的弹性地基梁计算】是指进行弹性地基结构计算时将等代上部结构刚度考虑得非常大(200倍),以至于各节点的位移差很小,如框支剪力墙结构,此时几乎不存在整体弯矩,只有局部弯矩,其结果类似于传统的倒楼盖方法。一般来说,如果跨度相差不大,考虑上部结构刚度后,各梁的弯矩相差不太大,配筋更加均匀了。

模式4 【按 SATWE 或 TAT 上部刚度进行地基梁计算】是 SATWE 或 TAT 计算的上部结构刚度用于结构方法凝聚到基础上,该方法最接近实际情况,用于框架结构非常理想。另外,由于剪力墙墙体本身已考虑了刚度扩大,因此纯剪力墙结构可不必再考虑上部刚度,如要考虑宜采用模式3。使用模式4的条件是必须在计算 SATWE 或 TAT 时选择把刚度传给基础项。

模式5 【按普通梁单元刚度矩阵的倒楼盖方法计算】是采用传统的倒楼盖方法,梁单元取用了考虑剪切变形的普通梁单元刚度矩阵,一般来说该方法计算的局部弯矩较弹性地梁法大,但由于柱子、墙体的节点没有竖向位移,因此没有考虑到梁的整体弯矩,其计算结果明显不同于弹性地基梁方法,一般不推荐使用该方法。

2) 荷载显示

选择本菜单后,屏幕显示梁的荷载图(DH*.T)如图 6-21 所示,其中红色是节点垂直荷载,紫色为节点 M_x 弯矩,黄色为节点 M_y 弯矩(弯矩方向已在图上标出),绿色为梁上均布荷载。图名中的"＊"表示荷载组号,前面选择了几组荷载,这里就可以通过如下菜单显示几幅荷载图。

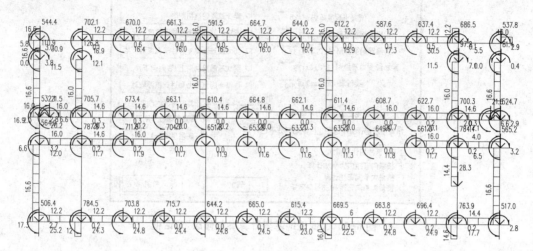

图 6-21 梁的荷载显示图

3) 计算分析

该菜单是进行弹性地基梁有限元分析计算的一个必须执行的过程,执行过程中没有图形显示。当用户要求计算要考虑底面积重复利用修正时,程序在运行中会用对话框提示用户底面积重复利用修正系数的理论值以及是否修改,如图 6-22 所示。如不想修正的话,系数填 0。

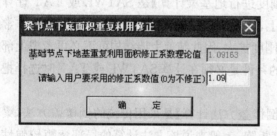

图 6-22 "梁节点下底面积重复利用修正"对话框

图 6-23 计算结果选择

4)【结果显示】菜单

点取本菜单后,屏幕上弹出计算结果显示菜单如图 6-23,用户可根据需要选择显示计算结果图形,可挑选部分计算结果显示,也可将多组结果都顺序显示。

计算得到的弯矩图、剪力图分别给出每根梁的弯矩、剪力分布曲线、梁端与跨中的弯矩值与梁端剪力值。竖向位移图与反力图给出每根梁的竖向位移、与文克尔反力分布曲线、梁端与跨中的位移值(mm)、框与梁端的反力值(kN/m^2)。注意，这里的竖向位移仅仅是文克尔假定下的位移，并不是沉降值。同样，反力也仅是文克尔假定下的反力，只是竖向位移的衍生物，一般不能将此反力直接用于地基承载力验算。

配筋面积图则选择各组荷载下的最大包络配筋量。【梁纵筋翼缘筋图】中用黄色字体给出每根梁的纵向钢筋量(mm^2)与翼缘受力筋($mm^2/$延米)，上部钢筋梁标注在梁跨中上面，下部钢筋梁标注在梁两端的下部，如果是倒 T 形或 T 形梁式基础，则翼缘钢筋标注在上部钢筋后面的括号内。同时纵筋的配筋百分率用白色字体分别标在钢筋面积的上部或下部。此外，程序对梁式基础的梁翼缘还做了抗剪计算，当图中梁的颜色变红即意味着该梁翼缘抗剪不满足规范要求。

在【地基梁箍筋面积图】中用黄色字体在梁两端下面标出箍筋量 A_{sv}（同一截面内箍筋各肢的全部截面面积），以及在箍筋量下面用白色字标注的箍筋体积配箍率。

5)【归并退出】菜单

该菜单的功能是对完成计算的梁进行归并及退出。这里的归并首先是程序自动根据各连续梁的截面、跨度、跨数等几何条件进行几何归并，然后再根据几何条件相同的梁的配筋量和归并系数进行归并。如图 6-24 所示。

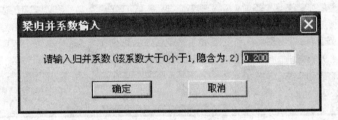

图 6-24 "梁归并系数输入"对话框

完成归并后，在屏幕出现归并结果，如图 6-25 所示，显示出每根连续梁归并后的标准名称，名称相同即为几何尺寸与配筋完全相同的连梁。

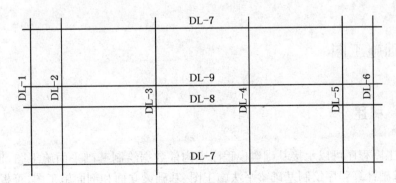

图 6-25 梁归并结果显示对话框

6.2.2 弹性地基梁板计算结果查询

本菜单的主要功能是方便用户查询主菜单 3 中完成的计算结果,包括图形和文本数据文件。当运行本菜单后,屏幕出现如图 6-26 所示菜单。

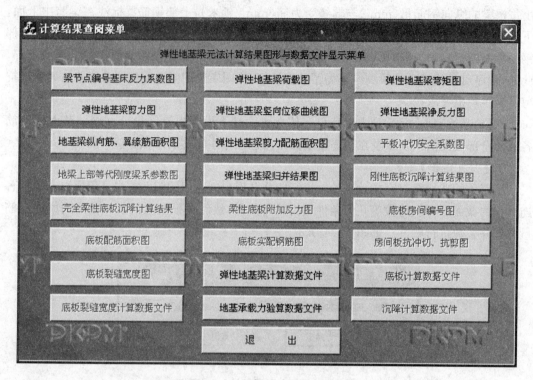

图 6-26 计算结果查阅菜单

用户根据需要查询的结果选择相应的菜单查阅。当菜单中某项变灰,即意味着没有该项的图形或数据文件计算结果。

6.3 基础施工图

6.3.1 概述

基础施工图程序可以承接基础建模程序中构件数据绘制基础平面施工图,也可以承接 Jccad 软件基础计算程序绘制基础梁平法施工图、基础梁立面和剖面施工图、筏板施工图、基础大样图(桩承台独立基础,墙下条基)、桩位平面图等施工图。

1)程序的主界面

点击【基础施工图】菜单,主界面如图 6-27 所示。

6 建筑结构基础辅助设计软件 JCCAD

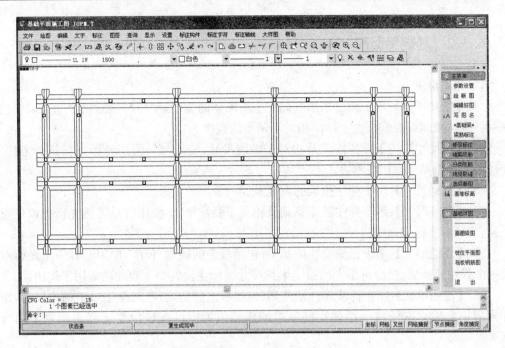

图 6-27 【基础平面施工图】菜单主界面

其中,下拉菜单的主要内容分为两大类,第一类是通用的图形绘制、编辑、打印等内容;第二类是含专业功能的 4 列下拉菜单,包括施工图设置、基础平面上的标注轴线、基础平面图上的构件字符标注和构件的尺寸标注、大样详图等。

屏幕右侧的菜单是绘制基础施工图的入口,可以完成基础梁平法施工图、立剖面施工图、独基条基桩承台大样图、筏板施工图、桩位平面图等施工图的绘制工作。可以采用连梁改筋、单梁改筋、分类改筋等修改基础梁钢筋标注,可以根据实配钢筋完成基础梁的裂缝验算功能。

2) 参数修改

点取【参数修改】菜单后,程序弹出如图 6-28(a)和图 6-28(b)所示的修改参数对话框,在完成参数修改并确定退出后,程序将根据最新的参数信息重新生成弹性地基梁的平法施工图,并根据参数修改重绘当前的基础平面图。

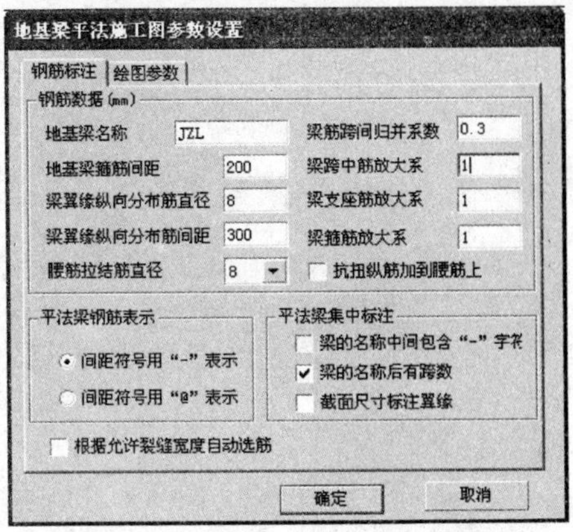

图 6-28(a) 钢筋标注参数设置对话框 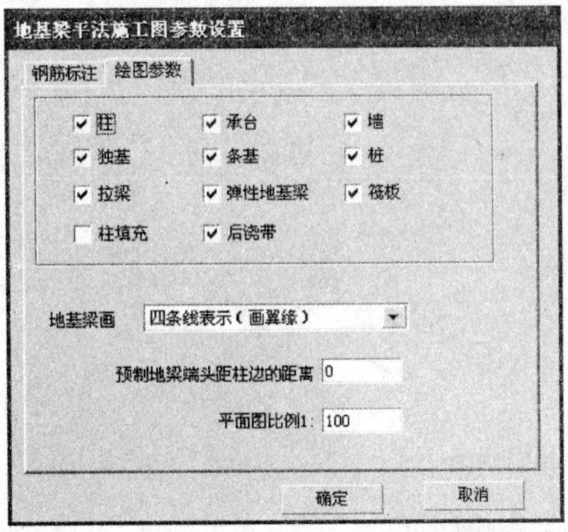   图 6-28(b) 绘图参数设置对话框

167

6.3.2 基础平面图

1) 标注构件

(1)【条基尺寸】:用于标注条形基础和上面墙体的宽度,使用时只需用光标点取任意条基的任意位置即可在该位置上标出相对于轴线的宽度。

(2)【柱尺寸】:用于标注柱子及相对于轴线尺寸,使用时只需用光标点任意一个柱子,光标偏向哪边尺寸就标在哪边。

(3)【拉梁尺寸】:用于标注拉梁的宽度及其与轴线的关系。

(4)【独基尺寸】:用于标注独立基础及相对于轴线尺寸,使用时只需用光标点取任意一个独立基础,光标偏向哪边尺寸线就标在哪边。

(5)【注地梁长】:用于标注弹性地基梁(包括板上的肋梁)长度,使用时首先用光标点取任一个弹性地基梁,然后再用光标指定梁长尺寸线标注位置。一般此功能用于挑出梁。

(6)【注地梁宽】:用于标注弹性地基梁(包括板上的肋梁)宽度及相对于轴线尺寸,使用时只需用光标点取任意一根弹性地基梁的任意位置即可在该位置上标出相对于轴线的宽度。

(7)【标注加腋】:用于标注弹性地基梁(包括板上的肋梁)对柱子的加腋线尺寸,使用时只需用光标点取任意一个周边有加腋线的柱子,光标偏向柱子哪边就标注哪边的加腋线尺寸。

2) 标注字符

本菜单的功能是标注出柱、梁、独基的编号和在墙上设置、标注预留洞口。

3) 标注轴线

本菜单的作用是标注各类轴线(包括弧轴线)间距、总尺寸、轴线号等,各子菜单的功能与 PMCAD 的操作一致。

6.3.3 基础梁平法施工图

基础梁平法施工图的绘制方法及过程具体见第 8 章相关内容。

7 钢筋混凝土结构施工图基本知识

7.1 结构施工图组成

房屋设计中,完成建筑设计绘出建筑施工图后,尚需进行结构设计,绘制结构施工图。结构设计是根据建筑各方面的要求,进行承重结构选型和结构构件的布置,经过结构设计计算,确定各承重构件材料、形状、尺寸及其内部构造和施工要求等。将结构设计的结果绘制成施工图即为结构施工图,简称结施。结构施工图主要反映承重构件的布置、类型、尺寸、材料以及结构做法,是开挖基槽,支撑模板,绑扎钢筋,浇灌混凝土,安装梁、柱、板等构件,以及编制施工组织设计等的重要技术依据。

房屋结构施工图一般包括两大类:结构布置图和构件详图。其中,结构布置图是表示房屋结构中各承重构件整体布置的图样,如基础平面布置图、楼层结构平面布置图等;构件详图是表示各个承重构件材料、形状、大小和构造的图样,如基础、梁、柱、墙等构件详图。

一套完整的结构施工图一般应包括:①图纸目录及结构设计总说明;②基本图,包括基础图、结构平面图;③构件结构详图,包括墙、柱、梁、板、楼梯等。

7.1.1 图纸目录及结构设计总说明

施工图设计阶段,结构专业设计文件应包含图纸目录、设计说明、设计图纸、计算书(内部归档)。图纸目录应按图纸序号排列,先列新绘制图纸,后列选用的重复利用图和标准图。

每一单项工程应编写一份结构设计总说明。对多子项工程,宜编写统一的结构施工图设计总说明。如为简单的小型单项工程,则结构设计总说明中的内容可分别写在基础平面图和各层结构平面图上。

结构设计总说明应包括的内容主要有:
(1) 本工程结构设计的主要依据。
(2) 设计±0.000标高所对应的绝对标高。
(3) 图纸标高及尺寸单位。
(4) 建筑结构的安全等级、设计使用年限、耐久性要求等。
(5) 建筑场地类别、地基的液化等级、建筑抗震设防类别、抗震设防烈度、结构抗震等级、人防工程的抗力等级等。
(6) 地基概况、地基处理措施及技术要求、抗液化措施及要求、地基土的冰冻深度、地基基础设计等级等。
(7) 采用的设计荷载。

(8) 所选用结构材料的品种、规格、性能及相应的产品标注。对钢筋混凝土结构说明受力钢筋保护层厚度、锚固长度、搭接长度及方法、预应力构件的锚具种类、预留孔道做法、施工要求及锚具防腐措施等。

(9) 对水池、地下室等有抗渗要求的建(构)筑物的混凝土要说明抗渗等级等。

(10) 所采用的通用做法和标准构件图集。

(11) 施工中应遵循的施工规范和注意事项。

7.1.2 基础图

基础图就是要表达建筑物室内地面以下基础部分的平面布置和详细构造的图样,它是施工放线、开挖基坑及施工基础的依据。基础图通常包括基础平面图和基础详图。基础平面图主要表达基础的平面布置,一般只画出基础墙、构造柱、承重柱的断面以下基础底面的轮廓线。至于基础的细部投影(如基础及基础梁的基本形状、材料和构造等)将反映在基础详图中。

1) 基础平面图

基础平面(布置)图表示基槽未回填土时基础平面布置的图样,即沿房屋的底层地面以下用一假想水平剖切平面将房屋剖开,移去剖切平面以上的部分和基础回填土后所作的水平正投影图样。

图名一般为"基础平面(布置)图"。通常采用与建筑平面图相同的比例。定位轴线是确定基础墙、柱的位置,定位轴线及其编号必须与建筑平面图一致。基础平面图上需表达的内容主要包括:①绘制出基础墙、构造柱、承重柱、基础梁、地基圈梁以及基础底面形状等;②断面图的剖切线及其编号或注写基础代号;③尺寸标高等。

2) 基础详图

基础平面图仅表明了基础的平面布置,但基础各部分的形状、材料、大小尺寸及细部构造等都未在基础平面图上表达出来,这就需要另画基础详图来表达。基础详图是用来详尽表示基础的截面形状、尺寸、材料和做法的图样。根据基础平面布置图的不同编号,分别绘制各基础详图。

7.1.3 结构平面图

楼层结构平面(布置)图是用一假想水平剖切面沿某楼板面将房屋剖开后所作的水平正投影图,能表示房屋各层结构平面布置情况,即每层楼面梁、柱、板、墙及楼面下层的门窗过梁、大梁、圈梁的布置,现浇板的构造与配筋情况以及它们之间的结构关系。楼层结构平面图是安装各层楼面的承重构件、制作圈梁和局部现浇板的施工依据。

楼层结构平面图一般采用分层的结构平面图表示,如各楼层结构平面图和屋顶结构平面图。一般房屋有几层就应该画几个楼层结构平面图。若某些楼层结构平面布置相同或绝大部分相同,可绘制一张标准层平面图,对局部不同的地方再绘制局部结构平面图。

7.1.4 构件详图

构件详图主要用于表示结构构件(墙、柱、梁、板、楼梯等)的形状、大小、材料、内部构造和连接情况等。为了便于明显地表示钢筋混凝土构件中的钢筋配置情况,在构件详图中,假设混凝土为透明的,混凝土或钢筋混凝土不用图例表示,构件的外轮廓线用细实线绘制,钢筋纵方向用粗实线绘制,钢筋横截面用黑圆点表示,并标注出钢筋种类、直径、数量或间距等。

7.2 钢筋混凝土结构施工图相关知识

1) 钢筋种类及符号

混凝土结构中使用的钢筋按表面特征可分为光圆钢筋和带肋钢筋。用于钢筋混凝土结构及预应力混凝土结构中的普通钢筋可使用热轧钢筋,预应力钢筋可使用预应力钢绞线、钢丝,也可使用热处理钢筋。

普通钢筋混凝土结构及预应力混凝土结构中常用钢筋种类及其符号见表 7-1 所示。

表 7-1 钢筋种类及符号

普通钢筋			预应力钢筋		
类型	种类	符号	类型	种类	符号
热轧钢筋	HPB235(Q235)	ϕ	钢绞线	1×3,1×7	ϕ^S
	HRB335(20MnSi)	Φ	消除应力钢丝	光面螺旋肋	ϕ^P ϕ^H
	HRB400(20MnSiV、20MnSiNb、20MnTi)	Φ		刻痕	ϕ^I
	RRB400(K20Mi)	Φ^R	热处理钢筋	40Si2Mn 48Si2Mn 45Si2Cr	ϕ^{HT}

2) 钢筋的标注方法

钢筋的标注通常有下列两种方法:

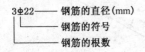

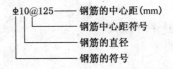

3) 钢筋混凝土构件图示方法

为了清楚地表明构件内部的钢筋,可假设混凝土为透明体,这样构件中的钢筋在施工图中便可看见。主要表达构件配筋情况的图样,称为配筋图。对于外形比较复杂的构件,还要画出表示构件外形的图样,称为模板图。构件的外形轮廓线用中实线或细实线绘制。

4）钢筋的一般表示方法

钢筋的一般表示方法应符合表7-2的规定。钢筋及钢丝束的说明应给出钢筋的代号、直径、数量、间距、编号及所在位置，其说明应沿钢筋的长度标注或标注在相关钢筋的引出线上。

表7-2 钢筋的一般表示方法

序号	名称	图例
一般钢筋		
1	钢筋横断面	•
2	无弯钩的钢筋端部	
3	带半圆形弯钩的钢筋端部	
4	带直钩的钢筋端部	
5	无弯钩的钢筋搭接	
6	带半圆弯钩的钢筋搭接	
7	带直钩的钢筋搭接	
预应力钢筋		
8	预应力钢筋或钢绞线	
9	后张法预应力钢筋断面；无粘结预应力钢筋断面	 ⊕
10	单根预应力钢筋断面	 +
钢筋网片		
11	一片钢筋网平面图	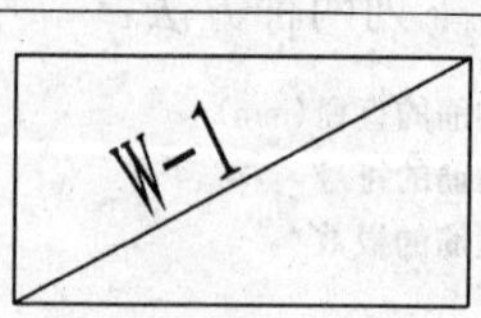 W-1
12	一行相同的钢筋平面图	 3W-1

5）钢筋的画法

钢筋的画法应符合表 7-3 的规定。

表 7-3 钢筋的画法

序号	说明	图例
1	在结构平面图中配置双层钢筋时，底层钢筋的弯钩应向上或向左，顶层钢筋的弯钩则应向下或向右	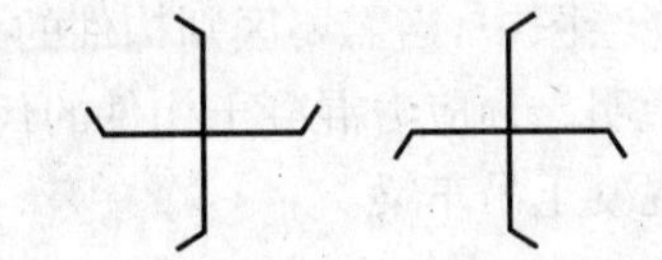
2	钢筋混凝土墙体配双层钢筋时，在配筋立面图中，远面钢筋的弯钩应向上或向左，而近面钢筋的弯钩应向下或向右	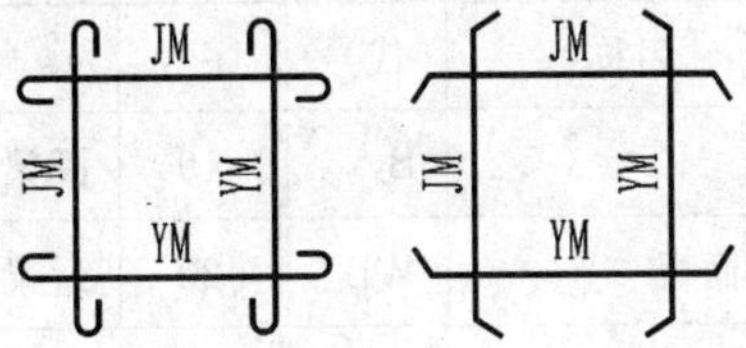
3	若在断面图中不能清楚地表达钢筋布置，应在断面图外增加钢筋大样图	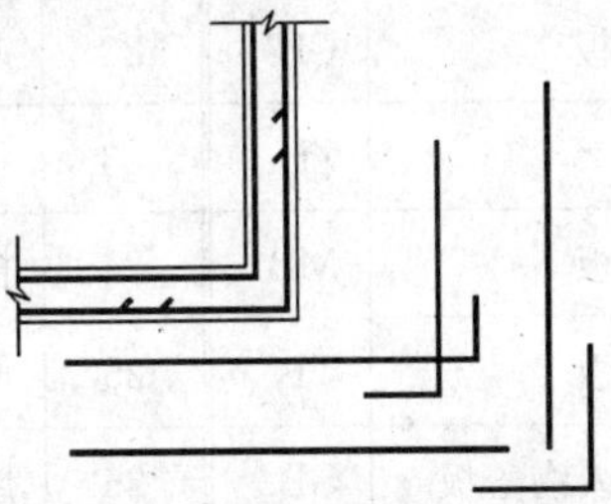
4	图中所表示的箍筋、环筋等若布置复杂时，可加画钢筋大样及说明	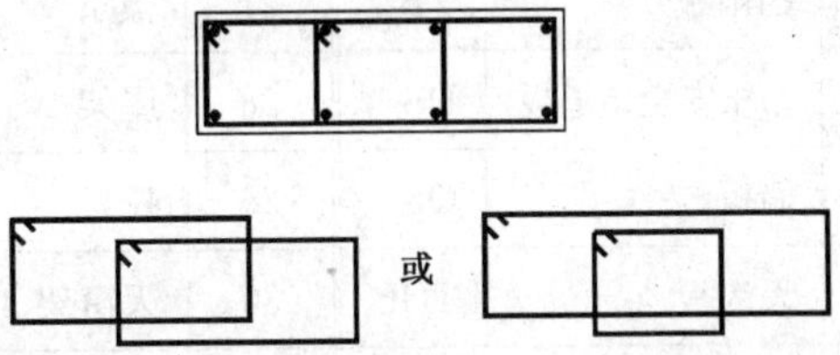
5	每组相同的钢筋、箍筋或环筋，可用一根粗实线表示，同时用一两端带斜短划线的横穿细线，表示其余钢筋及起止范围	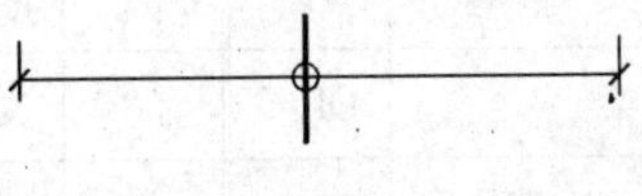

7.3 绘制结构施工图的有关规定

本节主要介绍《建筑结构制图标准》(GB/T 50105—2001)中关于常用构件代号、制图图线以及比例选用方面的一般规定。

1）常用构件代号

结构构件种类繁多，布置复杂，为了简明扼要地表示梁、柱、板等钢筋混凝土构件，便于绘图和查阅，在结构施工图中一般用构件代号来标注构件名称。构件代号采用该构件名称汉语拼音的第一个字母表示，代号后用阿拉伯数字标注该构件的型号或编号或构件顺序号。预制钢筋混凝土构件、现浇钢筋混凝土构件、钢构件和木构件，一般可直接采用表7-4中的构件代号。在绘图中，当需要区别构件的材料种类时，可在构件代号前加注材料代号，并在图纸中加以说明。预应力混凝土构件的代号，应在构件代号前加注"Y—"，如 Y—DL，表示预应力钢筋混凝土吊车梁。

表7-4 常用构件代号

序号	名称	代号	序号	名称	代号	序号	名称	代号
1	板	B	19	圈梁	QL	37	承台	CT
2	屋面板	WB	20	过梁	GL	38	设备基础	SJ
3	空心板	KB	21	连系梁	LL	39	桩	ZH
4	槽形板	CB	22	基础梁	JL	40	挡土墙	DQ
5	折板	ZB	23	楼梯梁	TL	41	地沟	DG
6	密肋板	MB	24	框架梁	KL	42	柱间支撑	ZC
7	楼梯板	TB	25	框支梁	KZL	43	垂直支撑	CC
8	盖板或沟盖板	GB	26	屋面框架梁	WKL	44	水平支撑	SC
9	挡雨板	YB	27	檩条	LT	45	梯	T
10	吊车安全走道板	DB	28	屋架	WJ	46	雨篷	YP
11	墙板	QB	29	托架	TJ	47	阳台	YT
12	天沟板	TGB	30	天窗架	CJ	48	梁垫	LD
13	梁	L	31	框架	KJ	49	预埋件	M—
14	屋面梁	WL	32	刚架	GJ	50	天窗端壁	TD
15	吊车梁	DL	33	支架	ZJ	51	钢筋网	W
16	单轨吊车梁	DDL	34	柱	Z	52	钢筋骨架	G
17	轨道连接	DGL	35	框架柱	KZ	53	基础	J
18	车挡	CD	36	构造柱	GZ	54	暗柱	AZ

2）建筑结构制图图线的选用

每个图样应根据复杂程度和比例大小，先选用适当的基本线宽度 b，再选用相应的线宽组。在同一张图纸中，相同比例的各图样，应选用相同的线宽组。建筑结构专业制图，应选用表7-5所示图线。

表 7-5 图线

名称		线型	线宽	一般用途
实线	粗	———	b	螺栓,主钢筋线,结构平面图中的单线结构构件线,钢木支撑及系杆线,图名下横线,剖切线
	中	———	$0.5b$	结构平面图及详图中剖到或可见的墙身轮廓线,基础轮廓线,钢、木结构轮廓线,箍筋线,板钢筋线
	细	———	$0.25b$	可见的钢筋混凝土构件的轮廓线,尺寸线,标注引出线,标高符号,索引符号
虚线	粗	- - - -	b	不可见的钢筋、螺栓线,结构平面图中不可见的单线结构构件线及钢、木支撑线
	中	- - - -	$0.5b$	结构平面图中的不可见构件、墙身轮廓线及钢、木构件轮廓线
	细	- - - -	$0.25b$	基础平面图中的管沟轮廓线,不可见的钢筋混凝土构件轮廓线
单点长划线	粗	—·—·—	b	柱间支撑、垂直支撑、设备基础轴线图中的中心线
	细	—·—·—	$0.25b$	定位轴线,对称线,中心线
双点长划线	粗	—··—··—	b	预应力钢筋线
	细	—··—··—	$0.25b$	原有结构轮廓线
折断线		─/\─	$0.25b$	断开界线
波浪线		～～～	$0.25b$	断开界线

3）比例

结构施工图绘图时根据图样的用途及被绘物体的复杂程度,应选用表 7-6 中常用比例,特殊情况下也可选用可用比例。当构件的纵、横向断面尺寸相差悬殊时,可在同一详图中的纵、横向选用不同的比例。轴线尺寸与构件尺寸也可选用不同的比例绘制。

表 7-6 比例

图 名	常用比例	可用比例
结构平面图 基础平面图	1∶50,1∶100 1∶150,1∶200	1∶60
圈梁平面图,总图中管沟、地下设施等	1∶200,1∶500	1∶300
详图	1∶10,1∶20	1∶5,1∶25,1∶4

7.4　钢筋混凝土柱、梁、墙平面整体表示方法

建筑结构施工图平面整体设计方法(简称平法)对我国目前混凝土结构施工图的设计表示方法做了重大改革,被国家科委列为《"九五"国家级科技成果重点推广计划》项目(项目编号:97070209A),同时被建设部列为1996年科技成果重点推广项目(项目编号:96008)。

平法的表达形式,概括地讲,是把结构构件的尺寸和配筋等,按照平面整体表示方法制图规则,整体直接表达在各类构件的结构平面布置图上,再与标准构造图相配合,即构成一套新型完整的结构设计,改变了传统的将构件从结构平面布置图中索引出来,再逐个绘制配筋详图的繁琐方法。

按平法设计绘制的施工图,一般是由各类结构构件的平法施工图和标准构造详图两大部分组成。必须根据具体工程设计,按照各类构件的平法制图规则,在按结构(标准)层绘制的平面布置图上直接表示各构件的尺寸、配筋和所选用的标准构造详图。出图时,宜按基础、柱、剪力墙、梁、板、楼梯及其他构件的顺序排列。

在平面布置图上表示各构件的尺寸和配筋方式,有平面注写方式、列表注写方式和截面注写方式3种。按平法设计绘制结构施工图时,应将所有柱、墙、梁构件进行编号,编号中含有类型代号和序号。其中,类型代号的主要作用是指明所选用的标准构造详图。柱、梁编号规则在后续章节作具体介绍。

本节主要结合混凝土结构施工图平面整体表示方法制图规则和构造详图(现浇混凝土框架、剪力墙、框架剪力墙、框支剪力墙结构)(03G101—1)介绍柱、梁和剪力墙的平面施工图制图规则。

7.4.1　柱平法施工图制图规则

柱平法施工图系在柱平面布置图上采用列表注写方式或截面注写方式表达。在柱平法施工图中,应按规定注明各结构层的楼面标高、结构层高及相应的结构层号。

1) 列表注写方式

列表注写方式系在柱平面布置图上(一般只采用适当比例绘制一张柱平面布置图,包括框架柱、框支柱、梁上柱和剪力墙上柱),分别在同一编号的柱中选择一个(有时需要选择几个)截面标注几何参数代号;在柱表中注写柱号、柱段起止标高、几何尺寸(含柱截面对轴线的偏心情况)与配筋具体数值,并配以各种柱截面形状及其箍筋类型图的方式,来表达柱平法施工图。

柱表注写内容规定如下:

(1) 注写柱编号

柱编号由类型代号和序号组成,应符合表7-7的规定。编号时,当柱的总高、分段截面尺寸和配筋均对应相同,仅分段截面与轴线的关系不同时,仍可将其编为同一柱号。

表 7-7 柱编号

柱类型	代号	序号	柱类型	代号	序号
框架柱	KZ	XX	梁上柱	LZ	XX
框支柱	KZZ	XX	剪力墙上柱	QZ	XX
芯柱	XZ				

(2) 注写各段柱的起止标高

自柱根部往上以变截面位置或截面未变但配筋改变处为界分段注写。框架柱和框支柱的根部标高系指基础顶面标高。芯柱的根部标高系指根据结构实际需要而定的起始位置标高。梁上柱的根部标高系指梁顶面标高。剪力墙上柱的根部标高分两种：当柱纵筋锚固在墙顶部时，其根部标高为墙顶面标高；当柱与剪力墙重叠一层时，其根部标高为墙顶面往下一层的结构层楼面标高。

(3) 注写截面尺寸

对于矩形柱，注写柱截面尺寸 $b \times h$ 及与轴线关系的几何参数代号 b_1、b_2 和 h_1、h_2 的具体数值，须对应于各段柱分别注写。其中 $b = b_1 + b_2$，$h = h_1 + h_2$。当截面的某一边收缩变化至与轴线重合或偏到轴线的另一侧时，b_1、b_2、h_1、h_2 中的某项为零或为负值。

对于圆柱，表中 $b \times h$ 一栏改用在圆柱直径数字前加"d"表示。为表达简单，圆柱截面与轴线的关系也用 b_1、b_2 和 h_1、h_2 表示，并使 $d = b_1 + b_2 = h_1 + h_2$。

(4) 注写柱纵筋

当柱纵筋直径相同、各边根数也相同时（包括矩形柱、圆柱和芯柱），将纵筋注写在"全部纵筋"一栏中；除此之外，柱纵筋分角筋、截面 b 边中部配筋和 h 边中部筋 3 项分别注写（对于采用对称配筋的矩形截面柱，可仅注写一侧中部筋，对称边省略不注）。当为圆柱时，表中角筋注写圆柱的全部纵筋。

(5) 注写箍筋类型和箍筋肢数

具体工程所设计的各种箍筋类型图以及箍筋复合的具体方式，须画在表的上部或图中的适当位置，在其上标注与表中相对应的 b、h 并编上其类型号，在箍筋类型栏内注写箍筋类型号。

(6) 注写柱箍筋

柱箍筋的注写包括钢筋级别、直径与间距。当为抗震设计时，用斜线"/"区分柱端箍筋加密区与柱身非加密区长度范围内箍筋的不同间距。施工人员须根据标准构造详图的规定，在规定的几种长度值中取其最大值作为加密区长度。当箍筋沿柱全高为一种间距时，则不使用"/"线。当圆柱采用螺旋箍筋时，需在箍筋前加"L"。

2) 截面注写方式

截面注写方式系在分标准层绘制的柱平面布置图的柱截面上，分别在同一编号的柱中选一个截面，以直接注写截面尺寸和配筋具体数值的方式来表达柱平法施工图。

截面注写内容规定与列表注写相关规定相近。其具体做法是对所有柱截面按平面注写方式规定进行编号，从相同编号的柱中选择一个截面，按另一种比例原位放大绘制柱截面配筋图，并在各配筋图上继其编号后再注写截面尺寸 $b \times h$、角筋或全部纵筋（当纵筋采用一种直径且能够图示清楚时）、箍筋的具体数值以及在柱截面图标注柱截面与轴线关系 b_1、b_2 和

h_1、h_2 的具体数值。

当纵筋采用两种直径时,须再注写截面各边中部筋的具体数值(对于采用对称配筋的矩形截面柱,可仅在一侧注写中部筋,对称边省略不写)。

当采用柱截面注写方式时,可以根据具体情况,在一个柱平面布置图上加用小括号和尖括号来区分和表达不同标准层的注写数值。

7.4.2 梁平法施工图制图规则

梁平法施工图系在梁平面布置图上采用平面注写方式或截面注写方式表达。

梁平面布置图,应分别按梁的不同结构层(标准层),将全部梁及与其相关联的柱、墙、板一起采用适当比例绘制。

1)平面注写方式

平面注写方式,系在梁平面布置图上,分别在不同编号的梁中各选一根梁,在其上注写截面尺寸和配筋具体数值的方式来表达梁平法施工图。

平面注写包括集中标注与原位标注。集中标注表达梁的通用数值,原位标注表达梁的特殊数值。当集中标注中的某项数值不适用于梁的某部位时,则将该项数值原位标注,施工时原位标注取值优先。

(1)梁集中标注

梁集中标注的内容有 5 项必注值及 1 项选注值,集中标注可以从梁的任意一跨引出,规定如下:

① 梁编号(必注值)

梁编号由梁类型代号、序号、跨数及有无悬挑代号组成,应符合表 7-8 的规定。其中(XXA)为一端有悬挑,(XXB)为两端有悬挑,悬挑不计入跨数。例如:KL2(3A)表示 2 号框架梁,3 跨,一端有悬挑。

表 7-8 梁编号

梁类型	代号	序号	跨数及是否带有悬挑
楼层框架梁	KL	XX	(XX)、(XXA)或(XXB)
屋面框架梁	WKL	XX	(XX)、(XXA)或(XXB)
框支梁	KZL	XX	(XX)、(XXA)或(XXB)
非框架梁	L	XX	(XX)、(XXA)或(XXB)
悬挑梁	XL	XX	(XX)、(XXA)或(XXB)
井字梁	JZL	XX	(XX)、(XXA)或(XXB)

② 梁截面尺寸(必注值)

该项为必注值。当为等截面梁时,用 $b \times h$ 表示;当为加腋梁时,用 $b \times h Y c_1 \times c_2$ 表示,其中 c_1 为腋长,c_2 为腋高;当有悬挑梁且根部和端部高度不同时,用斜线分隔根部与端部的高度值,即 $b \times h_1/h_2$。

③ 梁箍筋(必注值)

包括钢筋级别、直径、加密区与非加密区间距及肢数。箍筋加密区与非加密区的不同间距与肢数常用斜线"/"分隔；当梁箍筋为同一种间距及肢数时，则不需要用斜线；当加密区与非加密区的箍筋肢数相同时，则将肢数注写一次，箍筋肢数应写在括号内。

④ 梁上部通长筋或架立筋配置（必注值）

所注规格与根数应根据结构受力要求及箍筋肢数等构造要求而定，当同排纵筋中既有通长筋又有架立筋时，应用加号"+"将通长筋和架立筋相连。注写时须将角部纵筋写在加号的前面，架立筋写在加号的括号内，以示不同直径及与通长筋的区别。当全部采用架立筋时，则将其写入括号内。当梁的上部纵筋和下部纵筋为全跨相同，且多数跨配筋相同时，此项可加注下部纵筋的配筋值，用分号"；"将上部与下部纵筋的配筋值分隔开来，少数跨不同者进行原位标注。

⑤ 梁侧面纵向构造钢筋或受扭钢筋配置（必注值）

当梁腹板高度大于 450 mm 时，须配置纵向构造钢筋，所注写规格与根数应符合规定。此项注写值以大写字母 G 打头，接续注写设置在梁两个侧面的总配筋值，且对称配置。

当梁侧面配置受扭钢筋时，此项注写值以大写字母 N 打头，接续注写配置在梁两个侧面的总配筋值，且对称配置。受扭纵向钢筋应满足梁侧面纵向构造钢筋的间距要求，且不再重复配置纵向构造钢筋。

⑥ 梁顶面标高高差（选注值）

指相对于结构层楼面标高的高差值，有高差时将其写入括号内，无高差时不注。梁顶面标高高于所在结构层楼面标高时，其标高高差为正值，反之为负值。

（2）梁原位标注

梁原位标注内容规定如下：

① 梁支座上部纵筋

该部位含通长筋在内的所有纵筋。当上部钢筋多于一排时，用斜线"/"将各排纵筋自上而下分开；当同排纵筋有两种直径时，用加号"+"将两种直径的纵筋相连，注写时将角部纵筋写在前面；当梁中间支座两边的上部纵筋不同时，须在支座两边分别标注；当梁中间支座两边的上部纵筋相同时，可只标注一边，另一边可省去不注。

② 梁下部纵筋

当下部纵筋多于一排时，用斜线"/"将各排纵筋自上而下分开；当同排纵筋有两种直径时，用加号"+"将两种直径的纵筋相连，注写时将角部纵筋写在前面。

当梁下部纵筋不全部伸入支座时，将梁支座下部纵筋减小的数量写在括号中。

③ 梁附加箍筋或吊筋及其他

将其直接画在平面图中的主梁上，用线引出图中配筋值。当多数附加箍筋或吊筋相同时，可在梁平法施工图上统一注明；少数与统一注明值不同时，再在原位引出。

2）截面注写方式

截面注写方式，系在分标准层绘制的梁平面布置图上，分别在不同编号的梁中选择一根梁用剖面号引出配筋图，并在其上注写截面尺寸和配筋具体数值的方式来表达梁平法施工图。

对所有梁按平面注写方式进行编号，从相同编号的梁中选择一根梁，先将"单边截面号"画在该梁上，再将截面配筋详图画在本图或其他图上。当某梁的顶面标高与结构层的楼面标高不同时,尚应继其梁编号后注写梁顶面标高高差。

在截面配筋详图上注写截面尺寸、上部筋、下部筋、侧面构造筋或受扭筋、箍筋的具体数值时,其表达方式与平面注写方式相同。

截面注写方式既可以单独使用,也可以与平面注写方式结合使用。

7.4.3 剪力墙平法施工图制图规则

剪力墙平法施工图系在剪力墙平面布置图上采用列表注写方式或截面注写方式表达。剪力墙平面布置图可采用适当比例单独绘制,也可与柱或梁平面布置图合并绘制。同柱平法施工图相似,剪力墙平法施工图中,亦应按规定注明各结构层的楼层标高、结构标高及相应的结构层号。

1) 编号注写规则

将剪力墙视为由剪力墙柱、剪力墙身和剪力墙梁三类构件构成,剪力墙平法施工图中将这三类构件(简称为墙柱、墙身、墙梁)分别编号。

(1) 墙柱编号

墙柱编号由墙柱类型代号和序号组成,其中墙柱类型代号见表7-9所示。编号时,如若干墙柱的截面尺寸与配筋均相同,仅截面与轴线的关系不同时,可将其编为同一墙柱号。

表7-9 墙柱类型代号

墙柱类型	代号	墙柱类型	代号	墙柱类型	代号
约束边缘暗柱	YAZ	构造边缘端柱	GDZ	非边缘暗柱	AZ
约束边缘端柱	YDZ	构造边缘暗柱	GAZ	扶壁柱	FBZ
约束边缘翼墙(柱)	YYZ	构造边缘翼墙(柱)	GYZ		
约束边缘转角墙(柱)	YJZ	构造边缘转角墙(柱)	GJZ		

(2) 墙身编号

墙身编号由墙身代号、序号以及墙身所配置的水平与竖向分布钢筋的排数组成,其中,排数注写在括号内,表达形式为QXX(X排)。编号时,如若干墙身的厚度尺寸与配筋均相同,仅墙厚与轴线的关系不同或墙身长度不同时,可将其编为同一墙身号。

(3) 墙梁编号

墙梁编号由墙梁类型代号和序号组成,其中,墙梁类型代号见表7-10所示。在具体工程中,当某些墙身需设置暗梁或边框梁时,宜在剪力墙平法施工图中绘制暗梁或边框梁的平面布置简图并编号,以明确其具体位置。

表7-10 墙梁类型代号

墙梁类型	代号	墙柱类型	代号	墙柱类型	代号
连梁(无交叉暗撑和交叉钢筋)	LL	连梁(有交叉钢筋)	LL(JG)	边框梁	BKL
连梁(有交叉暗撑)	LL(JC)	暗梁	AL		

2) 列表注写方式

列表注写方式系分别在剪力墙柱表、剪力墙身表和剪力墙梁表中,对应于剪力墙平面布置图上的编号,用绘制截面配筋图并注写几何尺寸与配筋具体数值的方式,来表达剪力墙平法施工图。

(1) 剪力墙柱表内容

① 注写墙柱编号和绘制该墙柱的截面配筋图。

② 注写各段墙柱的起止标高,自墙柱根部往上以变截面位置或截面未变但配筋改变处为界分段注写。墙柱根部标高系指基础顶面标高(框支剪力墙结构则为框支梁顶面标高)。

③ 注写各段墙柱的纵向钢筋和箍筋,注写值应与在表中绘制的截面配筋图对应一致。纵向钢筋注总配筋值;墙柱箍筋的注写方式与柱箍筋相同。

(2) 剪力墙身表内容

① 注写墙身编号(含水平与竖向分布钢筋的排数)。

② 注写各段墙身起止标高,自墙身根部往上以变截面位置或截面未变但配筋改变处为界分段注写。墙身根部标高系指基础顶面标高(框支剪力墙结构则为框支梁顶面标高)。

③ 注写水平分布钢筋、竖向分布钢筋和拉筋的具体数值,注写数值为一排水平分布钢筋和竖向分布钢筋的规格和间距,具体设置几排已经在墙身编号后面表达。

(3) 剪力墙梁表内容

① 注写墙梁编号。

② 注写墙梁所在楼层号。

③ 注写墙梁顶面标高高差,系指相对于墙梁所在结构层楼面标高的高差值。无高差时不注,高于者为正值,低于者为负值。

④ 注写墙梁截面尺寸 $b \times h$,上部纵筋,下部纵筋和箍筋的具体数值。

⑤ 当连梁设有斜向交叉暗撑时,注写一根暗撑的全部纵筋,并标注×2表明有2根暗撑相互交叉,以及箍筋的具体数值(用斜线分隔斜向交叉暗撑箍筋加密区与非加密区的不同间距)。

⑥ 当连梁设有斜向交叉钢筋时,注写一道斜向钢筋的配筋值,并标注×2表明有2道斜向钢筋相互交叉,以及箍筋的具体数值(用斜线分隔斜向交叉暗撑箍筋加密区与非加密区的不同间距)。

3) 截面注写方式

截面注写方式系在分标准层绘制的剪力墙平面布置图上,以直接在墙柱、墙身、墙梁上注写截面尺寸和配筋的具体数值的方式来表达剪力墙平法施工图。选用适当比例原位放大绘制剪力墙平面图,其中对墙柱绘制配筋截面图,并对平面图中所有墙柱、墙身、墙梁进行编号,分别在相同编号的墙柱、墙身、墙梁中选择一根墙柱、一道墙身、一根墙梁进行注写。下面对注写方式的主要规定进行简要介绍。

(1) 从相同编号的墙柱中选择一个截面,标注全部纵筋及箍筋的具体数值。

(2) 从相同编号的墙身中选择一道墙身,按顺序引注的内容为:墙身编号(包括注写在括号内墙身所配置的水平与竖向分布钢筋的排数)、墙厚尺寸、水平分布钢筋、竖向分布钢筋和拉筋的具体数值。

(3) 从相同编号的墙梁中选择一根墙梁,按顺序引注的内容说明如下:

① 当连梁无斜向交叉暗撑时,注写:墙梁编号、墙梁截面尺寸 $b \times h$、墙梁箍筋、上部纵筋、下部纵筋和墙梁顶面标高高差(墙梁顶面标高高差注写规则同列表注写方式)。

② 当连梁设有斜向交叉暗撑时,还要以 JC 打头附加注写一根暗撑的全部纵筋,并标注 ×2 表明有 2 根暗撑相互交叉,以及箍筋的具体数值(用斜线分隔斜向交叉暗撑箍筋加密区与非加密区的不同间距)。

③ 当连梁设有斜向交叉钢筋时,还要以 JG 打头附加注写一道斜向钢筋的配筋值,并标注 ×2 表明有 2 道斜向钢筋相互交叉。

④ 当墙身水平分布钢筋不能满足连梁、暗梁及边框梁的梁侧面纵向构造钢筋的要求时,应补充注明梁侧面纵筋的具体数值。注写时,以大写字母 G 打头,接续注写直径与间距。

8 钢筋混凝土结构施工图绘制

8.1 概述

本章主要结合 PKPM 系列结构软件进行结构施工图绘制的介绍。施工图辅助设计是 PKPM 系列设计软件的重要内容,可通过 PKPM 中相应模块和程序实现各结构施工图的绘制。

基础施工图的绘制通过接力基础设计 JCCAD 软件中的基础建模数据和基础计算结果,利用"基础施工图"程序完成,包括基础平面施工图、基础梁平法施工图、基础梁立剖面施工图、基础大样图、桩位平面图、筏板施工图等。

对于上部结构中最常用的四大类构件(板、梁、柱、墙)的配筋设计和施工图绘制通过 PKPM 软件施工图模块完成,该模块是 PKPM 设计系统的主要组成部分之一。施工图模块是 PKPM 软件的后处理模块,需要接力其他 PKPM 软件的计算结果来完成。其中,结构平面图及楼板配筋施工图的绘制通过接力 PMCAD 软件生成的模型和荷载导算结果,利用"画结构平面图"程序来完成,包括框架结构、框剪结构、剪力墙结构的结构平面图以及现浇楼板的配筋计算和板配筋施工图。梁、柱、墙施工图的绘制除了需要 PMCAD 生成的模型与荷载外,还需要接力结构整体分析软件生成的内力与配筋面积信息,利用"墙梁柱施工图设计"软件完成。板、梁、柱、墙的配件设计和施工图绘制的基本操作步骤均为划分钢筋标准层、构件分组归并、自动选筋、钢筋修改、施工图绘制、施工图修改。其中,划分钢筋标准层、构件分组归并、自动选筋、施工图绘制为必须执行的步骤,软件会自动执行,可通过修改参数进行控制。如需要进行钢筋修改和施工图修改,可在自动生成的数据基础上进行交互修改。PKPM 结构软件提供了多种施工图的表示方法,如平面整体表示法,柱、墙的列表画法,传统的立剖面图画法等。其中,最主要的表示方法为平面整体表示法、软件缺省输出平法图、钢筋修改等操作均在平法图上进行。软件绘制的平法图符合平法图集 03G101—1(梁、柱、墙)和 04G101—4(板)的要求。

8.2 基础施工图绘制

PKPM 系列结构软件中的基础设计程序 JCCAD 软件,如图 8-1 所示。其中,主菜单 6 "基础施工图"程序可以承接基础建模程序中构件数据绘制基础平面施工图,也可以承接基础计算程序绘制基础梁平法施工图、基础梁立剖面施工图、基础大样图(独立基础,墙下条基,桩承台)、桩位平面图、筏板施工图等施工图。点击该组菜单即进入"基础施工图"程序,进入绘制基础施工图状态,其主界面如图8-2所示。

图8-1 JCCAD主菜单界面

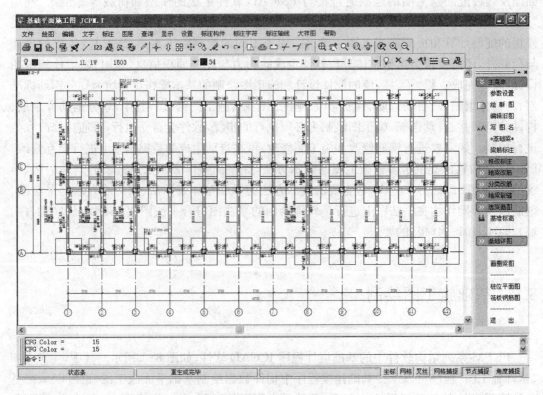

图8-2 基础平面施工图绘制界面

8.2.1 参数设置及绘图准备

1) 参数设置

【参数设置】菜单主要是针对地基梁平法施工图的参数进行设置和修改,包括"钢筋标注"和"绘图参数"两项。点击后程序弹出参数设置对话框,如图 8-3 和图 8-4 所示。按规范要求和作图习惯完成参数设置并确定退出后,程序将根据所设置的参数信息重新生成弹性地基梁的平法施工图,并根据参数修改重绘当前的基础平面图。

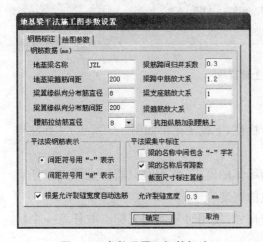 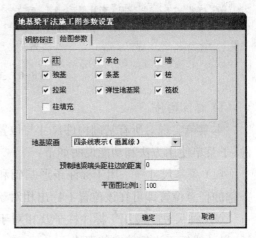

图 8-3 参数设置—钢筋标注　　　　　图 8-4 参数设置—绘图参数

2) 绘新图

点击【绘新图】,程序将重新绘制一张新图。如果有旧图存在,新生成的图会覆盖旧图。

3) 编辑旧图

点击【编辑旧图】,程序弹出如图 8-5 所示的对话框,用于打开旧的基础施工图文件,程序承接上次绘图的图形信息和钢筋信息继续完成绘图工作。

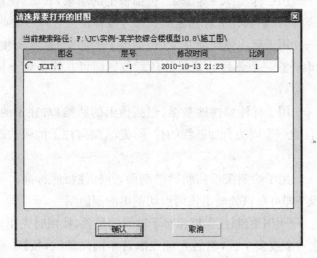

图 8-5 旧图选择对话框

4) 写图名称

点击【写图名】,用于写当前图的基础梁施工图名称。

8.2.2 基础平面图绘制

"基础施工图"程序的主界面上部下拉菜单(图 8-6)中的"标注构件"、"标注字符"、"标注轴线"可实现对基础平面图的相关操作。

图 8-6 主界面上部菜单

1) 标注构件

本菜单实现对所有基础构件尺寸与位置进行标注,下设子菜单如图 8-7 所示。"标注构件"子菜单使用方法和功能说明如下:

(1) 条基尺寸——用于标注条形基础和上面墙体的宽度,使用时只需用光标点取任意条基的任意位置即可在该位置上标出相对于轴线的宽度。

(2) 柱尺寸——用于标注柱子及相对于轴线尺寸,使用时只需用光标点取任意一个柱子,尺寸线标于光标偏向的那边。

(3) 拉梁尺寸——用于标注拉梁的宽度及其与轴线的关系。

(4) 独基尺寸——用于标注独立基础及相对于轴线尺寸,使用时只需用光标点取任意一个独立基础,尺寸线标于光标偏向的那边。

(5) 承台尺寸——用于标注桩基承台及相对于轴线尺寸,使用时只需用光标点取任意一个桩基承台,尺寸线标于光标偏向的那边。

(6) 地梁长度——用于标注弹性地基梁(包括板上的肋梁)长度,使用时首先用光标点取任意一个弹性地基梁,然后再用光标指定梁长尺寸线标注位置。一般此功能用于挑出梁。

(7) 地梁宽度——用于标注弹性地基梁(包括板上的肋梁)宽度及相对于轴线尺寸,使用时首先用光标点取任意一个弹性地基梁的任意位置即可在该位置上标出相对于轴线的宽度。

(8) 标注加腋——用于标注弹性地基梁(包括板上的肋梁)对柱子的加腋线尺寸,使用时只需用光标点取任意一个周边有加腋线的柱子,光标偏向柱子的哪边就标注哪边的加腋线尺寸。

(9) 筏板剖面——用于绘制筏板和肋梁的剖面,并标注板底标高。使用时只需用光标在板上输入两点,程序即可在该处画出该两点切割出的剖面图。

(10) 标注桩位——用于绘制任意桩相对于轴线的位置,使用时先用多种方式(围区、窗口、轴线、直接)选取一个或多个桩,然后光标点取若干同向轴线,按【Esc】键退出后再用光标给出画尺寸线的位置即可标出桩相对于这些轴线的位置。如轴线方向不同,可多次重复选取轴线、定尺寸线位置的步骤。

（11）标注墙厚——用于标注底层墙体相对轴线位置和厚度。使用时只需用光标点取任意一道墙体的任意位置即可在该位置上标出相对于轴线的宽度。

2）标注字符

本菜单的功能是标注写出柱、梁、独基的编号和在墙上设置、标注预留洞口。其下设子菜单如图 8-8 所示。"标注字符"子菜单使用方法和功能说明如下：

（1）注柱编号、拉梁编号、独基编号——分别用于写柱子、拉梁、独基编号。使用时先用光标点取任意一个或同一轴线上的多个目标，然后按【Esc】键中断，再用光标拖动标注到合适位置写出预先设定好的编号。

（2）输入开洞——用于在底层墙体上开预留洞。点击该菜单后，在屏幕提示下先用光标点取要设洞口的墙体，然后输入洞宽和洞边距左下节点的距离（单位为 m）。

（3）标注开洞——用于标注在"输入开洞"菜单中画出的预留洞。使用时先用光标点取标注的洞口，接着输入洞高和洞下边的标高，然后再用光标拖动标注线到合适的位置。

（4）地梁编号——该菜单提供自动标注和手工标注两种方式。自动标注是把按弹性地基梁元法计算后进行归并的地基连续梁编号自动标注在各连梁上，使用时只要点取本菜单即可自动完成标注。手工标注则是将用户输入的字符标注在指定的连梁上。

3）标注轴线

本菜单的功能是标注各类轴线间距、总尺寸、轴线号等，其下设子菜单如图 8-9 所示。该菜单用于柱下平板基础中配筋模式按整体通长配置的平板基础，可标注出柱下板带和跨中板带钢筋配置区域。

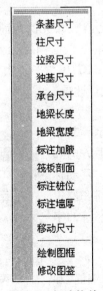

图 8-7 标注构件子菜单

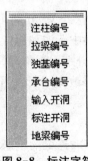

图 8-8 标注字符子菜单

图 8-9 标注轴线子菜单

8.2.3 基础梁平法施工图绘制

运行【参数设置】后(见第8.3.1节内容)程序即自动生成地基梁平法施工图,如图8-10。针对生成的地基梁平法施工图做进一步的绘图操作,通过右侧相关菜单(图8-11)完成。部分菜单说明如下:

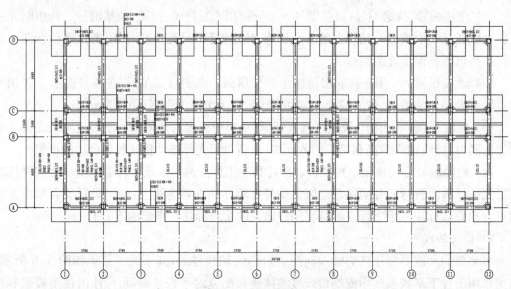

图 8-10 地基梁平法施工图

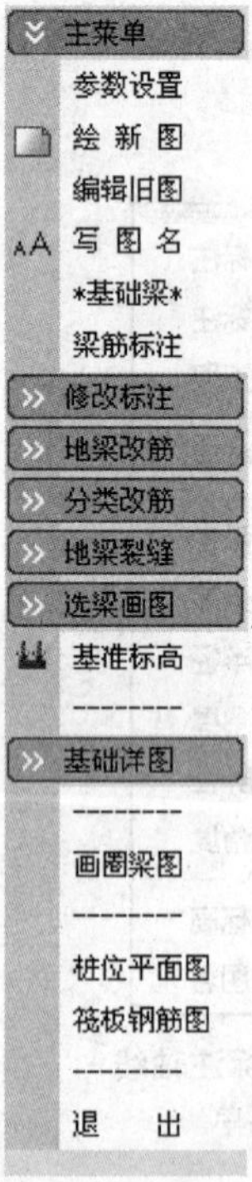

1) 梁筋标注

本菜单的功能是为用各种计算方法(梁元法、板元法)计算出的所有地基梁(包括板上肋梁)选择钢筋、修改钢筋并根据《混凝土结构施工图平面整体表示方法制图规则和构造要求》(04G101—3)绘出基础梁的平法施工图。对于墙下筏板基础暗梁无需执行此项。

2) 修改标注

该菜单包括4项子菜单,如图8-12所示。其中"水平开关"和"垂直开关"分别用于关闭水平方向和垂直方向上梁的集中标注和原位标注信息。"移动标注"和"改字大小"分别用于移动调整集中标注和原位标注字符位置及修改集中标注和原位标注字符的字体大小。

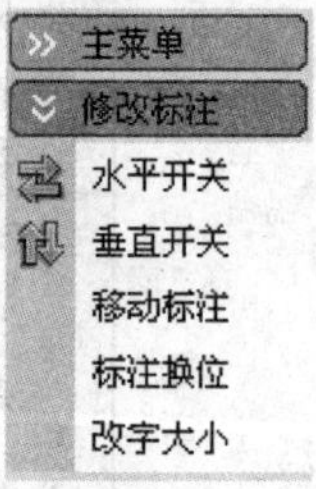

图 8-12 修改标注菜单

3) 分类改筋

该菜单用于修改连梁的钢筋,包括"连梁钢筋"和点击"单梁钢筋"两项子菜单。"连梁钢筋"采用表格方式修改连梁的钢筋,点击该子菜单后,程序提示选取地基梁,用鼠标选取地基梁后程序弹出修改钢筋界面如图8-13所示。"单梁钢筋"采用手动选择连梁梁跨的修改方式,可以选择多个梁跨,打开的用于修改相应钢筋的对话框

图 8-11 基础施工图菜单

如图 8-14 所示。

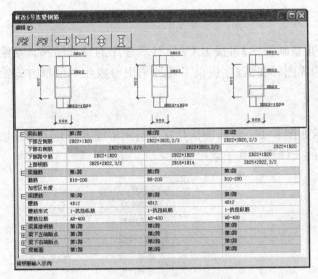

图 8-13 修改钢筋界面

8-14 "单梁钢筋修改"对话框

图 8-15 选梁画图子菜单

4) 选梁画图

该菜单用于对选定的连梁绘制立、剖面图。点取"选梁画图"按钮后，出现子菜单如图 8-15 所示。首先交互选择要绘制的连续梁，然后输入绘图参数与补充配筋参数，程序根据设置的参数进行图面布置计算，然后绘制施工图，用户可进一步通过"移动图块"和"移动标注"操作对自动生成的施工图进行调整。连梁立、剖面图示例如图 8-16 所示。

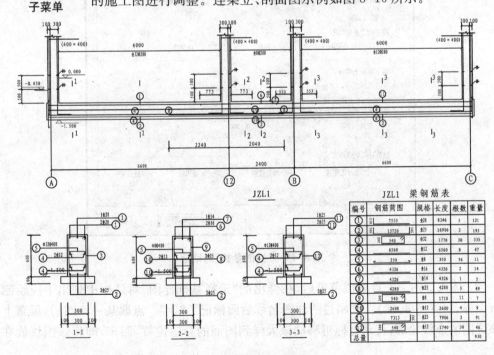

图 8-16 地基梁平法施工图

8.2.4 基础详图绘制

"基础施工图"程序右侧菜单中的【基础详图】可接 JCCAD 计算程序的计算结果自动绘制独立基础、墙下条形基础、桩承台的详图,同时程序提供了几种采用参数化对话框方式绘制基础大样图的功能。

1) 自动生成基础大样图

进入【基础详图】菜单后弹出提示如图 8-17 所示,确认是在当前图中或者新建图中添加绘制独立基础、条形基础、桩承台、桩的大样图。其子菜单如图 8-18 所示。

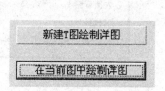

图 8-17 提示对话框　　　　图 8-18 基础详图子菜单

(1) 绘图参数——点取该菜单后,弹出详图绘制对话框(图 8-19)进行参数设置。

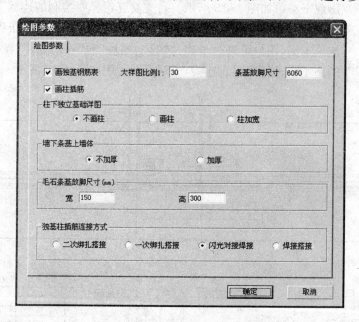

图 8-19 "绘图参数"对话框

(2) 插入详图——点取该菜单后,在弹出的"选择基础详图"对话框中列出了应绘制的所有大样名称(图 8-20)。已画过的详图名称后面标记了"√"。点取某一详图后,屏幕上出现该详图的虚线轮廓,移动光标可移动该大样到图面的合适位置,回车,即将该图块放在图面上。

(3) 删除详图、移动详图——分别用于将插入的详图从图纸中去掉以及移动调整详图在图纸上的位置。

(4) 钢筋表——用于绘制独立基础和墙下条形基础的底板钢筋表。

2) 参数化大样图

"基础施工图"程序的主界面上部下拉菜单见图 8-21 中的"大样图",可实现基础中的一些常用剖面的绘制,包括隔墙基础、拉梁、地沟、电梯井。

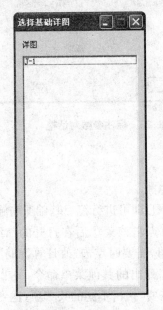

图 8-20 "选择基础详图"对话框

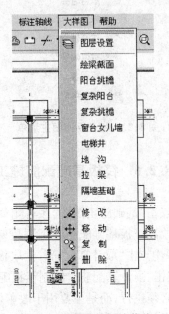

图 8-21 大样图下拉菜单

8.2.5 桩位平面图绘制

"基础施工图"程序右侧菜单中的【桩位平面图】可将所有桩的位置和编号标注在单独的一张施工图上以便于施工。该程序的主菜单如图 8-22 所示。部分菜单说明如下:

(1) 标注参数——点取该菜单后,屏幕弹出如图 8-23 所示对话框,按习惯设定标注桩位的方式。

(2) 参考线——该菜单用于控制是否显示网格线(轴线),在显示网格线状态中可以看清相对节点有移心的承台。

(3) 承台名称——该菜单用于按"标注参数"中设定的"自动"或"交互"标注方式注写承台名称。

(4) 标注承台——该菜单用于承台相对于轴线的移心。

(5) 注群桩位——该菜单用于标注一组桩的间距及其和轴线的关系。

(6) 桩位编号——该菜单是将桩按一定水平或垂直方向编号。

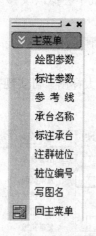
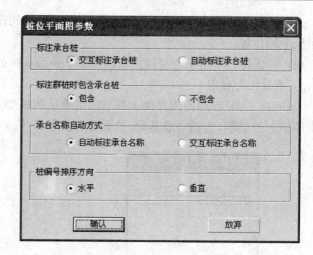

图 8-22 桩位平面图主菜单　　　　图 8-23 标注参数对话框

8.2.6 筏板基础配筋施工图绘制

点击"基础施工图"程序右侧菜单中的【筏板钢筋图】即可进行筏板基础配筋施工图的绘制。绘制筏板基础配筋施工图最基本的工作流程为：点击该菜单后在打开的二级菜单(图 8-24)中点击"取计算配筋"，读取板元法的计算配筋值，需要时点击"改计算配筋"修改配筋量，点击"画计算配筋"，绘制筏板配筋施工图。程序中列出的其他菜单命令，并非对每个工程都必须执行，而是主要用于改善施工图质量，根据需要，执行不同的菜单项，达到绘制出符合要求的施工图的目的。

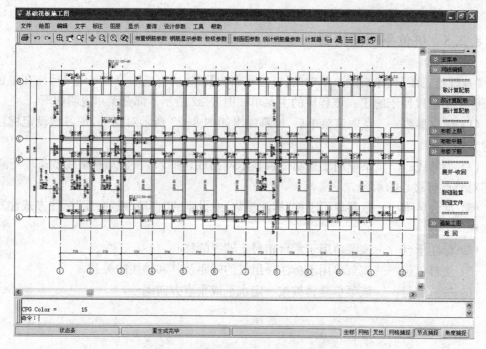

图 8-24 基础筏板施工图绘制界面

8.3 结构平面及板配筋图绘制

PKPM 结构软件中通过执行 PMCAD 主菜单 3——画结构平面图(图 8-25),可完成框架结构、框剪结构、剪力墙结构的结构平面图绘制,还可完成现浇楼板的配筋计算和板配筋施工图的绘制,运行文件是 PM5W.DLL。

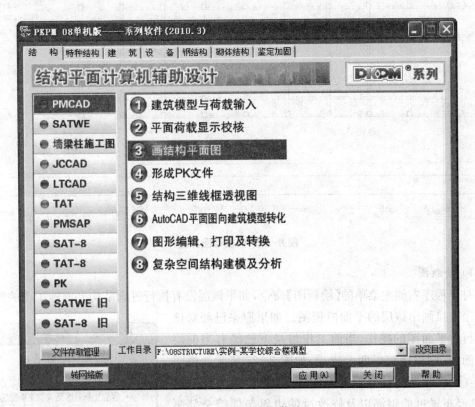

图 8-25 PMCAD 主菜单 3

可选取任一楼层绘制它的结构平面图,每一层绘制在一张图纸上,图纸名称为 PM*.T,"*"为层号,图纸的规格及比例取值 PMCAD 主菜单 1 建模时定义的值,也可以在此重新定义。每层的操作分为三部分:①输入计算和画图参数;②计算钢筋混凝土板配筋;③画结构平面图。

8.3.1 输入计算和画图参数

点击图 8-25 主界面中<应用>,进入楼板绘图环境,如图 8-26 所示。

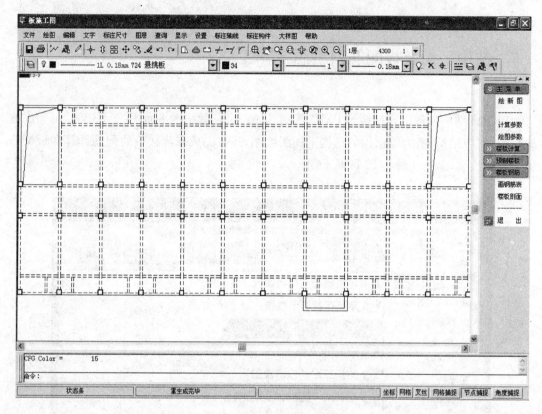

图 8-26 楼板绘图界面

1) 绘新图

对于程序右侧主菜单的【绘新图】命令,如果该层没有执行过画结构平面施工图的操作,则程序直接画出该层的平面模板图。如果原来已经对该层执行过平面图的操作,当前工作目录下已经有当前层的平面图,则程序提供两个选项,如图 8-27 所示。说明如下:①"删除所有信息后重新绘图"是指将内力计算结果、已经布置过的钢筋以及修改过的边界条件等全部删除,当前层需要重新生成边界条件,内力需要重新计算;②"保留钢筋修改结果后重新绘图"是指保留内力计算结果及所生成的边界条件,仅将已经布置的钢筋施工图删除,重新布置钢筋。

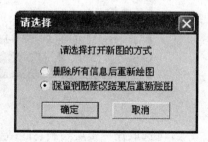

图 8-27 绘图选项对话框

2) 绘图参数

点击【绘图参数】按钮,弹出楼板"绘图参数"对话框,如图 8-28 所示。部分参数说明如下:

(1) 多跨负筋:"长度"选取"1/4 跨长"或"1/3 跨长"时,负筋长度仅与跨度有关,选取"程序内定"时,与活载和恒载的比值有关,当可变荷载标准值与永久荷载标准值的比值小于等于 3 时,负筋长度取跨度的 1/4,否则负筋长度取跨度的 1/3。"两边长度"参数为由用户指定中间支座两侧长度是否统一取较大值。

（2）简化标注：钢筋采用简化标注时，对于支座负筋，当左右两侧的长度相等时，仅标注负筋的总长度。在自定义简化标注时，当输入原始标注钢筋等级时应注意 HPB235、HRB335、HRB400、RRB400 和冷轧带肋钢筋分别用字母 A、B、C、D、E 表示。

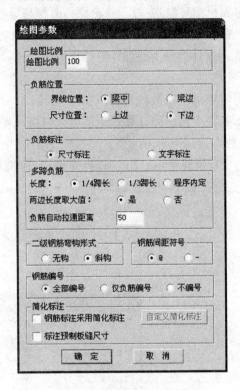

图 8-28 "绘图参数"对话框

8.3.2 计算钢筋混凝土板配筋

进入楼板计算后，程序自动由施工图状态（双线图）切换为计算简图（单线图）状态。同时，当本层曾经做过计算，有计算结果时自动显示计算面积结果，以方便直观了解本层的状态。点击右侧主菜单的【楼板计算】，打开其二级菜单，如图 8-29 所示。

1）楼板计算参数设定

首次对某层进行计算时，应先设置好计算参数，其中主要包括计算方法（弹性或塑性），边缘梁墙、错层板的边界条件，钢筋级别等参数。

点击【楼板计算】二级菜单中的【计算参数】，弹出楼板配筋参数对话框，包括配筋计算参数、钢筋级配表和连板及挠度参数 3 页。部分参数说明如下：

（1）配筋计算参数（图 8-30）

① 双向板计算方法：程序提供两种算法，即弹性算法和弹塑性算法。弹性算法偏于安全。弹塑性算法用钢量较少，一般需认真校核计算结果，并核查裂缝和挠度是否满足规范要求。

② 有错层楼板算法：此处的"错层楼板"不是错层结构的楼板，而是不在层高处且相差不大的特殊房间楼板，如卫生间楼板。程序提供两种算法：按简支计算和按固支计算。

③ 准永久值系数：程序在进行板挠度计算时，荷载组合取准永久组合，活荷载的准永久值系数采用此处所设定的值。

④ 近似按矩形计算时面积相对误差：对于外轮廓和面积与矩形楼板相差不大的异型楼板，如缺角的、局部凹凸的、弧形边的、对边不平行的楼板，其板内力计算结果与规则板的计算结果很接近，可近似按规则板计算。为保证计算结果的正确性，建议板面积的相对误差宜控制在15%以内。

⑤ 人防计算时板跨中弯矩折减系数：根据《人防规范》第4.6.6条的规定，当板的周边支座横向伸长受到约束时，其跨中截面的计算弯矩值可乘以折减系数0.7，此处可由用户自行设定板跨中弯矩折减系数。

⑥ 使用矩形连续板跨中弯矩算法：选择该项，程序采用《建筑结构静力计算手册》第四章第一节（四）中介绍的考虑活荷载不利布置的算法。

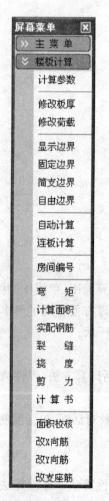

图8-29 楼板计算菜单

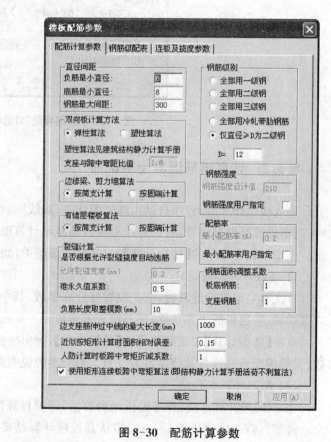

图8-30 配筋计算参数

(2) 钢筋级配表(图 8-31)

点取该项,程序随后弹出可供挑选的板钢筋级配表,可根据用户选筋习惯通过添加、替换、删除操作对该表进行修改。

(3) 连板及挠度参数(图 8-32)

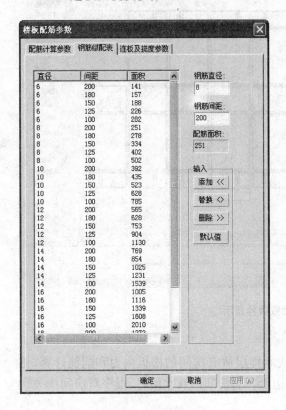

图 8-31 钢筋级配表

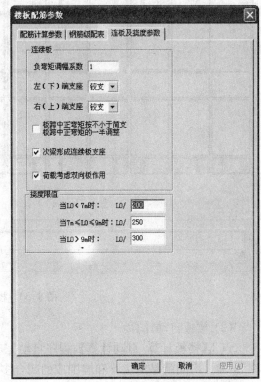

图 8-32 连板及挠度参数

① 板跨中正弯矩按不小于简支板跨中正弯矩的一半调整:这是规范对梁的规定,若选择该项则要求板参照执行。

② 次梁形成连续板支座:如果在连续板串方向有次梁,则通过该选项确定次梁是否按支座考虑。

③ 荷载考虑双向板作用:形成连续板串的板块,有可能是双向板。若选择该项,确定此板块上作用的荷载考虑双向板的作用,程序自动分配板上两个方向的荷载,否则板上的均布荷载全部作用在该板串方向。

④ 挠度限值:程序按此处设置的挠度限值验算挠度值是否超限。

2) 楼板计算

(1) 楼板边界条件设定

点击【显示边界】,显示程序自动设定的楼板边界条件,如果与实际情况不符,设计人员可以自行修改。楼板边界条件共有 3 种,即固定边界(红色)、简支边界(蓝色)和自由边界,如图 8-33 所示。

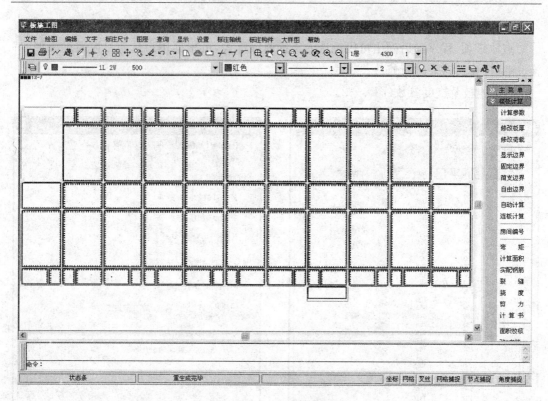

图 8-33 楼板边界显示

(2) 楼板自动计算

点击【楼板计算/自动计算】，程序自动完成本楼层所有房间的楼板内力和配筋计算，见图 8-34。房间就是由主梁和墙围成的闭合多边形。当房间内有次梁时，程序对房间按被次梁分隔的多个板块计算。

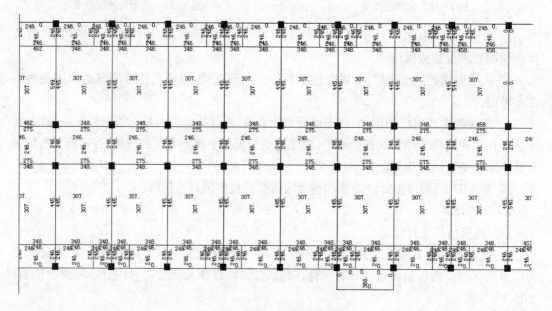

图 8-34 楼板内力和配筋计算

(3) 连续板串计算

点击【连板计算】,用鼠标左键选择两点,两点连线所跨的板即为用户确定的连续板串,并沿这两点方向按连续板串计算,协调相邻板块负弯矩。连续板串计算结果取代单个板块的计算结果,若想取消连续板计算,只能点取"自动计算"重新计算一次。

3) 计算结果显示

点击各显示命令,可以显示楼板计算结果,如楼板弯矩、计算钢筋面积、实配钢筋面积、裂缝、挠度、剪力和计算书等。

8.3.3 结构平面图绘制

对于采用预制楼板的结构平面图,布置预制板信息在建模过程中已经定义,【预制楼板】菜单下主要是对预制板边和板缝尺寸进行设定并将预制板信息在结构平面图中画出来。可选择不同预制板布置画法:点击【预制楼板】→【板布置图】或点击【预制楼板】→【板标注图】,程序自动绘制预制楼板布置图。

对于现浇楼板的结构平面图,除了表示楼面构件布置外,楼板配筋情况是结构平面图的重要内容。画楼板配筋图之前,必须先执行过"楼板计算"菜单,否则画出的钢筋标注的直径和间距可能都是0或不能正常画出钢筋。

图 8-35 楼板钢筋绘制菜单

1) 绘制楼板钢筋

点击【楼板钢筋】,打开其二级菜单如图 8-35 所示。程序提供了 7 种楼板钢筋绘图方式。

(1) 在一个房间内绘制楼板钢筋

点击二级菜单中的【逐间布筋】,程序自动在指定房间按计算结果绘制板底钢筋和支座钢筋。若该房间有悬挑板,支座钢筋伸到悬挑板边。当支座钢筋相距较近时(小于负筋自动拉通距离),程序会自动将支座负筋拉通。

(2) 绘制一根(对)楼板钢筋

点击【板底正筋】或【支座负筋】,程序自动在指定的位置绘制楼板正、负筋。其中,板底正筋以房间为布置的基本单元,用户可以选择布置板底筋方向,然后选择需布置的房间即可。支座负筋以梁、墙、次梁为布置的基本单元,用户选择需布置的杆件即可。

(3) 绘制补强钢筋

点击【补强正筋】或【补强负筋】,程序自动在指定的区域增加楼板正、负筋。补强钢筋需在已布置拉通钢筋的范围内才可以布置,其布置基本单元和过程分别与板底正筋和支座负筋相同。

(4) 绘制通长楼板钢筋

点击【板底通长】或【支座通长】,程序自动在指定的多跨房间内布置通长正、负筋取代原有的正、负筋,如各房间配筋不同取大值。布置通长钢筋指定房间时不必点取轴线,板底筋可点取房间内任意点,支座钢筋可以点取房间外任意点。

(5) 在区域内绘制楼板钢筋

点击【区域布筋】,程序自动在指定的区域内(含多块楼板)布置板钢筋。区域钢筋通常标注垂直钢筋方向的布置范围,同一区域内可以多次标注布置范围,同一方向的钢筋可以多次绘出,钢筋表不会重复统计。

(6) 绘制标准间钢筋

点击【房间归并】→【自动归并】,程序将楼板配筋相同的房间归并为一类,统一编号,点击【定样板间】或【重画钢筋】,可以仅在样板间绘制楼板钢筋,与其配筋相同的房间仅标注板号。

(7) 绘制楼板洞口附加钢筋

点击【洞口钢筋】,程序自动在指定的规则板洞口周边布置附加钢筋。

2) 编辑楼板钢筋

程序提供了多种楼板钢筋和标注的编辑功能,如修改、移动、删除、归并、编号等。

点击【钢筋修改】,若在图中点取板底钢筋,则弹出"修改板底钢筋"对话框,如图 8-36。2008 版软件增加了单击鼠标右键快捷钢筋修改方式和点击鼠标左键对话框钢筋修改方式,以及【设计中心】等编辑修改方式。

点击【钢筋编号】,弹出"钢筋编号参数"对话框,如图 8-37。允许任意调整钢筋编号顺序,标注角度和起始编号,使命名钢筋编号更加方便。

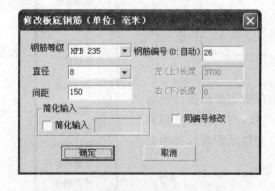

图 8-36 "修改板底钢筋"对话框

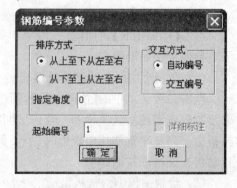

图 8-37 "钢筋编号参数"对话框

3) 绘制钢筋表和剖面图

点击【画钢筋表】,程序自动统计绘图中用到的钢筋,并在指定位置绘制楼板钢筋表。

点击【楼板剖面】,程序在指定位置绘制楼板剖面图。

4) 标注轴线和构件尺寸

点击屏幕上方的下拉菜单,执行相关的轴线、构件、文字等标注命令。最后生成楼面结构平面图,如图 8-38 所示。

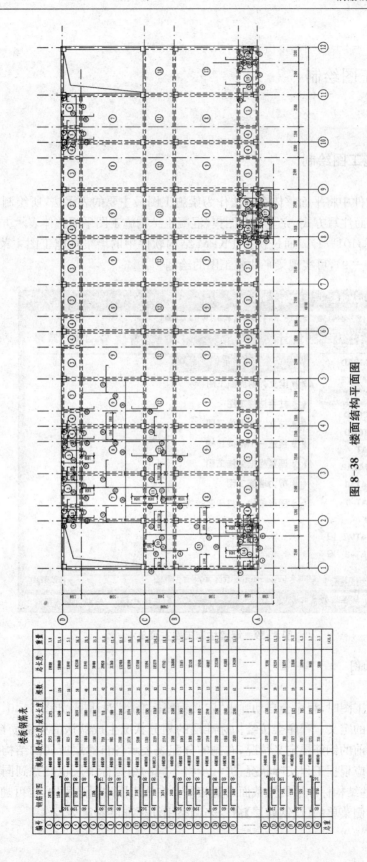

图 8-38 楼面结构平面图

8.4 梁柱施工图绘制

8.4.1 梁施工图绘制

PKPM结构软件中将平面整体表示法作为梁施工图最主要的表示法,所绘制的梁平法施工图主要采用平面注写方式,完全符合图集《混凝土结构施工图平面整体表示方法制图规则和构造详图》(03G101—1)。通过执行 PKPM 结构软件中的墙梁柱施工图主菜单1——梁平法施工图(图 8-39),可实现梁平法施工图的绘制。

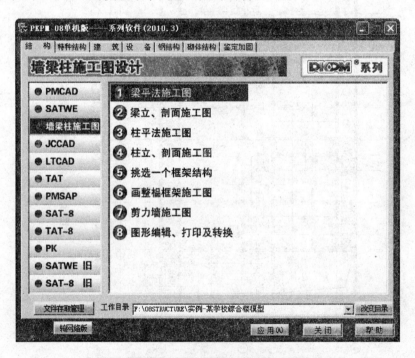

图 8-39 墙梁柱施工图主菜单1

1) 打开梁平面图
(1) 设钢筋层

首次进入梁施工图时,程序会自动弹出"定义钢筋标准层"对话框,如图 8-40,要求调整和确认钢筋标准层的定义。程序会按结构标准层的划分状况生成默认的梁钢筋标准层,左侧的定义树表示当前的钢筋层定义情况,右侧的分配表表示各自然层所属的结构标准层和钢筋标准层。用户应根据工程实际状况,进一步将不同的结构标准层也归并到同一个钢筋标准层中,只要这些结构标准层的梁截面布置相同。在施工图编辑过程中,也可随时通过梁施工图绘图界面右侧菜单的【设钢筋层】命令来调整钢筋标准层的定义。

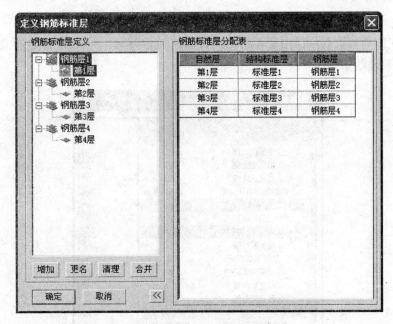

图 8-40 "定义钢筋标准层"对话框

(2) 绘新图或编辑旧图

确定钢筋层的定义后,进入梁施工图绘图环境,程序自动打开当前工作目录下的第 1 标准层梁平法钢筋图,如图 8-41 所示。可通过点击绘图界面右上角的标准层选择下拉菜单,选择需要编辑的标准层,以便生成该层施工图。通常程序优先打开已经生成或编辑过的"旧图",或点击【编辑旧图】,以便在原有基础上继续绘制梁施工图。点击【绘新图】,则可以重新绘制当前楼层梁施工图。

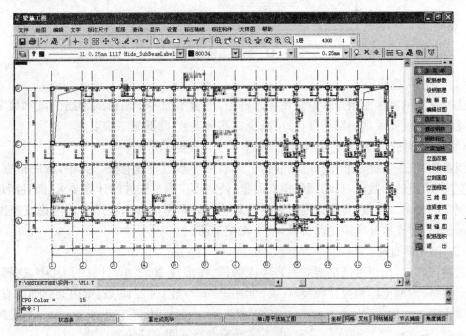

图 8-41 梁施工图绘制界面

2) 梁施工图参数设置

点击【配筋参数】,程序弹出梁参数修改对话框,如图8-42所示,进行梁施工图参数的设置。部分参数说明如下:

图 8-42 梁参数修改对话框

(1) 主筋优选直径

选择纵筋的基本原则是尽量使用优选直径,尽量不配多于两排的钢筋。该参数定义了梁自动配筋时优先原则的钢筋直径,可减少钢筋种类数,降低施工难度。

(2) 根据裂缝选筋、允许裂缝宽度、支座宽度对裂缝的影响

当参数"根据裂缝选筋"选择"是"时,上述后两项参数设置有效。其中,程序根据"允许裂缝宽度"所设的参数值,自动调整钢筋用量,使之不仅满足构件的计算要求,而且满足控制裂缝宽度的要求。参数"支座宽度对裂缝的影响"选择"考虑"时,程序自动考虑支座宽度对裂缝的影响,对支座处弯矩加以折减,减小实配钢筋。

(3) 架立筋直径

通过该参数,用户可指定架立筋直径或选择"按混规 10.2.15 计算"。其中,选择后者,程序会根据《混凝土结构设计规范》(GB50010—2002)第 10.2.15 条:梁内架立筋的直径,当梁跨度小于 4 m 时,不宜小于 8 mm,当梁跨度为 4~6 m 时,不宜小于 10 mm,当梁跨度大于 6 m 时,不宜小于 12 mm 的规定,由不同梁跨选择不同直径的架立筋。

(4) 主筋直径不宜超过柱截面尺寸的 1/20

按《建筑抗震设计规范》(GB50011—2010)第 6.3.4 条规定:"一、二、三级框架梁内贯通中柱的每根纵向钢筋直径,对框架结构不应大于矩形截面柱在该方向截面尺寸的 1/20,或纵向钢筋所在位置圆形截面柱弦长的 1/20;对其他结构类型的框架不宜大于矩形截面柱在该方向截面尺寸的 1/20,或纵向钢筋所在位置圆形截面柱弦长的 1/20。"该参数选择"考虑",程序将根据连续梁各跨支座中最小的柱截面控制梁上部钢筋,但有时会造成梁上部钢筋直径小而根数多的不合理情况,因此应根据实际情况设置该参数。

3) 连续梁的生成与调整

梁是以连续梁为基本单位进行配筋的,因此在配筋之前首先应将建模时逐网格布置的梁段串成连续梁。点击【连梁定义】,显示连续梁二级菜单命令,如图 8-43 所示,通过本级菜单可以完成连续梁命名、跨数显示与修改、支座显示与修改等工作。部分菜单说明如下:

(1) 修改梁名

图 8-43 连续梁定义菜单

点击"修改梁名"命令后选择需改名的连续梁,弹出更名界面,如图 8-44。其中,"同组梁的名称同时修改"选项可实现成组更名功能。如果勾选此项则所有名称相同的一组梁都会被改名,如果不选此项,则只有选中的梁名称被修改,将该梁从一组连续梁中独立出来,单独进行配筋和钢筋修改。系统在执行改名操作前会先检查是否有同名连续梁。若发现同名连续梁,但两组梁几何信息不同,则自动取消更名操作;若两组梁几何信息相同可以归并,则弹出如图 8-45 所示的提示。其中,选项"归并,重新选筋"指两组梁合并成一组,并根据配筋面积最大值自动选筋;选项"归并,保留原钢筋"指两组梁合并成一组,但钢筋采用未改名的那一组梁的配筋,鉴于该配筋不一定适合改名的那一组梁,故而选择该项需谨慎核查。如上所述,使用修改梁名可实现将不同组的连续梁归并成同一组的功能,只要将其中一组梁的名称改成另一组梁的名称即可。

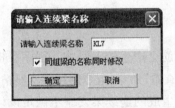

图 8-44 连续梁名称输入对话框

图 8-45 连续梁归并选择对话框

(2) 连梁查看

点击"连梁查看"命令用于查看连续梁的生成结果,如图 8-46 所示。软件用亮黄色的实线或虚线表达连续梁的走向,实线表示有详细标注的连续梁,虚线表示简略标注的连续梁。走向线一般画在连续梁所在轴线的位置,连续梁起始端绘制一个菱形块,表达连续梁第一跨所在位置;连续梁的终止端绘制一个箭头,表达连续梁最后一跨所在位置。若对连续梁生成结果不满意,可以通过"连梁拆分"或"连梁合并"命令对连续梁的定义进行调整。

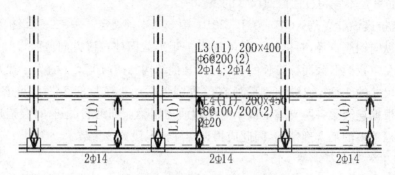

图 8-46　查看连续梁生成结果

(3) 连梁拆分、连梁合并

点击"连梁拆分"命令后选择需拆分的连续梁,对已经生成的连续梁进行拆分。拆分后第一根梁会沿用原来的名称,第二根梁将会被重新编号并命名。如果存在其他与欲拆分梁同名的连续梁,系统会提示是拆分一组梁还是拆分一根梁(图 8-47)。

图 8-47　拆分连续梁选择对话框

点击"连梁合并"命令后选择要合并的两根连续梁,对已经生成的连续梁进行合并。合并连续梁时,待合并的两个连续梁必须有共同的端节点,且在共同端节点处的高差不大于梁高,偏心不大于梁宽。不在同一直线的连续梁可以手工合并,直梁与弧梁也可以手工合并。

(4) 支座查看、支座修改

支座情况决定了连续梁的梁跨组成,梁跨的划分对配筋会产生较大影响。程序会根据一定原则作主次梁判断从而自动生成梁支座。通过"支座查看"命令,查看连续梁支座情况。梁支座用三角形表示,而连梁内部节点用圆圈表示。如果生成的连续梁支座不满足设计人员的要求,可以通过"支座修改"命令对梁支座进行修改。支座的调整只影响配筋构造,并不影响构件的内力计算和配筋面积计算。一般来说,把三角支座改为圆圈后的梁偏于安全。支座调整后,软件会重配该梁钢筋并自动更新梁施工图。

4) 梁钢筋查改及标注

钢筋的查询、修改和标注是施工图软件的重要功能。PKPM 软件的"梁平法施工图"程序提供了多种梁钢筋的查改及标注功能。

(1) 动态查询梁参数

将光标停放在梁轴线上,即弹出浮动框显示梁的截面和配筋数据,如图 8-48 所示。

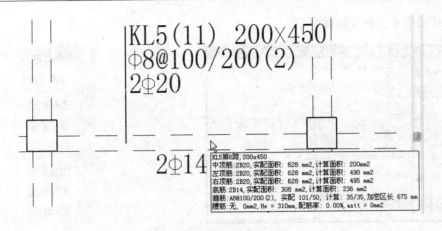

图 8-48 梁参数动态查询

(2) 通过【查改钢筋】菜单实现梁钢筋的平面查改

点击【查改钢筋】,显示其二级菜单,如图 8-49 所示。通过本级菜单命令,可以用多种方式修改、拷贝、重算平法图中的连续梁钢筋。

(3) 通过【设计中心】命令实现构件钢筋编辑

点击【设计中心】,点取需要修改的连续梁,即可在对话框中修改梁的钢筋数据,如图 8-50。

图 8-49 查改钢筋菜单

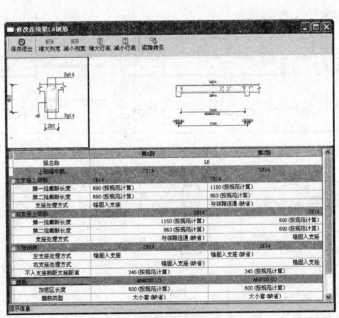

图 8-50 修改梁钢筋对话框

(4) 双击修改标注功能修改钢筋

双击连续梁上任意钢筋标注(集中标注或原位标注均可),在系统弹出的编辑框(图 8-51)中修改钢筋,按回车确认修改并退出对话框,也可在编辑状态双击其他标注继续编辑。

(5) 通过【钢筋标注】菜单实现钢筋的标注和梁截面的修改

点击【钢筋标注】,显示其二级菜单,如图 8-52 所示。通过本级菜单命令,可用多种方式标注连续梁钢筋及修改梁截面。

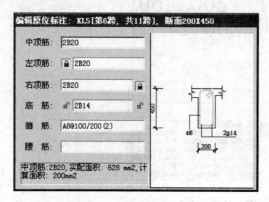

图 8-51 钢筋编辑对话框

图 8-52 钢筋标注菜单

5）其他梁图的绘制

（1）梁立剖面图

梁立剖面图表示法虽然由于绘制繁琐使用日渐减少，但由于其钢筋构造表达直接详细，因此梁施工图除了平法表示图外，有需要时还可以生成立面图和剖面详图。点击【立剖面图】，输入绘图参数，点取需要绘图的梁，生成梁立剖面图，如图 8-53 所示。

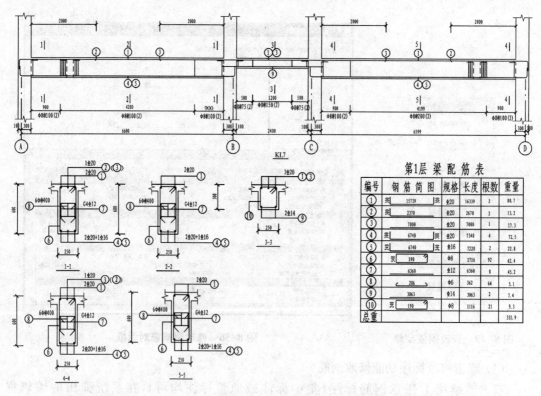

图 8-53 梁立剖面图

（2）梁三维图

点击【三维显示】，点取需要绘图的梁，生成梁三维图，如图 8-54 所示。三维图能更直观地

8 钢筋混凝土结构施工图绘制

体现各构件的空间位置以及钢筋构造特点与摆放情况,便于直观地判断钢筋构造是否合理。

图 8-54 梁三维图

8.4.2 柱施工图绘制

PKPM 软件总结归纳各地柱施工图绘制方法,提供了 7 种柱施工图的画法,其中包括 6 种平面整体表示法的施工图画法和 1 种传统的立剖面画法,以满足不同地区、不同施工图绘制方法的需求。柱施工图的绘制主要包括以下步骤:参数设置→归并→选择绘制楼层绘制新图→钢筋修改。

1) 打开柱平面图

通过执行 PKPM 结构软件中的墙梁柱施工图主菜单 3——柱平法施工图(图 8-55)进入柱施工图绘图环境,程序自动打开当前工作目录下的第 1 标准层平面简图如图 8-56 所示。

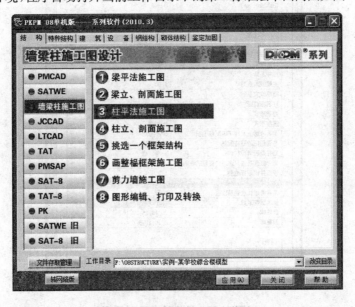

图 8-55 墙梁柱施工图主菜单 3

209

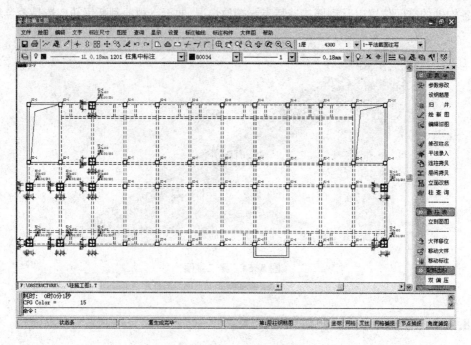

图 8-56 柱施工图绘制界面

2）柱设计参数设置

点击【参数修改】，弹出柱设计参数对话框，如图 8-57，主要设置绘图参数、归并选筋参数等。部分参数说明如下：

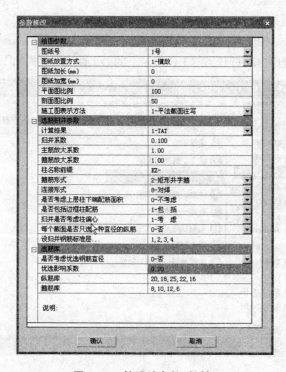

图 8-57 柱设计参数对话框

(1) 施工图表示方法

通过该参数设置,选择柱施工图画法。点击该参数输入项右端的"▼",即以下拉菜单形式显示6种柱平面整体表示法选项,如图8-58所示。另外,还可以通过点击屏幕右上角下拉菜单【画法选择】实现柱施工图画法的快捷切换(图8-59)。其中,关于柱施工图画法的各选项说明如下:

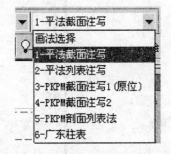

图8-58 柱施工图画法下拉菜单　　　　图8-59 柱施工图画法快捷切换

① 平法截面注写——参照图集《03G101—1 混凝土结构施工图平面整体表示方法制图规则和构造详图》绘制,分别在同一编号的柱中选择其中一个截面,用比平面图放大的比例在该截面上直接注写截面尺寸、具体配筋数值的方法来表达柱配筋,如图8-60所示。

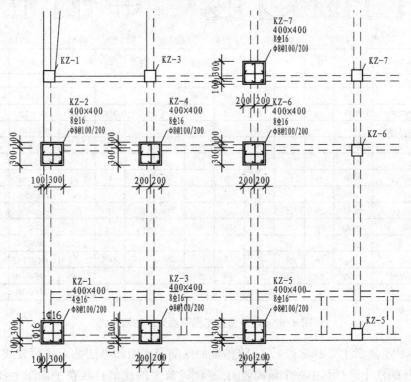

图8-60 柱平法施工图截面注写画法

② 平法列表注写——参照图集《03G101—1 混凝土结构施工图平面整体表示方法制图规则和构造详图》绘制,由平面图和表格组成。表格中注写每一种归并柱截面的配筋结果,点击【平法柱表】弹出"选择柱子"对话框,如图 8-61 所示,选择需要列表的柱,生成柱平面列表注写方式施工图,如图 8-62 所示。

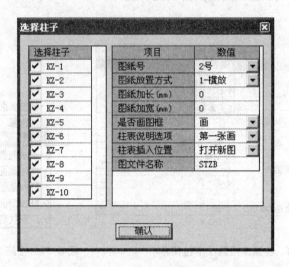

图 8-61 "选择柱子"对话框

柱号	标高	bxh(bixhi)(圆柱直径D)	b1	b2	h1	h2	全部纵筋	角筋	b边一侧中部筋	h边一侧中部筋	箍筋类型号	箍筋	备注
KZ-1	-0.730~3.570	400×400	100	300	100	300		4Φ18	1Φ16	1Φ16	1.(3×3)	Φ8@100/200	
	3.570~13.200	400×400	100	300	100	300	8Φ16				1.(3×3)	Φ8@100/200	
KZ-2	-0.730~13.200	400×400	100	300	100	300	8Φ16				1.(3×3)	Φ8@100/200	
KZ-3	-0.730~13.200	400×400	200	200	100	300	8Φ16				1.(3×3)	Φ8@100/200	
KZ-4	-0.730~13.200	400×400	200	200	200	200	8Φ16				1.(3×3)	Φ8@100/200	
KZ-5	-0.730~6.870	400×400	200	200	300	100	8Φ16				1.(3×3)	Φ8@100/200	
	6.870~10.170	400×400	200	200	300	100		4Φ18	1Φ16	1Φ16	1.(3×3)	Φ8@100/200	
KZ-6	-0.730~6.870	400×400	200	200	100	300	8Φ16				1.(3×3)	Φ8@100/200	
KZ-7	-0.730~6.870	400×400	200	200	100	300		4Φ18	1Φ16	1Φ16	1.(3×3)	Φ8@100/200	
KZ-8	-0.730~10.170	400×400	200	200	100	300	8Φ16				1.(3×3)	Φ8@100/200	
	-0.730~10.170	400×400	200	200	300	100	8Φ16				1.(3×3)	Φ8@100/200	
KZ-9	-0.730~3.570	400×400	300	100	100	300		4Φ18	1Φ16	1Φ16	1.(3×3)	Φ8@100/200	
	3.570~13.200	400×400	300	100	100	300	8Φ16				1.(3×3)	Φ8@100/200	
KZ-10	-0.730~13.200	400×400	300	100	300	100	8Φ16				1.(3×3)	Φ8@100/200	

图 8-62 柱平法施工图平面列表注写方式

③ PKPM 截面注写 1(原位)——将传统的柱剖面详图和平法截面注写方式结合起来,在同一编号的柱中选择其中一个截面,用比平面图放大的比例直接在平面图上柱原位放大绘制详图,如图 8-63 所示。

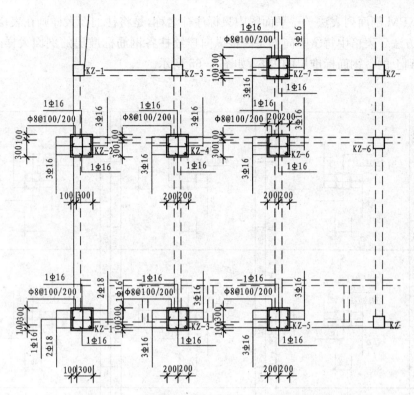

图 8-63 柱施工图截面注写法 1——原位注写

④ PKPM 截面注写 2——在平面图上柱原位只标注柱编号和柱与轴线的定位尺寸,并将当前层的各柱剖面大样集中起来绘制在平面图侧方,便于柱详图与平面图相互对照(图 8-64)。

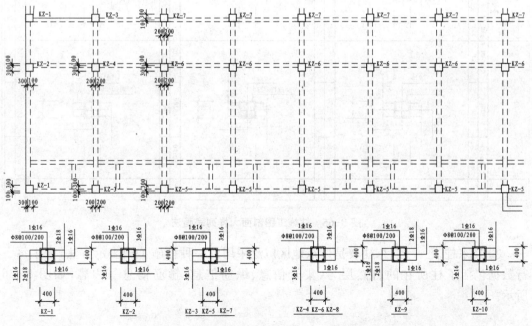

图 8-64 柱施工图截面注写法 2——剖面大样

⑤ PKPM剖面列表法——平面图中只标注柱名称,是将柱剖面大样画在表格中排列出图的一种方法。表格中每个竖向列是一根纵向连续柱各钢筋标准层的剖面大样图,横向各行为自下到上的各钢筋标准层的内容,如图8-65所示。

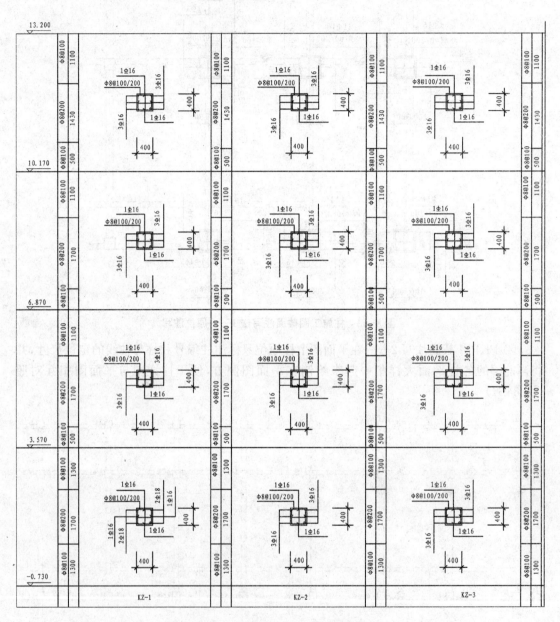

图8-65 柱施工图剖面大样列表画法

⑥ 广东柱表——广东柱表是广东地区广泛采用的一种柱施工图表示方法,表中每一行数据包括了柱所在的自然层号、集合信息、纵筋信息、箍筋信息等内容,如图8-66所示。

8 钢筋混凝土结构施工图绘制

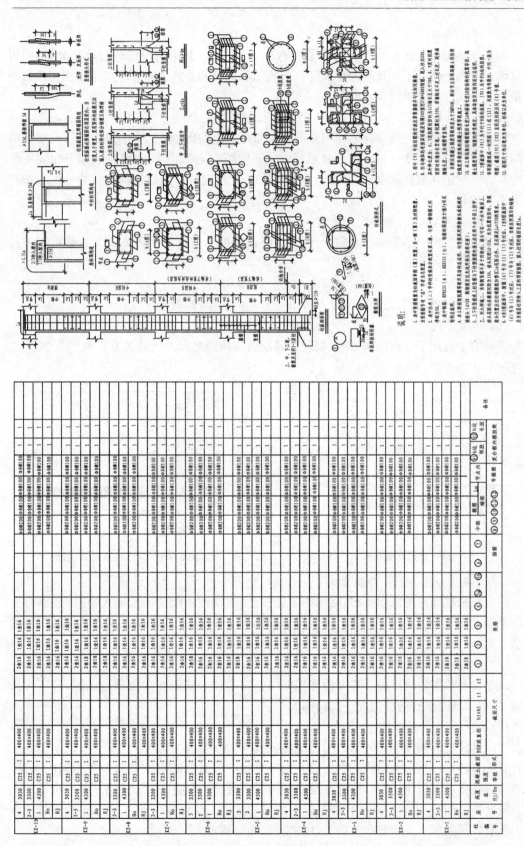

图 8-66 柱施工图广东柱表画法

(2) 计算结果

如果当前工程采用不同的计算程序(TAT、SATWE、PMSAP)进行过计算分析,则可通过该参数用于选择不同计算程序的计算分析结果进行归并选筋。程序默认采用工程目录中最新的一次计算分析结果。

(3) 归并系数

归并系数是对不同连续柱列作归并的一个系数,主要指两根连续柱列之间所有层柱的实配钢筋占全部纵筋的比例。该参数取值在 0~1 之间,若取值为 0,则要求编号相同一组柱所有的实配钢筋数据完全相同;若归并系数取值为 1,则只要几何条件相同的柱就会被归并为相同编号。

(4) 主筋放大系数、箍筋放大系数

该参数为取值不小于 1 的系数,分别用于将读取的计算配筋面积×放大系数后再进行实配主筋或箍筋的选取。

(5) 箍筋形式

对于该参数的设置,程序提供了 5 种箍筋形式的选项,如图 8-67 所示。

(6) 连接形式

该参数主要用于立面画法,用于表现相邻层纵向钢筋之间的连接关系。程序提供了 12 种连接形式的选项,如图 8-68 所示。

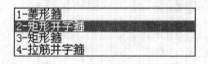
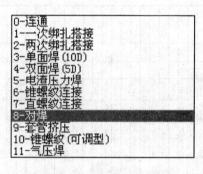

图 8-67　箍筋形式选择　　　　　图 8-68　纵筋连接形式选择

(7) 是否考虑上层柱下端配筋面积

通常每根柱确定配筋面积时,除考虑本层柱上、下端截面配筋面积取大值外,还要将上层柱下端截面配筋面积一并考虑。用户可通过设置该参数决定是否需要考虑上层柱下端的配筋。

(8) 是否包括边框柱配筋

通过设置该参数决定是否将剪力墙边框柱与框架柱一同归并和绘制施工图,若不选此项,则剪力墙边框柱与剪力墙一同出图。

(9) 设归并钢筋标准层

程序默认的钢筋标准层数与结构标准层一致,可通过设置该参数(图 8-69)设定钢筋层包含若干自然层。将多个结构标准层归并为一个标准层时需满足柱截面布置相同的条件,否则程序将提示不能将这些结构标准层归并为同一钢筋标准层。由于原则上每个钢筋层绘制一张柱施工图,则设置的钢筋标准层越多所出的柱施工图越多。反之,由于一个钢筋标准层内所有各层柱的实配钢筋归并取大,则造成用钢量偏大。

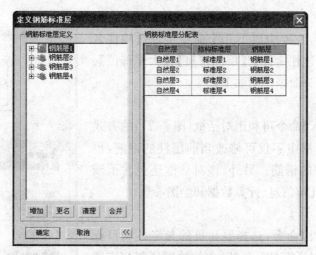

图 8-69 钢筋标准层设置

2）柱归并

点击【归并】，程序即按用户设定的钢筋层和归并系数自动进行柱归并操作。值得注意的是，若在上述【参数修改】中只修改了"绘图参数"，则程序只刷新当前图形，不重新归并；若修改了归并参数后，程序将自动地重新进行钢筋归并。由于重新归并后配筋将有变化，程序将刷新当前层图形，钢筋标注内容将按照程序默认的位置重新标注。

3）绘新图

每次进入柱施工图程序时，优先自动打开已有的第一层柱施工图，若没有则程序自动生成。当切换楼层时，亦优先自动打开已有的选定层柱施工图。当需要重新生成新的施工图，可执行【重画新图】命令。执行此命令后，将删除当前图面的所有内容并生成新图，因此该命令亦可用于恢复原始的钢筋标注。

4）编辑旧图

【编辑旧图】命令（图 8-70）可用于反复打开修改编辑过的柱施工图，从旧图上读取原来的各种数据，如柱名、纵筋、箍筋以及钢筋的标注位置等。

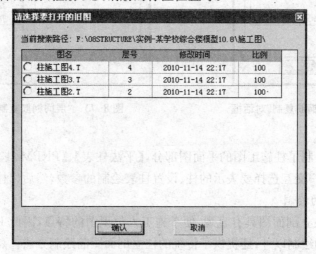

图 8-70 旧图选择对话框

5) 钢筋修改

柱钢筋的修改,主要由以下几个命令实现:【构件名称】、【平法录入】、【连柱拷贝】、【层间拷贝】、【大样移位】、【移动标注】等。部分命令说明如下:

(1) 平法录入

执行【平法录入】命令可利用对话框(图 8-71)的方式修改柱钢筋。对话框中不仅可修改当前层柱的钢筋,也可以修改其他层柱的钢筋。另外,该对话框还包含了该柱的其他信息,如几何信息、计算数据和绘图参数。

(2) 连柱拷贝

执行【连柱拷贝】命令,选择要拷贝的参考柱和目标柱后,程序将根据对话框(图 8-72)中的选项复制相应选项的数据。两根柱只有同层之间数据可以相互拷贝。

(3) 层间拷贝

执行【层间拷贝】命令,通过对话框(图 8-73)实现复制项的钢筋数据从同一个柱原始层号(默认当前层,也可以是其他层)拷贝到相应的目标层(可以是一层,也可以是多层)。

图 8-71 平法录入对话框

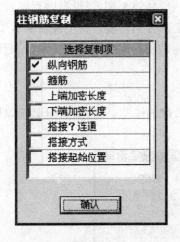

8-72 "柱钢筋复制"对话框

图 8-73 "层间钢筋复制"对话框

6) 柱表绘制

绘制新图只绘制了柱施工图的平面图部分,【平法柱表】、【PKPM 柱表】、【广东柱表】等表式画法,需要用户交互选择要表示的柱、设置柱表绘制的参数,然后出柱表施工图。

7) 其他柱图的绘制

由于传统的柱立剖面图具有直观、便于施工人员识图的特点,因此 PKPM 软件除了提供柱平法施工图的绘制以外,还提供了传统的柱立剖面图的绘制方法。点击【立剖面图】,点取需要出图的柱,通过弹出对话框(图 8-74)进行人机交互方式绘制柱的立面和大样图,如

图 8-75 所示。

图 8-74 柱剖立面图绘制对话框

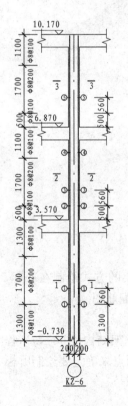

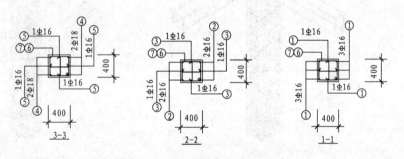

KZ-6 柱钢筋表（1根）

编号	钢筋简图	规格	长度	附加搭接长度	附加接头个数	根数	重量	备注
1	3500	f16	3500			8	44.19	
2	2200	f16	2200			4	13.89	
3	3300	f16	3300			4	20.83	
4	4170	f18	4170			4	33.32	
5	2210	f16	2210			4	13.95	
6	340	,8	1615			85	54.17	
7	340	,8	550			170	36.89	
							217.95	

图 8-75 柱立剖面图

生成传统立剖面图后,点击【三维线框】和【三维渲染】,可生成三维线框图和三维渲染图(图 8-76),可直观地体现柱内纵筋和箍筋的配置、绑扎、搭接等情况。

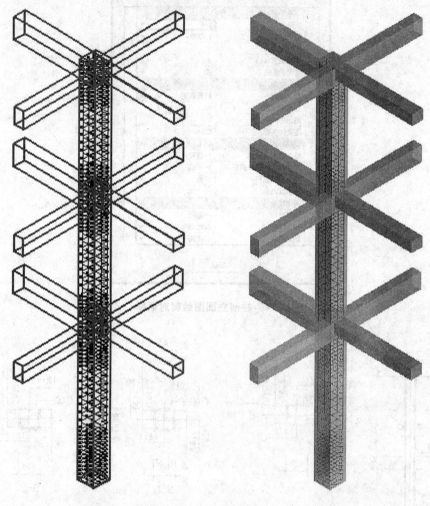

图 8-76　柱三维线框和渲染图

8.4.3　整榀框架施工图绘制

整榀框架施工图系指将某一榀框架的梁柱构件施工图按整榀框架的方式绘制在一起,标注编号、柱起止标高、梁跨度、轴线、配筋具体数值,并配以构件截面配筋图。

1) 选择框架

执行 PKPM 结构软件中的墙梁柱施工图主菜单 5——挑选一个框架结构(图 8-77),程序显示底层结构平面图,点击右侧的【选择框架】,通过输入轴线或用两点来确定要绘制哪榀框架,如图 8-78 所示,选取后可查看该榀框架的计算结果。

8 钢筋混凝土结构施工图绘制

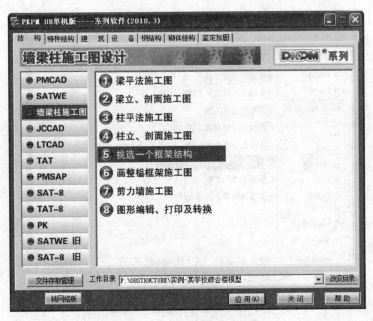

图 8-77 墙梁柱施工图主菜单 5

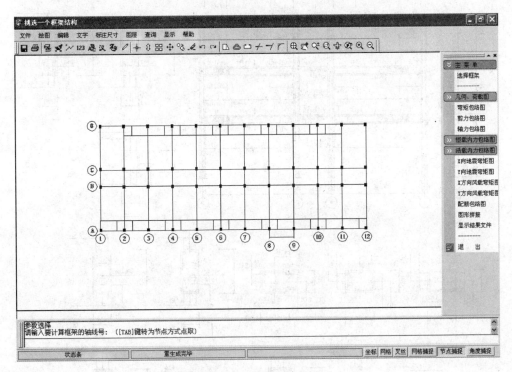

图 8-78 选择框架界面

2) 绘制整榀框架施工图

继续执行 PKPM 结构软件中的墙梁柱施工图主菜单 6——画整榀框架施工图（图 8-79），进入框架施工图绘制界面，针对上一步所选的框架，按照菜单进行绘图参数设置、钢筋修改、图形编辑等操作，完成该榀框架施工图的绘制，如图 8-80 所示。

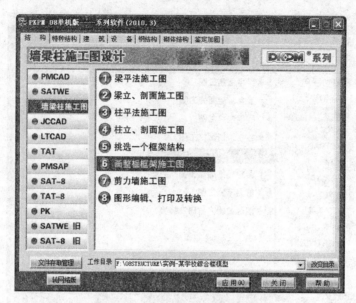

图 8-79 墙梁柱施工图主菜单 6

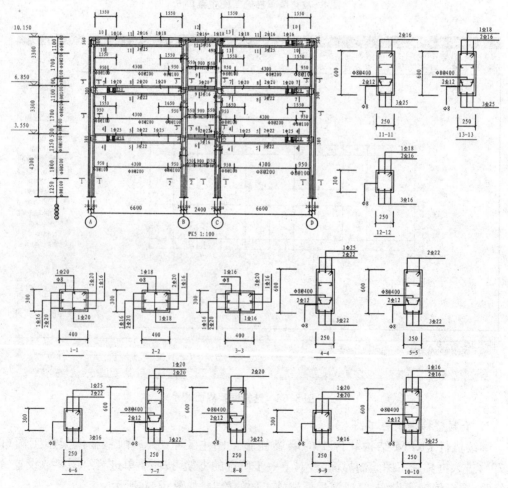

图 8-80 整榀框架施工图

8.5 剪力墙施工图绘制

通过执行 PKPM 结构软件中的墙梁柱施工图主菜单 7——剪力墙施工图(图 8-81)可实现钢筋混凝土剪力墙施工图的绘制。程序为剪力墙施工图的绘制提供了"截面注写图"和"平面图"两种表示方式,其绘制主要流程包括:设定墙筋标准层→设定选筋参数等选项→读取指定层计算结果→调整程序选配的钢筋→出图(任选"截面注写图"或"平面图"方式)。

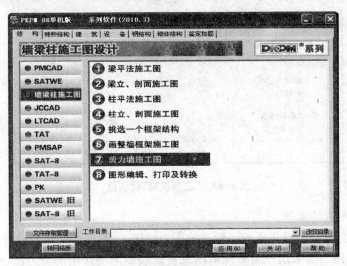

图 8-81 墙梁柱施工图主菜单 7

1) 打开剪力墙图

点击图 8-81 界面中的<应用>,程序自动打开当前工作目录下的第 1 层剪力墙平面图,如图 8-82 所示,进入某层平面图后亦可通过点击屏幕右上角的下拉菜单更换标准层。

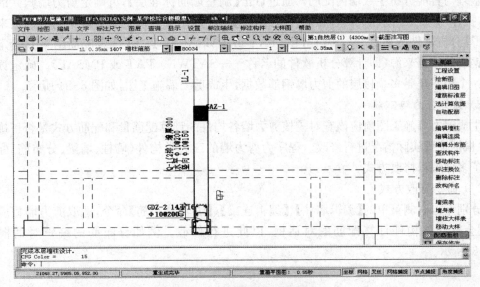

图 8-82 剪力墙施工图绘制界面

(1) 设置工程参数

点击【工程设置】,弹出"工程选项"对话框,如图 8-83 所示,按工程实际情况设置各项参数。

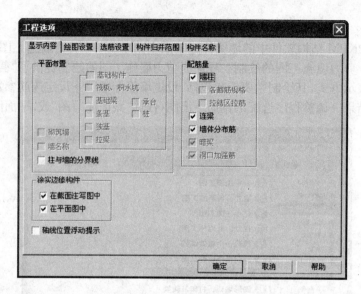

图 8-83 "工程选项"对话框

(2) 编辑旧图或绘新图

程序通常先打开用户已生成或编辑过的剪力墙施工图(即旧图),若没有旧图,程序打开第 1 标准层平面图。如果用户需要画新图或重新绘制当前楼层的剪力图,可以点击【绘新图】,并在对话框中确定是否有选择的保留绘图信息。

2) 读取剪力墙钢筋并选筋

由墙施工图程序读取指定层的配筋面积计算结果,按设定的钢筋规格进行选筋,并通过归并整理与智能分析生成墙内配筋。通过点击【调整墙筋标准层】,可确定剪力墙归并的钢筋层(操作与梁施工图相关内容相同)。点击【选定配筋结果】,确定剪力墙钢筋的数据来源(即计算分析软件的名称——SATWE、TAT 或 PMSAP)。点击【选定配筋结果】,确定剪力墙钢筋的数据来源(即计算分析软件的名称——SATWE、TAT 或 PMSAP)。确定读入当前一个楼层还是多个楼层的剪力墙钢筋数据,生成剪力墙施工图,如图 8-84 所示。

3) 编辑剪力墙钢筋

生成剪力墙施工图前应该查对校核剪力墙各构件的计算配筋量和配筋方式是否正确合理,并根据工程实际情况进行修改。程序为剪力墙的三大类构件(墙柱、墙梁、分布筋)配筋提供了多种编辑修改方式。

(1) 命令修改方式

分别点击右侧菜单的【编辑墙柱】、【编辑连梁】、【编辑分布筋】命令,选取剪力墙相应构件,则会打开该构件计算配筋的对话框,以此进行修改。例如分布筋的编辑对话框如图 8-85 所示。

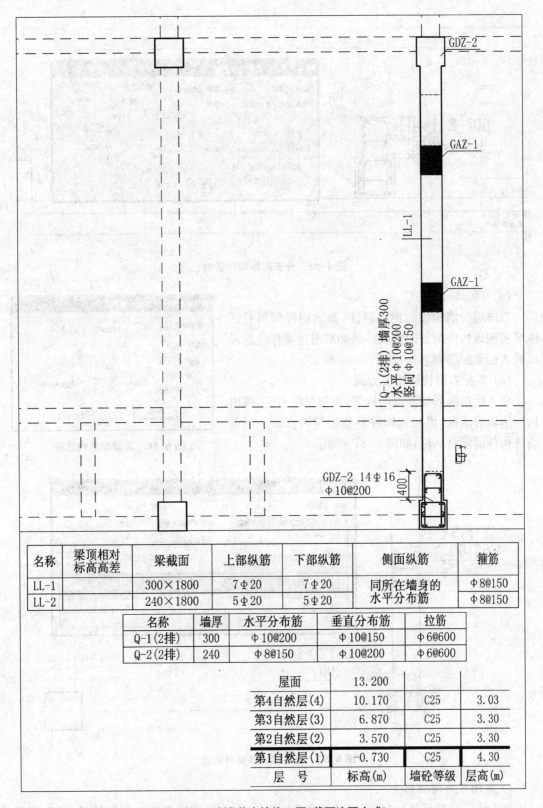

图 8-84 生成剪力墙施工图(截面注写方式)

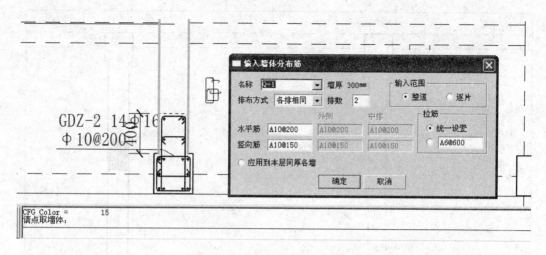

图 8-85 分布筋编辑对话框

(2) 双击修改方式

双击剪力墙构件的钢筋标注,弹出构件编辑对话框可实现该构件配筋的修改。例如双击连梁标注后弹出输入连梁配筋对话框,如图 8-86 所示。

(3) 鼠标右键快捷修改方式

将光标指向需要修改的构件,点击鼠标右键,弹出构件编辑对话框,可实现构件参数的编辑修改。例如墙柱构件编辑对话框,如图 8-87 所示。

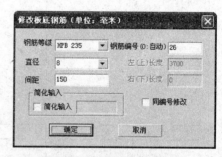

图 8-86 连梁配筋对话框

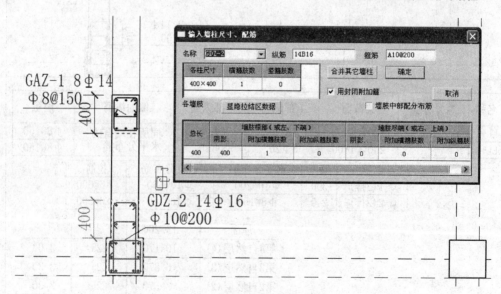

图 8-87 墙柱构件编辑对话框

4) 查询剪力墙配筋量

剪力墙配筋量可通过"显示计算结果"命令实现,以便使用者检查配筋结果、调整配筋量。"计算结果"指分析软件 TAT、SATWE 或 PMSAP 对工程做整体分析后所得的结果。点击【显示计算结果】,显示二级命令菜单,如图 8-88 所示。

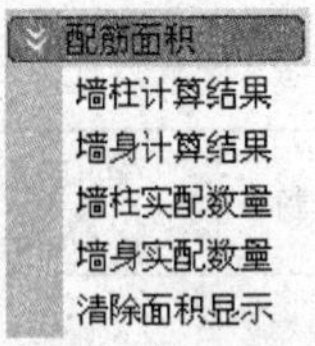

5) 插入图表

剪力墙施工图往往还需要插入相关图表。"截面注写"方式需要画出"层高表","平面图＋大样"方式需要插入"墙梁表"、"墙身表"、"墙柱大样表"等。在右侧菜单或下拉菜单中点击相应命令后,按程序提示移动鼠标,可看到随光标移动,图形区出现图表示意,移到合适位置按左键,即可将相关图表置于该位置。

图 8-88 显示计算结果二级菜单

(1) 层高表

程序中的层高表是参照平法图集 03G101—1 提供的形式绘制的。点击【工程设置】弹出的工程选项对话框中的"绘图设置"界面有与层高表相关的开关,如图 8-89 所示。

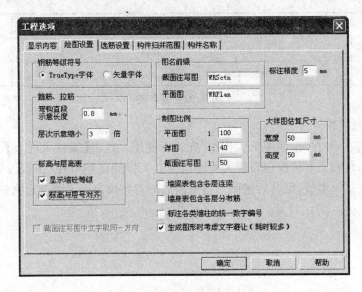

图 8-89 "工程选项"对话框

点击【标高与层高表】,可生成层高表如图 8-90 所示,表中的粗线表示当前图形对应的楼层。

屋面	13.200		
第 4 自然层(4)	10.170	$C25$	3.03
第 3 自然层(3)	6.870	$C25$	3.30
第 2 自然层(2)	3.570	$C25$	3.30
第 1 自然层(1)	−0.730	$C25$	4.30
层号	标高(m)	墙砼等级	层高(m)

图 8-90 标高与层高表

(2) 墙梁表

墙梁表是以表格形式显示本层各连梁尺寸及配筋,一般在"平面图＋大样图"方式下使用。点击【墙梁表】,可生成墙梁表如图 8-91 所示。

名称	梁顶相对标高高差	梁截面	上部纵筋	下部纵筋	侧面纵筋	箍筋
LL-1		300×1 800	7Φ20	7Φ20	同所在墙身的水平分布筋	Φ8@150
LL-2		240×1 800	5Φ20	5Φ20		Φ8@150

图 8-91 墙梁表

(3) 墙身表

点击【墙身表】,生成的墙身表如图 8-92 所示,以表格形式显示本层各墙配筋。若在"工程设置→显示内容→配筋量"中不选"墙体分布筋",则在平面图中不显示和标注分布筋,仅用表格显示。

名称	墙厚	水平分布筋	垂直分布筋	下部纵筋	拉筋
Q-1(2排)	300	Φ10@200	Φ10@150	7Φ20	Φ6@600
Q-2(2排)	240	Φ8@150	Φ10@200	5Φ20	Φ6@600

图 8-92 墙身表

(4) 墙柱大样表

墙柱大样表一般在"平面图+大样图"方式下使用。点击【墙柱大样表】,在对话框中选取要画的大样,再到图形区指定布置大样的范围。大样的比例可在"工程设置→绘图设置"中设定,若修改这一参数,则其后的图形按修改后的参数画出而不改变已有的大样。

9 钢结构辅助设计软件 STS

9.1 概述

STS 是钢结构计算机辅助设计软件，它可以进行轻钢门式刚架、钢框架、钢桁架及钢排架等钢结构的设计计算和绘图，能完成钢结构的模型输入、结构计算和应力验算、节点设计与施工图绘制；可以设计钢吊车梁、冷弯薄壁型钢檩条、墙梁等构件，并绘制施工图。

设计时根据结构模型和内力分析结果，自动确定螺栓直径、排列间距、加劲肋设置、端板厚度、柱脚底板厚度、锚栓直径和排列、牛腿高度以及翼缘腹板厚度等数据，用文本的方式输出详细的节点设计计算书，设计结果在施工图中自动绘制。

施工图包括刚架整体施工图、连接节点剖面图、材料表、腹板、加劲肋等零件详图、构件详图、节点施工图；针对不同设计单位的需要，可以绘制设计院需要的设计图（布置图以及节点施工图），也可以绘制制作加工单位需要的施工详图（整体施工图、构件施工详图、零件详图）。

施工图完全自动化绘制，同时提供了便捷的专业工具进行修改和补充编辑，进行焊缝、编号、钢板、螺栓孔、坡度等交互标注和移动。

STS 可以用三维方法和二维方法建立钢结构模型。钢截面类型有几十种之多，包括各种类型钢截面、焊接截面（含变截面）、实腹式组合截面、格构式组合截面等类型。程序自带型钢库，包含了世界各国的标准型钢。

STS 可进行钢结构截面优化设计，优化以结构重量最轻为目标函数。

STS 的工作界面如图 9-5 所示。

门式刚架是目前应用较多的一种结构形式，STS 模块能很好地完成该结构的分析与设计。本章就以一个具体实例，简单介绍 STS 模块的二维设计在实际应用中的操作流程和对计算结果的判断方法。

9.2 工程设计条件

某厂房长 102.48 m，宽 42.48 m，檐口高度 8.0 m，女儿墙高度 1.5 m。屋面为双坡屋面，坡度 1∶18，厂房为二连跨，单跨跨度 21 m，其中一跨有 1 台 5 t 软钩吊车，柱距 6.0 m。本工程建筑图具体见图 9-1。

厂房的设计参数：耐火等级为二级，生产类别为戊类。
结构类型：门式刚架。
屋面材料：采用压型钢板轻钢屋面。
墙面材料：±0.000～1.200 m 采用混凝土砌块，1.2 m 以上采用压型钢板。
主体结构钢材：采用 Q235B 和 Q345B，焊接材料采用 E43、E53 系列。
围护结构钢材：采用 Q235 冷弯薄壁型钢。
结构的重要性：二类。
本地设防烈度：7 度，设计地震加速度为 0.15 g，设计地震分组为第一组。
抗震设防类别：丙类，抗震等级为三级。
场地土类别：Ⅱ类。
基本风压：0.40 kN/m²。
基本雪压：0.35 kN/m²。
不上人屋面活荷载：0.5 kN/m。

本工程的平面、立面、剖面图如图 9-1～图 9-3 所示，刚架、支撑布置图如图 9-4 所示。

门式刚架的结构设计包括主体刚架设计和围护系统构件设计两大部分。围护系统的构件设计主要是屋面檩条设计、墙面墙梁设计、抗风柱设计、支撑设计等。有吊车时，还要进行吊车梁设计。

这么多的设计内容，使用 STS 进行设计时，有两种主要模式：一是三维整体建模和分析；二是通过"平面建模+工具箱"的模式来完成。两者各有特点。三维建模是软件的发展趋势，灵活地使用三维建模来进行设计是学习者最终应该达到的学习目标。考虑到"平面建模和工具箱"这种模式需要录入的数据相对较多，能更好地说明参数的情况，读者先从这里入手，能为更好地学习三维建模打下基础；同时，也能更好地理解两者的不同和三维建模的优势。因此本书按"平面建模+工具箱"模式进行展开，为以后学习三维建模打下基础，让读者达到逐步进阶的学习效果。

无论是对于单榀刚架还是单独构件，如檩条、墙梁、抗风柱等，其过程基本是相同的。不同之处在于分析对象的复杂程度不同，各个步骤内容多少有些差异。

9.3 平面建模

门式刚架的结构分析在设计中多以单榀平面刚架分析为主，平面刚架模型也是软件分析的基础。本书首先从平面建模来介绍门式刚架的单榀刚架设计。

根据本工程条件，以其典型的 3 轴线刚架为例，讲述 STS 模块的使用。

9 钢结构辅助设计软件 STS

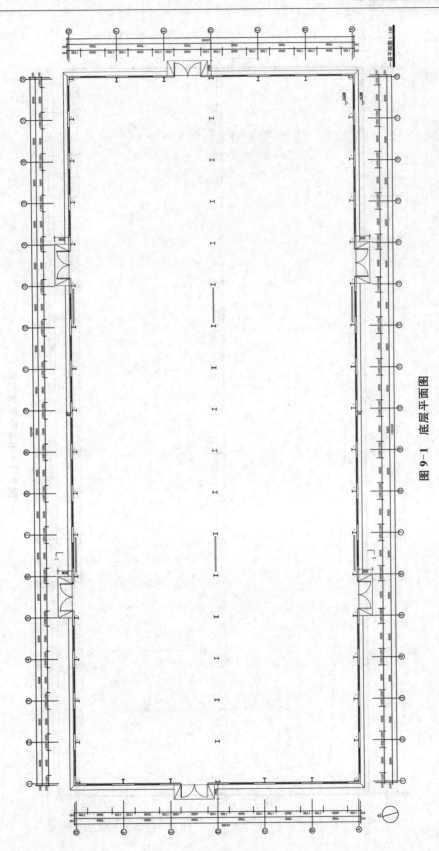

图 9-1 底层平面图

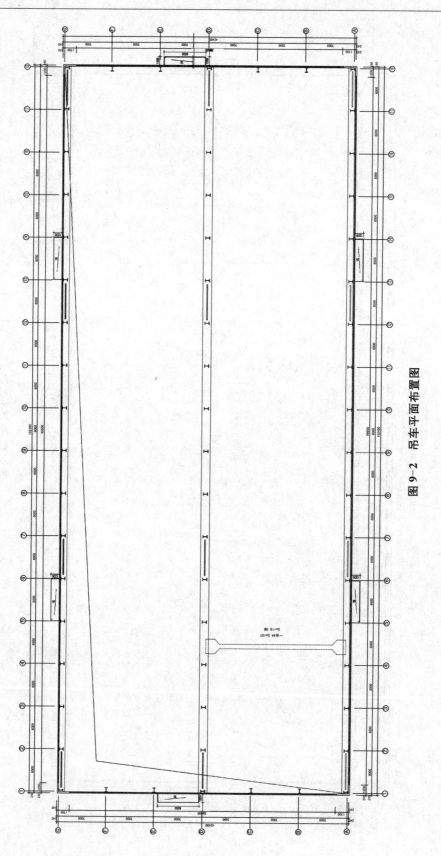

图 9-2 吊车平面布置图

9 钢结构辅助设计软件 STS

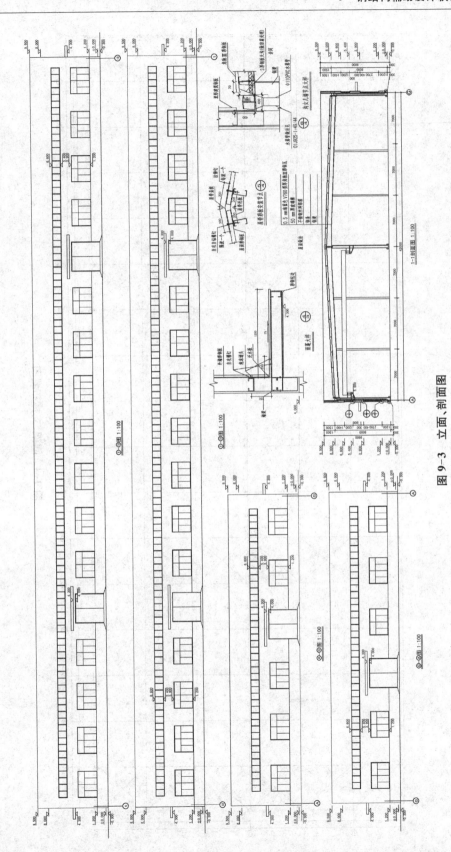

图 9-3 立面、剖面图

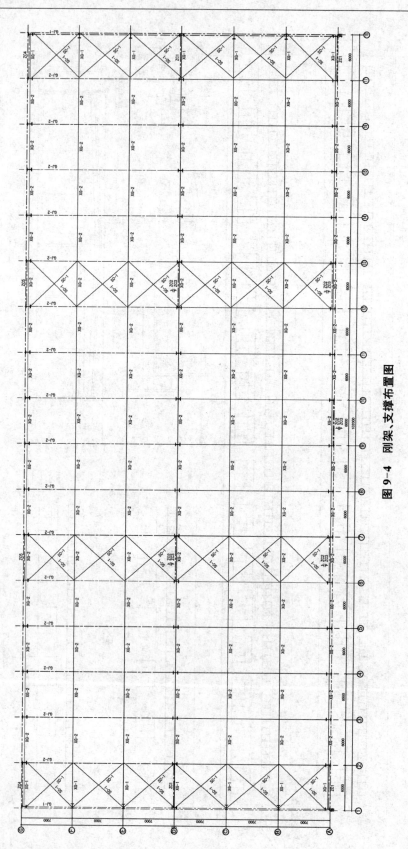

图 9-4 刚架、支撑布置图

启动 PKPM 软件 STS 模块后,进入用户界面,如图 9-5 所示。

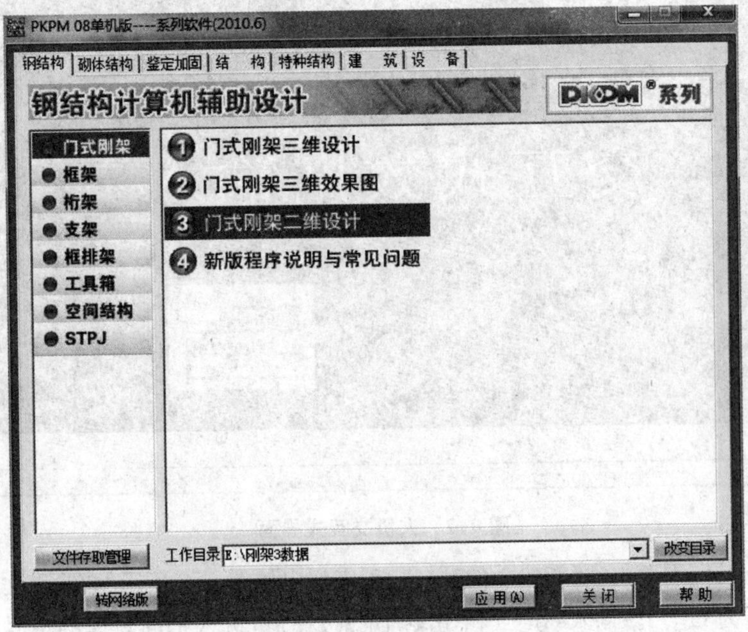

图 9-5 STS 工作界面图

在正式进行设计之前,需要为所分析的工程建立一个独立的工作目录,存放其模型和数据文件。这样做的优点是可以避免不同工程的数据发生冲突而出现错误,并有效地利用设计成果。实际进行工程设计时,往往需要经过几次反复和调整,才能确定最终方案。每个方案相当于一个独立的工程,需要分别为其建立一个工作目录,这样就可以防止程序在执行调整方案后覆盖了原方案的数据。

在计算机的某磁盘下建一个文件夹,如本工程用"刚架3数据",单击【改变工作目录】按钮,打开如图 9-6 所示的对话框。

图 9-6 "改变工作目录"对话框

在选定的工作目录"刚架3数据"下,双击图 9-6 中的主菜单【③门式刚架二维设计】后,打开如图 9-7 所示人机交互式界面。

建筑结构 CAD

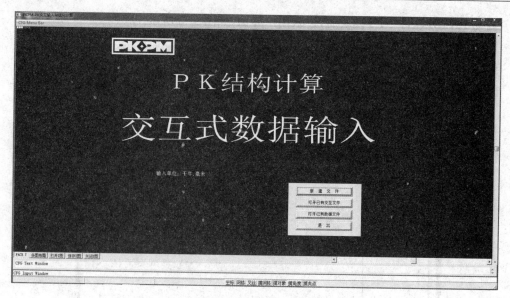

图 9-7　人机交互式界面

对于首次设计，需要点选【新建文件】按钮，程序弹出如图 9-8 所示的"输入文件名称"对话框，本工程命名为 GJ-1。输入 GJ-1，单击【确定】按钮后，进入平面建模的主界面，如图 9-9 所示。

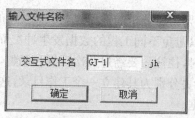

图 9-8　"输入文件名称"对话框

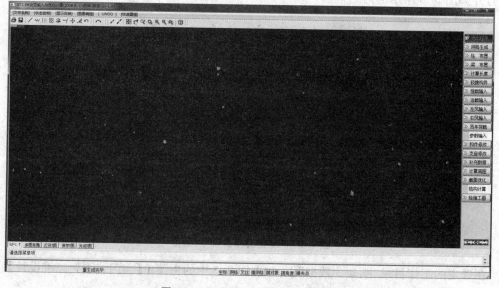

图 9-9　门式刚架平面建模主界面

9.3.1 轴网建立

轴网是 PKPM 建模的基础,所有的构件必须以此为基础进行布置。轴网的正确与否直接关系到结构模型是否正确。

程序提供两种轴网输入方式,即普通方式和快速建模方式。实际设计中多利用快速建模的方法来完成。

快速建模的方法为:打开快速建模页面,根据需要改写其中参数即可。有 3 种途径可以打开:

(1)【快速建模】下拉菜单。
(2)单击【工具栏】中的按钮。
(3)【网格生成】→【快速建模】→【门式刚架】。

本工程轴网建立步骤:单击【网格生成】→【快速建模】→【门式刚架】,弹出如图 9-10 所示的页面。

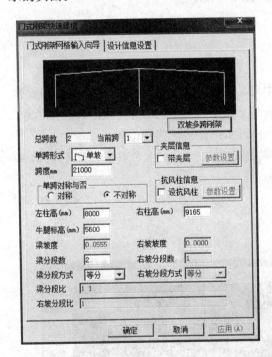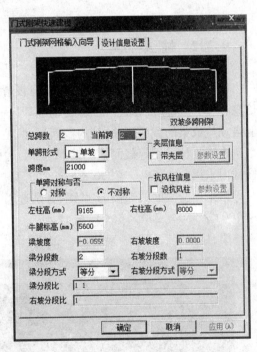

图 9-10　门式刚架网格输入向导

总跨数:按实际情况填写,各具体参数的取值如图 9-10、图 9-11 所示。当修改其中的参数后,模型会动态更新。

当前跨:其余参数都是针对当前跨而言的,通过改变当前跨,实现对整个模型的建立。

柱高是从檐口到基础顶面(钢柱底面)的距离,本工程的基础顶面标高为 -0.100 m。

中柱高度根据屋面坡度和边柱高度计算得出。

梁的分段主要是考虑受力和运输要求,本工程梁分为 2 段。

根据功能需要,本工程分为 2 跨,每跨跨度 21 m,柱距 6 m。

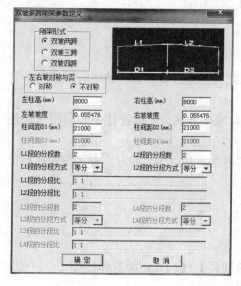 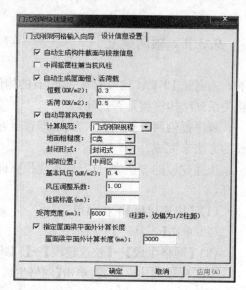

图 9-11 门式刚架建模设计参数设置

9.3.2 柱、梁布置

门式刚架的柱、梁布置在【设计信息设置】中自动完成。包括自动生成构件截面和铰接信息,自动生成屋面恒、活荷载,自动导算风荷载等。其中"自动生成构件截面和铰接信息"能自动生成梁的截面尺寸、柱的截面尺寸,柱梁连接、梁梁连接等连接信息。

本工程柱采用等截面的焊接 H 型钢,边柱截面选用 $700 \times 250 \times 250 \times 8 \times 12 \times 12$,中柱截面采用 $700 \times 250 \times 250 \times 8 \times 12 \times 12$。

梁采用变截面的焊接 H 型钢,分别选用 $(700 \sim 500) \times 250 \times 250 \times 6 \times 12 \times 12$ 和 $(500 \sim 700) \times 250 \times 250 \times 6 \times 12 \times 12$。

梁、柱布置后门式刚架如图 9-12 所示。

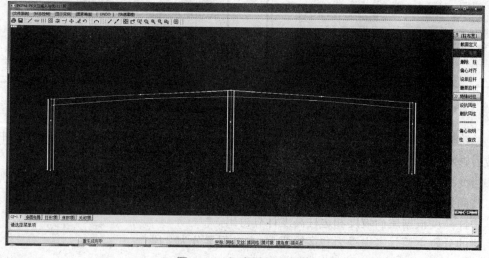

图 9-12 门式刚架示意图

9.3.3 检查与修改计算长度

单击图 9-9 中的边菜单【计算长度】,弹出如图 9-13 所示界面。接下来单击边菜单【平面外】菜单,出现如图 9-14 所示的对话框。输入"3000"回车后,按【Tab】键,应用轴线选择方式;用鼠标选择梁(把梁的平面外计算长度改为 3 000 mm)。

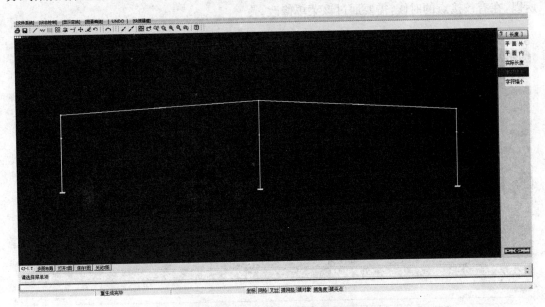

图 9-13　修改【计算长度】界面图

图 9-14　修改平面外计算长度对话框

本工程在牛腿位置设置通长系杆,柱子的平面外计算长度不需要修改。当不设置平面外支撑时,柱子的平面外计算长度需要修改。

程序约定:

平面内的长度程序默认为－1,一般情况下不需要改动。本工程不改。

平面外长度程度默认为杆件几何长度。一般根据实际情况修改。

(注意:梁的平面外计算长度通常情况下对下翼缘取隅撑作为其侧向支撑点,计算长度取隅撑之间的距离。对于上翼缘,一般也可以取有隅撑的檩条之间的距离。檩距 1.5 m,隅撑隔一个檩条布置。所以,梁的平面外计算长度取 3.0 m。

柱的平面外长度取决于其平面外支点的距离,本刚架在牛腿位置设置平面外支撑。由于设置了吊车,程序在此把柱分为 2 段,柱子平面外长度取各段柱实际长度即可。对于平面内计算长度,通常情况下不需要修改。但有时平面内长度需要根据实际修改。当有夹层时,对于按框架设计的柱的平面内计算长度需要修改。)

9.3.4 检查修改节点类型

本菜单(图9-15)的主要功能是设置节点类型。程序默认所有的梁柱节点都是刚节点,所以,在有铰接点的时候,需要通过该菜单修改。

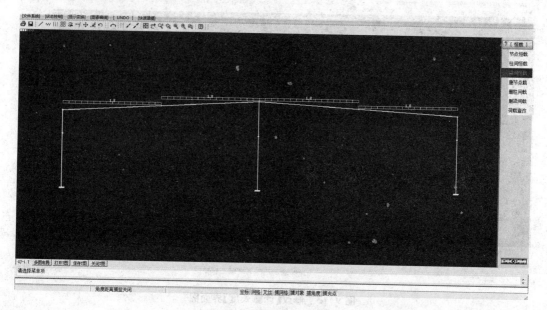

图9-15 【恒载输入】界面

本工程有吊车,GJ-1的节点按刚接考虑,不修改。

如用户需要修改时,先选择布置柱铰,根据提示操作即可。

(注意:铰接构造相对刚接来说简单得多,方便制作和安装,有条件时应尽量采用。采用的节点形式要保证结构形式为几何不变体系。柱脚采用铰接还是刚接,当自重较轻时,柱高一般关系不大。柱底弯矩不太大,一般采用柱底为铰接的形式;有吊车且吊车吨位较大时,采用刚接柱脚。多跨门架中柱,柱顶弯矩较小,常做成摇摆柱。

柱脚采用铰接还是刚接还要看房屋的高度和风荷载的大小。当风荷载很大,即使没有吊车,也应设成刚接柱脚,以控制侧移。

铰接与否还应结合土质情况。刚接柱脚由于存在弯矩,基础尺寸会较大,使综合造价上升。)

9.3.5 恒载输入

单击图9-9中的【恒载输入】,弹出如图9-15所示界面。

对于门式刚架来说,典型的恒载有:①屋面恒荷载,用程序的【梁间荷载】布置;②当有吊车时,对于吊车梁以及吊车轨道的自重,用【节点恒载】实现;③对于墙面系统的自重,在需要时,用【节点恒载】实现。

屋面恒载计算:

0.8 mm 厚压型钢板	
100 mm 保温棉	0.2 kN/m²
0.6 mm 厚压型钢板	
檩条	0.1 kN/m²
合计	0.3 kN/m²

程序提供3种类型的恒载,即节点恒载、柱间恒载、梁间恒载。

首先完成屋面恒荷载的输入。单击【梁间恒载】,弹出如图9-16所示梁间荷载定义界面。

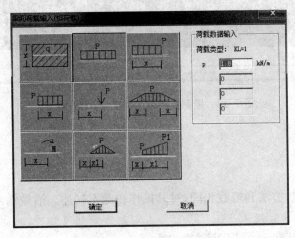

图 9-16 "恒载输入"对话框

此时可以选择第一种荷载类型或是第二种荷载类型,在【荷载数据输入】栏填好参数后单击【确定】按钮,完成荷载定义。本例选择第二种,输入 1.80。按【Tab】键,转成轴线选择对象方式,指定梁,即完成梁上恒载的输入。

接下来完成吊车梁及轨道自重的输入。

程序有两种方式:

(1) 单击【节点恒载】。出现如图9-17所示对话框,需要输入一个集中力和弯矩。在【节点恒载】输入时,程序把荷载加在程序的网格线上。

(2) 单击【柱间恒载】。按【柱间恒载】输入时,选择第5种荷载形式即可,只需要输入集中力和偏心距大小,以及作用点距柱底的距离即可。程序以构件的轴线为准。

此处按第(1)种方式,集中力可以从吊车梁计算结果中计算得到。吊车梁自重为 5.8 kN,考虑吊车梁的轨道以及固定件等,乘以 1.2 的增大系数,即边跨为 7.0 kN。而纵向力作用位置可以参考吊车位置信息,为 0.68 m。经计算附加弯矩为 4.8 kN·m。

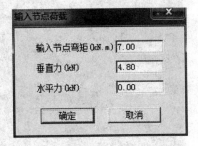

图 9-17 "输入节点恒载"对话框

完成【节点恒载】输入后,结果如图 9-18 所示。

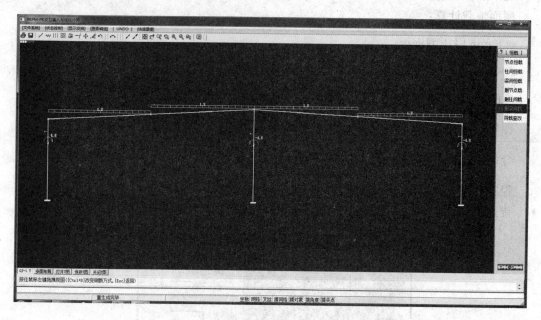

图 9-18　屋面梁及节点恒载输入结果图

9.3.6　活载输入

活载的输入模式与方法和恒载相同,对其操作在此不赘述。活载输入的结果如图 9-19 所示。

(注:本工程屋面活载取 0.5 kN/m)

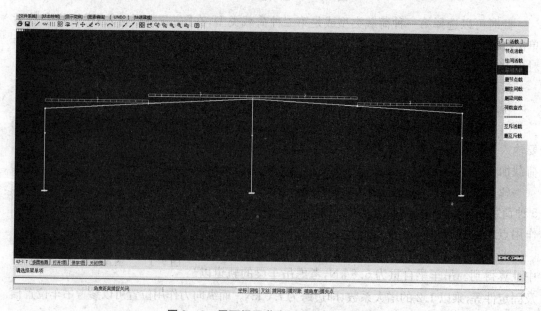

图 9-19　屋面梁及节点活载输入结果图

9.3.7 左风输入

程序提供 3 种类型的风载形式,即节点左风、柱间左风、梁间左风,如图 9-20 所示。在人工布置时,需要注意风荷载的正负。程序规定:对于风载,水平荷载向右为正,竖向荷载向下为正。对于典型的门式刚架,程序还提供【自动布置】功能,快速完成风荷载的输入。使用【自动布置】功能时,需要使用者输入"所依据的规范、地面粗糙度、封闭形式、迎风面宽度、基本风压和调整系数"等信息,程序会自动判断结构形式,搜索有风荷载作用的构件,并查找规范中相应的体形系数、风压高度变化系数(根据节点标高确定),从而计算受风构件的风荷载标准值,显示在对话框中。当使用者确定后,程序将自动把这些数值按规定的荷载方向布置在对应构件上。

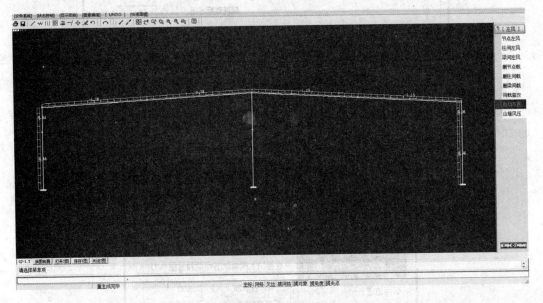

图 9-20 左风输入

本刚架是典型的两坡屋架,满足《门式刚架轻型房屋钢结构技术规程(CECS102—2002)》要求,可以使用【自动布置】功能。

单击【左风输入】→【自动布置】,打开如图 9-21 所示的"风荷载输入与修改"对话框,根据实际情况填写其中参数即可。

然后,主要的工作就是通过图 9-21 左侧"构件风荷载信息"核对一下构件自动布置的结果是否正确。如果不对,可以通过该图右下侧【风荷载修改】,完成对构件的荷载修改。

经核对,本工程无误,单击【确定】按钮,完成了风荷载的自动布置。

本工程有 1.5 m 高的女儿墙,这部分的风荷载在自动布置里没有输入。为了说明这种荷载的考虑方法,下面介绍如何输入该部分的风荷载。

偏安全的考虑,可以按节点荷载计入。具体可以用程序的【节点左风】来实现,也可以用【柱间左风】来实现。

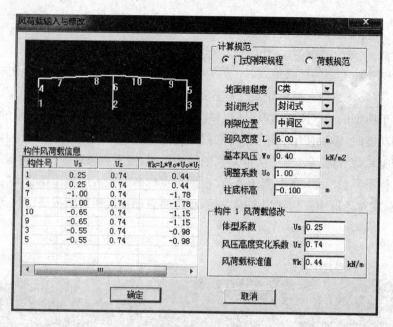

图 9-21 "风荷载输入与修改"对话框

单击【节点左风】,弹出如图 9-22 所示的对话框。在【屋面坡度】中输入一个很大的数,如 10000,即可输入水平风荷载。

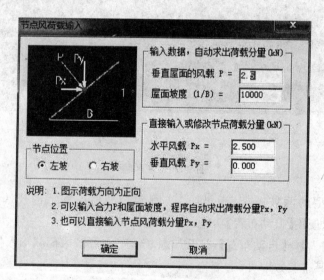

图 9-22 节点风荷载输入

9.3.8 右风输入

右风输入与左风输入操作相同,不再叙述。

9.3.9 吊车荷载

单击图 9-9 中的【吊车荷载】，弹出如图 9-23 所示的吊车荷载界面。

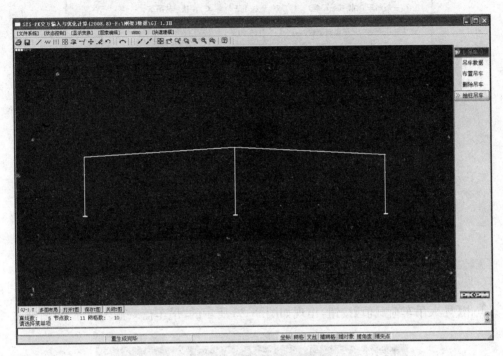

图 9-23 吊车荷载界面

首先进行吊车荷载的定义：单击【吊车数据】，弹出如图 9-24 所示吊车荷载定义的界面。

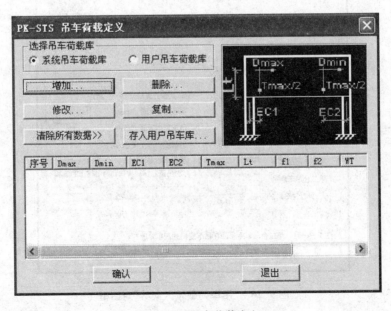

图 9-24 吊车荷载定义

吊车数据需要首先选择【增加】按钮,打开如图9-25所示的"吊车荷载数据"对话框。

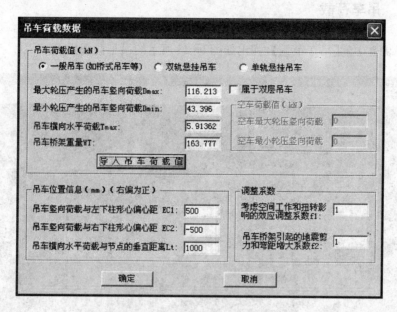

图9-25 "吊车荷载数据"对话框

点击【导入吊车荷载值】按钮,出现如图9-26所示的"吊车荷载输入向导"对话框。

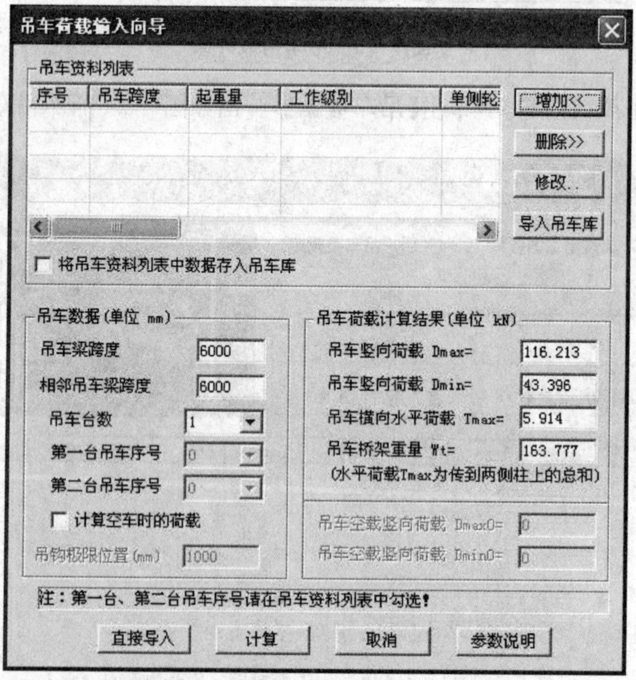

图9-26 "吊车荷载输入向导"对话框

点击【增加】按钮，出现如图 9-27 所示的"吊车数据输入"对话框。

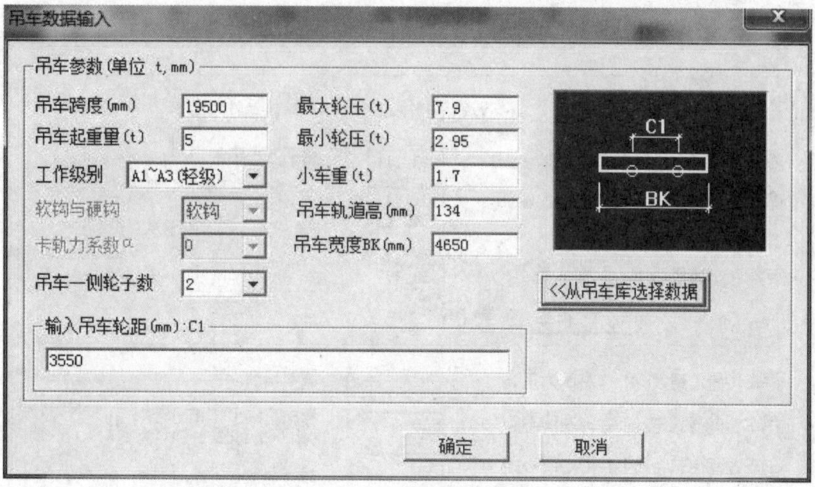

图 9-27 "吊车数据输入"对话框

点击【从吊车库选择数据】按钮，出现如图 9-28 所示的"吊车数据库"对话框。

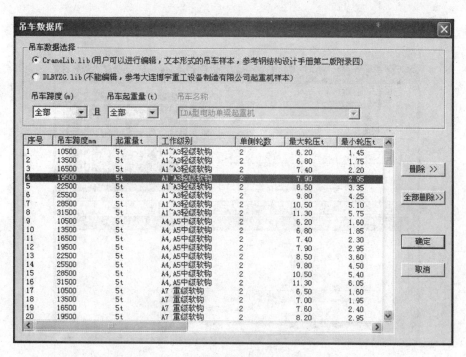

图 9-28 "吊车数据库"对话框

选择合适的吊车后按【确定】按钮(本工程选择 5 t 轻级软钩吊车)。

再次出现如图 9-27 所示的"吊车数据输入"对话框，在输入吊车轮距项目下输入"3550"，按【确定】按钮。出现如图 9-29 所示的"吊车荷载数据"对话框，按【计算】按钮，算出吊车荷载有关参数。按【直接导入】按钮，导入吊车荷载如图 9-29 所示，按【确定】按钮，出现如图 9-30 所示的定义好的吊车数据页面,并按【确定】按钮退出吊车荷载定义界面。

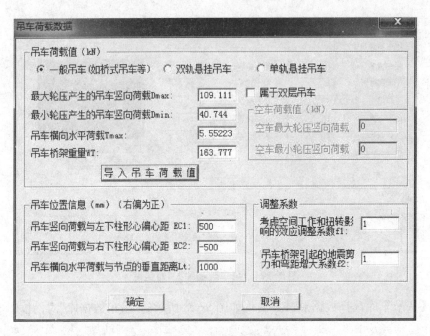

图 9-29 "吊车荷载数据"对话框

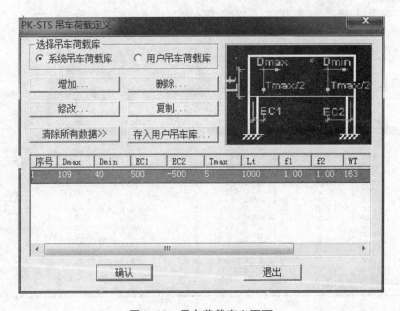

图 9-30 吊车荷载定义页面

【吊车布置】菜单,选择刚才定义的吊车在图 9-23 所示主界面上按提示进行吊车布置。布置结果如图 9-31 所示。

9 钢结构辅助设计软件 STS

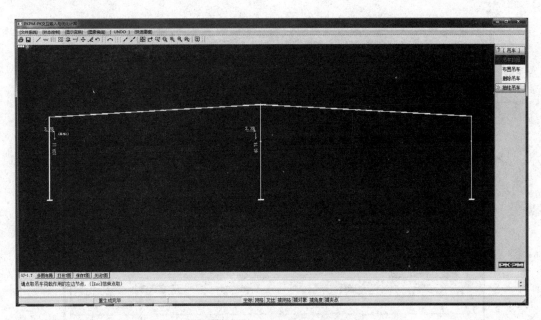

图 9-31 吊车荷载布置图

9.3.10 参数输入

单击图 9-9 中的【参数输入】菜单,弹出【钢结构参数输入与修改】页面,有 5 个选项卡,分别为结构类型参数、总信息参数、地震计算参数、荷载分项及组合系数、活荷载不利布置。

本工程各参数取值如图 9-32~图 9-36 所示。

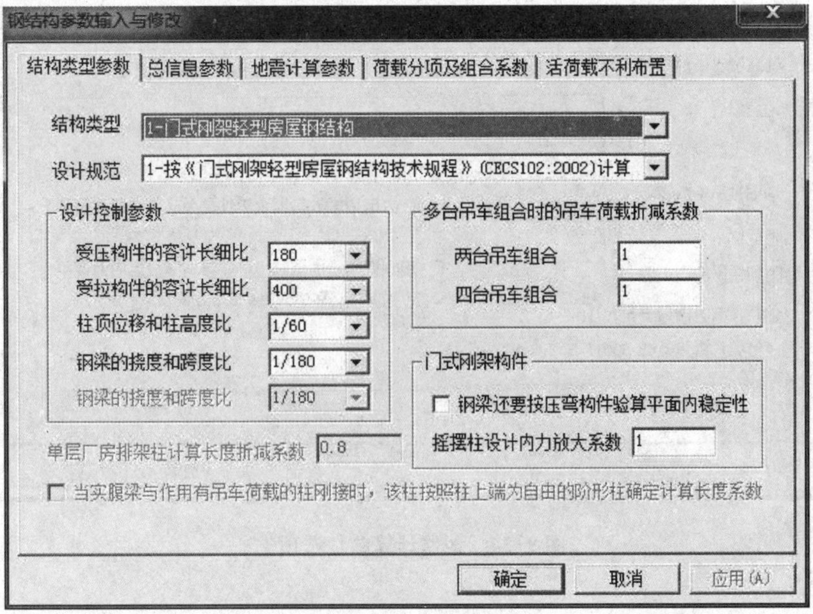

图 9-32 结构类型参数选项卡

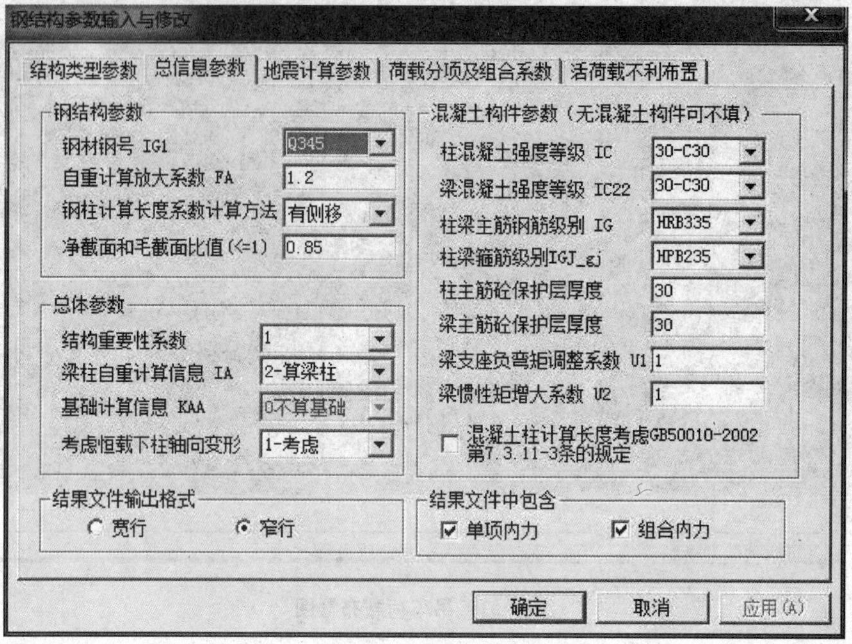

图 9-33　总信息参数选项卡

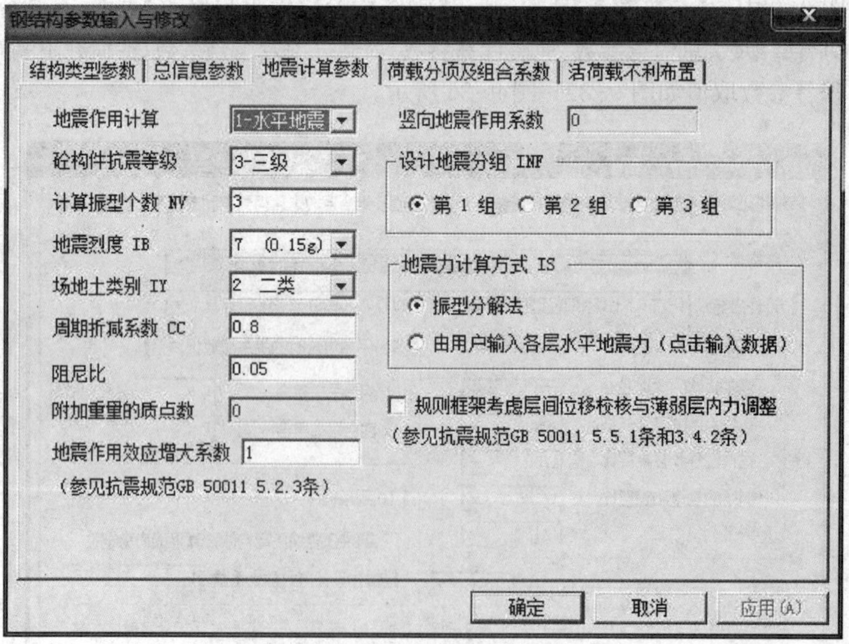

图 9-34　地震计算参数选项卡

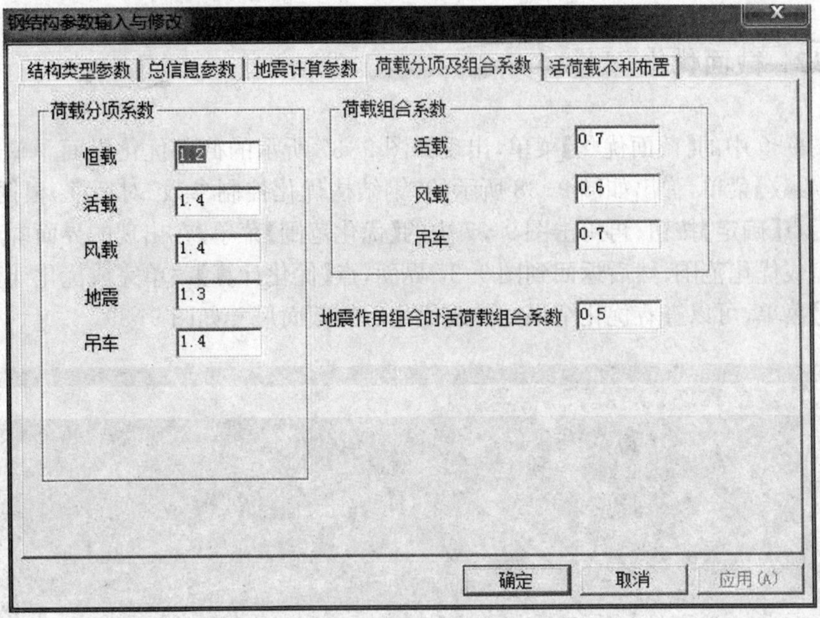

图 9-35 荷载分项及组合系数选项卡

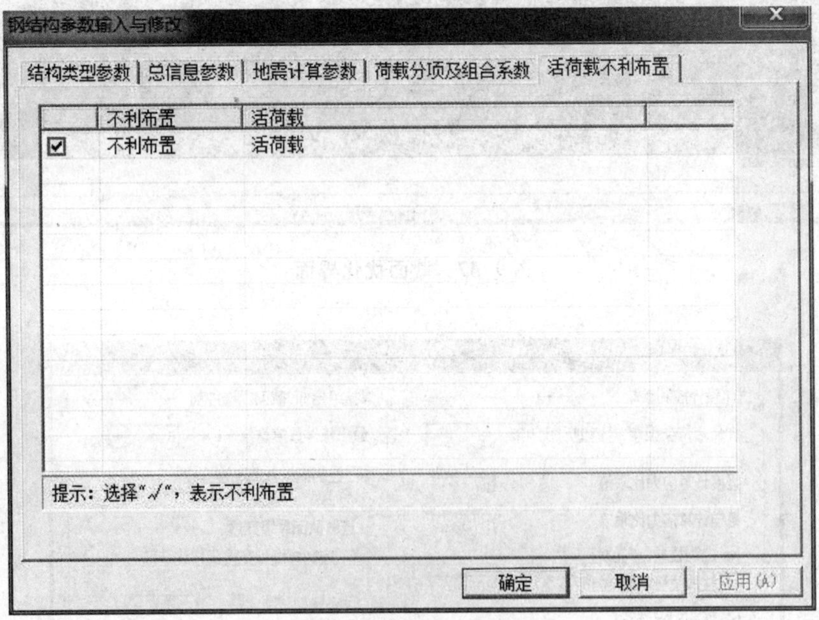

图 9-36 活荷载不利布置选项卡

9.3.11 计算简图

　　计算简图部分包括几何简图、各种荷载简图等，用户需要依次检查。正确的模型是正确计算的前提，检查计算简图是保证计算模型正确输入的有效方式。

9.3.12 截面优化

单击图 9-9 中的【截面优化】菜单,出现如图 9-37 所示的截面优化界面。单击图 9-37 中的【优化参数】菜单,弹出如图 9-38 所示的"钢结构优化控制参数"对话框,根据需要调整有关参数后点【确定】按钮;再单击图 9-37 中的【优化范围】菜单,在出现的界面中点【自动确定】菜单,完成优化范围;然后返回到图 9-37 界面,点【优化计算】菜单完成优化计算;最后点【优化结果】菜单,可以查看优化结果文件或优化后的截面尺寸如图 9-39。

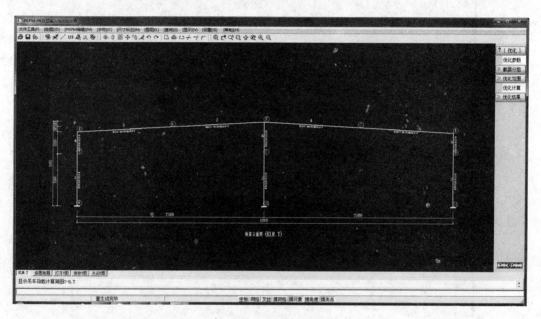

图 9-37 截面优化界面

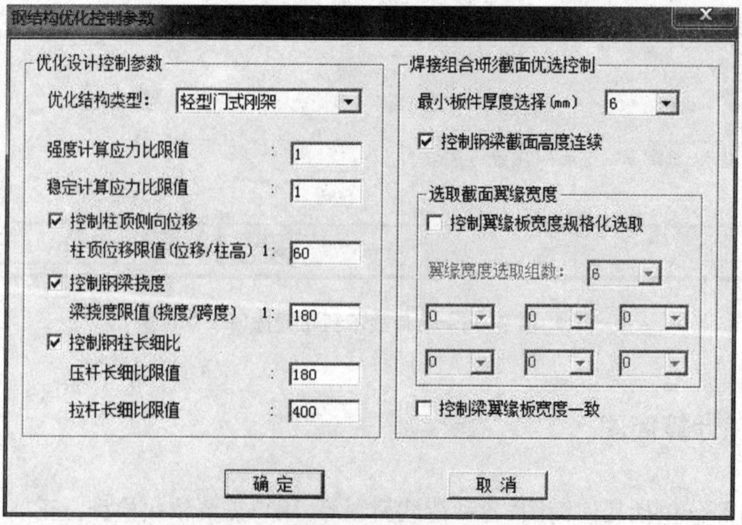

图 9-38 "钢结构优化控制参数"对话框

9 钢结构辅助设计软件 STS

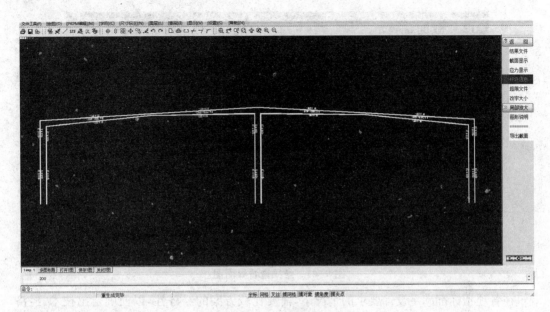

图 9-39　优化后的截面尺寸图

9.4　结构计算

单击图 9-9【结构计算】菜单,程序弹出如图 9-40 所示对话框。用户可以输入一个计算结果文件名,一般取默认即可。点【确定】按钮,可以生成计算书等计算结果。

图 9-40　"输入计算结果文件名"对话框

9.5　结构计算结果判断

结构计算程序执行完毕后,自动给出结果查看界面,如图 9-41 所示。

一个好的结构设计应该是结构体系非常合理,同时各项指标也非常均衡,如强度、稳定性、挠度、变形和长细比等指标。本部分就结合该工程实例的结果进行讲解,重点讲述设计结果如何查,如何分析。

首先介绍检查计算结果的基本原则和步骤。

首要的是保证内力和位移的正确性,在此基础上通过应力比简单判断应力结果是否满足要求,必要时可以通过分析计算结果文本详细判断结果的合理性。

这些计算结果经检查正确后,可以作为计算书存档。

建筑结构 CAD

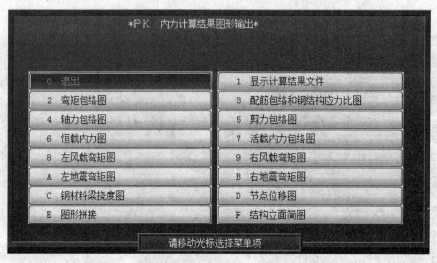

图 9-41 结果查看界面图

在各项指标都满足设计要求的情况下,需要比较方案的经济性,以便确定出技术、经济都合理的方案作为设计结果。

对于门式刚架来说,设计中的步骤和上面所说的略有差别,下面按设计中的顺序给予介绍。

9.5.1 查看超限信息

查看方法:单击【显示计算结果文件】,打开如图 9-42 所示的页面。

单击【超限信息输出】,就可以打开文本文件。

可查看的具体超限信息种类有长细比、宽厚比、挠度、应力等,特别是关于刚度指标的超限。通过这种方法可以简单明了地快速检查超限信息。

本例中没有超限信息,如图 9-43 所示。

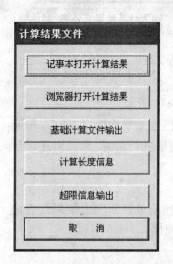

图 9-42 计算结果文件显示

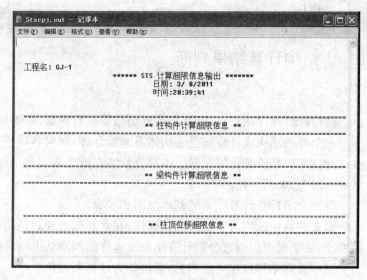

图 9-43 超限信息显示

9.5.2 查看配筋包络图和钢结构应力图

查看方法：在图 9-41 页面中，单击按钮【3 配筋包络和钢结构应力比图】，结果如图 9-44 所示。用 PKPM-STS 设计的门式刚架，在应力比控制取多少合适的问题上，需要综合考虑厂房的重要性、跨度等。一般情况下，不大于 1.0 就可以了。柱的控制一般严于梁。

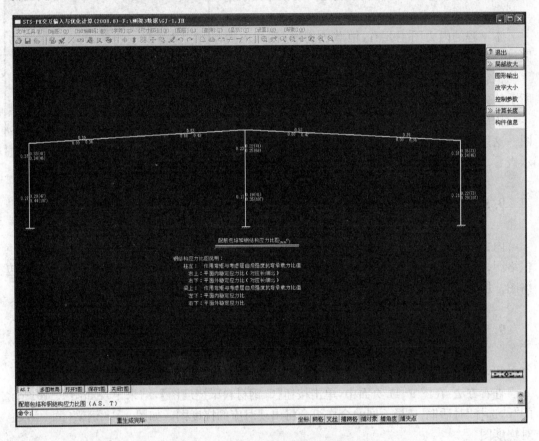

图 9-44　配筋包络图和钢结构应力图

本工程中梁柱的应力比已经比较合理了，当然，还可以进一步优化，读者可以进行相关练习。

9.5.3 查看内力图

首要的是判断内力图的正确与否，只有在内力正确的前提下，其他结果才有意义。一般的门式刚架都是比较简单的，杆件数量、尺度等都不太多。程序的结果一般是没有问题的，那么是否意味着不用检查呢？显然不能。原因是：只有熟悉了常用的判断方法，才能在遇到特殊结构的时候有效地作出判断。

判断的方法主要是利用结构力学知识。一般做定性判断即可，确有必要时，可以做定量判断。

常用的定性判别方法：

（1）利用对称性。门式刚架多具有对称性，其荷载也多为正对称和反对称荷载。对称的结构，在正对称的荷载作用下，其内力也是正对称的，在反对称的荷载作用下其内力也是反对称的。

（2）如有铰接点，利用该点弯矩为零的特点判别。

（3）利用弯矩、剪力、荷载集度之间的微分关系进行判断。

本工程的内力图主要有：恒载内力图、活载内力图、风载内力图、地震作用的内力图等。

恒载内力图和活载内力图都需要先打开如图 9-45 所示的页面，勾选相应项目才能得到对应的内力图。

依次勾选要查看的项目，即可显示相应的内力图。这里就不一一查看显示了，读者可以逐项进行显示查看。

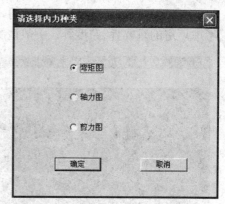

图 9-45　内力种类选择对话框

9.5.4　查看内力包络图

内力包络图主要有弯矩包络图、剪力包络图和轴力包络图。对梁来说，主要是查看弯矩包络图，这是梁的分段和设置隅撑的重要依据。对于柱子来说，主要是弯矩包络图和轴力包络图。检查方法同荷载作用下的内力。

9.5.5　检查刚度（查看挠度图和节点位移图）

和内力图一样，对于结构的变形（如挠度），同样要判断程序结果正确与否。

查看方法：在图 9-41 页面中，单击按钮【C 钢材料梁挠度图】，结果出现如图 9-46 所示的"请选择"对话框，选择不同的合作组合将出现对应的挠度图。如图 9-48 钢梁（恒+活）绝对挠度图。

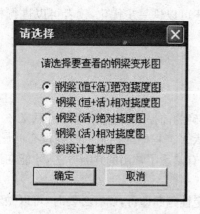

图 9-46　钢梁变形荷载选择对话框

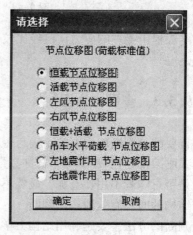

图 9-47　节点位移荷载选择对话框

常见的定性判断方法：

(1) 利用结构的对称性。对称刚架在正对称荷载作用下其变形也是正对称的，在反对称荷载作用下其变形也是反对称的。

(2) 支座刚接点(柱脚)只有转角，没有节点位移。

另外，在变形图形正确的基础上，还可以从刚度的角度(即从节点位移的大小)来评价是否符合规范要求，是否比较经济。节点位移过大，有可能不满足规范要求；节点位移过小，说明刚度过大，可能不经济。

查看方法：在图 9-41 页面中，单击按钮【D 节点位移图】，结果出现如图 9-47 所示的选择对话框，选择不同的合作组合将出现对应的节点位移图。如图 9-49 所示的恒载作用下节点位移图。

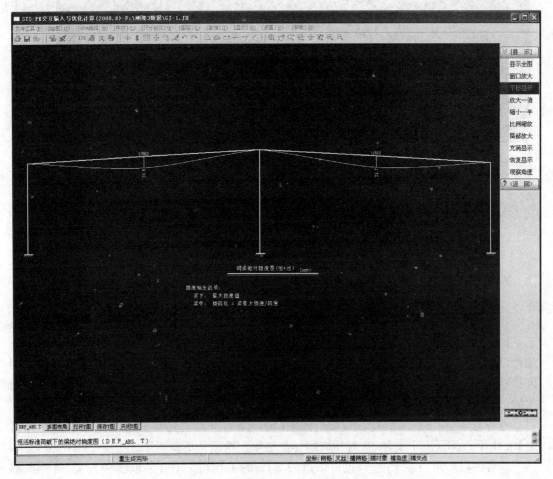

图 9-48　钢梁(恒十活)绝对挠度图

建筑结构 CAD

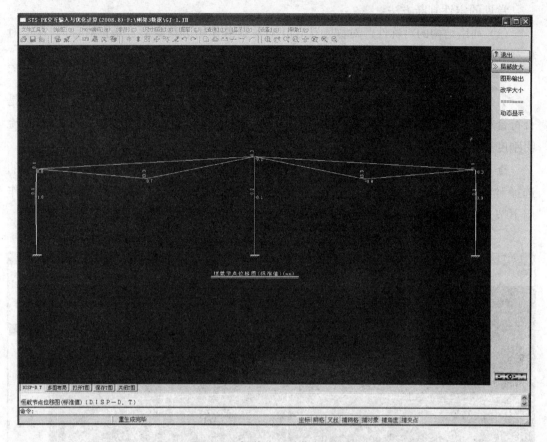

图 9-49　恒载作用下节点位移图

9.5.6　查看计算文件

详细的计算文件存放在 PK11.OUT 文件中,这个文件含有平面计算中几乎所有的信息,可以作为计算书存档。内容包括结构的基本信息,梁、柱、节点统计,荷载统计,荷载组合统计,对于每个构件采取的所有荷载组合结果,以及截面计算时的信息,最后给出主要的刚度指标和统计的用钢量,可简单判断方案的经济性。这些内容可以为方案的调整提供最翔实的依据。

查看方法:在图 9-42 页面中,单击按钮【记事本打开计算结果】或【浏览器打开计算结果】来打开 PK11.OUT 文件,查看相应的计算结果。这里就不叙述了。

构件的核对可以手工进行,也可以借助 STS 的工具箱。不管采取哪种方法,其特点都是要考虑截面屈曲后的强度。

对于 STS 工具箱的验算方法,要注意验算规范需要选择门式刚架规程,构件类别选择门式刚架构件即可,如图 9-50 所示。

通过单击如图 9-41 中的【F 结构立面简图】,可以输出结构的计算简图,作为计算书存档。

通过单击【E 图形拼接】按钮,可以对以上所述的各种图形进行整理。

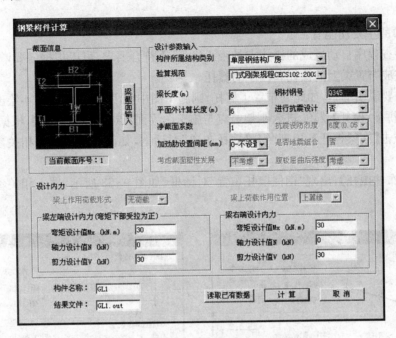

图 9-50 工具箱验算门式刚架中钢梁界面图

9.6 施工图绘制

一般来说,设计方案经计算分析比较后,一旦确定下来,计算的工作就算完成了,接下来是绘制施工图。

用 STS 设计钢结构和混凝土有很大不同,这也是和手工计算绘图不同的地方。STS 在施工图绘制菜单完成节点部分的设计,然后才能进入最后的绘图。

初学者很容易犯的一个错误就是柱梁计算都满足,而节点设计由于所选柱梁截面不合理而无法设计或设计不合理,螺栓布不开等。只有在节点设计中证明梁柱尺寸合理后,才能认为前面的工作是有效的。

对于门架来说,由于相对简单得多,即使节点不合理,需要调整方案,工作量还是比较少的,对于多、高层,工作量会大得多。

单击【绘施工图】菜单,进入施工图绘制工作界面。首先设置参数,单击【设置参数】,弹出如图9-51所示对话框,一般取默认值,单击【确定】按钮。

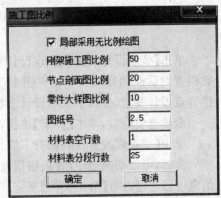

图 9-51 刚架施工图参数设置对话框

9.6.1 拼接、檩托菜单

该菜单的主要功能有：
(1) 检查程序自动生成的拼接点是否正确，是否符合要求，可以根据需要增加或删除。
(2) 完成布置梁上的檩托和柱子的檩托。
(3) 需要说明的是，如此处布置了檩托，则施工图中会出现，否则程序不绘出。

单击【拼接、檩托】菜单，进入刚架节点与施工图界面，点击【设拼接点】，根据提示检查各拼接点。点击【布梁檩托】，出现"钢梁檩托布置"对话框，如图 9-52，填上相关参数后按【确定】按钮。

点击【布柱檩托】，出现"钢柱檩托布置"对话框，如图 9-53 所示，填上相关参数后按【确定】按钮。

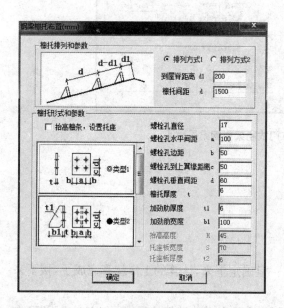
图 9-52 "钢梁檩托布置"对话框

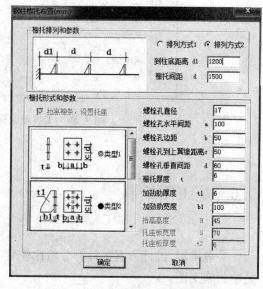
图 9-53 "钢柱檩托布置"对话框

9.6.2 节点设计

单击【节点设计】，进入节点设计页面，先进行参数设置。点击【参数设置】菜单，出现参数设置对话框，如图 9-54(a)～图 9-54(d)所示。包括 4 个选项卡，分别是连接节点形式、连接节点设计参数、柱脚形式和设计参数、钢板厚度规格化。

全部选填好后，单击【确定】按钮，程序自动进行节点设计。

单击【节点修改】按钮，如有不满足项目，程序自动给出提示，按任意键即可。

此时，可以快速地使用【出错信息】菜单查看不满足信息的具体内容。详细的节点计算信息可以通过查看【节点文件】来完成。

如要对个别节点进行修改,可通过修改节点菜单完成。修改完成后点【返回】到绘图界面。

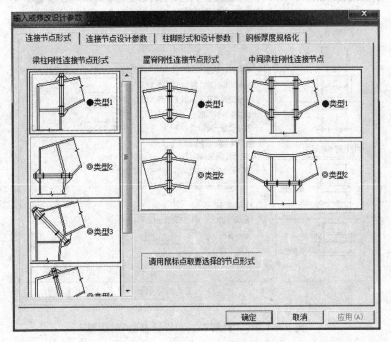

图 9-54(a) "连接节点形式"对话框

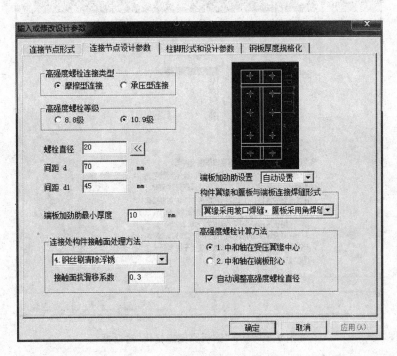

图 9-54(b) "连接节点设计参数"对话框

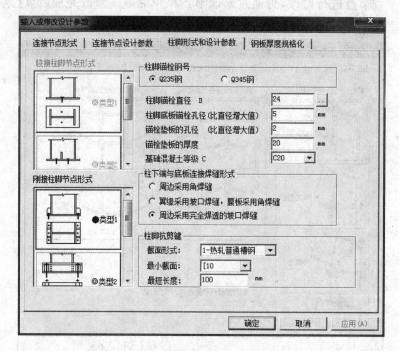

图 9-54(c) "柱脚形式和设计参数"对话框

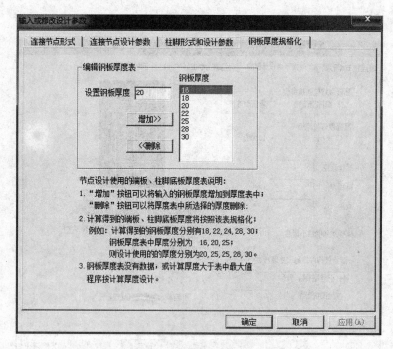

图 9-54(d) "钢板厚度规格化"对话框

9.6.3 绘图

节点设计完成后就可以进入施工图绘制了。程序提供了3种出图形式,即整体绘图、构件详图、节点详图,用户可以根据需要选择其中一种。

现以整体绘图为例说明。单击【整体绘图】后,程序提示输入施工图绘制信息,如图9-55所示。

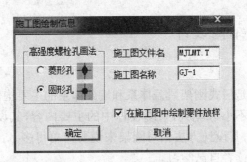

图 9-55 "施工图绘制信息"对话框

按【确定】后程序自动进行图纸绘制,如图9-56所示。

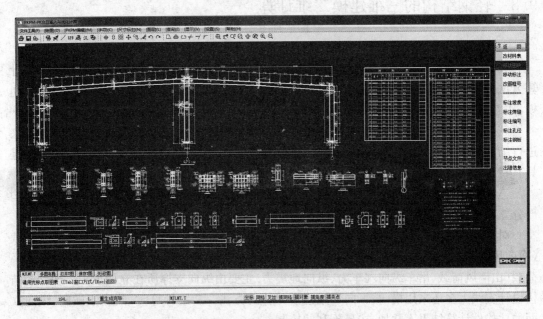

图 9-56 自动绘制的施工图

用户可以用程序提供的编辑工具进行图面整理。【移动图块】和【移动标注】是经常需要用到的命令,用户可以直接在此工作环境下进行图纸的进一步美化,也可以借助于其他工作平台进行。

构件详图和节点详图都需要用户先指定绘图的范围。在使用这两种绘图方式时,程序都提供交互单选方式和全部选择方式,用户可根据需要选择。选择好绘制范围后,其他操作与整体操作相同。

这里需要说明的是,STS 出的门架施工图需要人工校核,特别是一些剖面图,尺寸往往有些偏差。另外,有些板尺寸是"79"之类的数,制作不方便,调整到 5 的整数倍为宜。

接下来可以通过统计材料菜单绘制材料表。单击【统计材料】,单击【确定】后,程序自动完成材料表的绘制。

此时生成的材料表考虑了加劲肋、檩托、节点板等,用钢量相对计算中刚架用钢量精确。

9.7 吊车梁、围护结构设计

吊车梁、檩条和墙梁是门式刚架屋盖体系和墙架体系的主要构件,其特点是覆盖面积很大,在总用钢量中的比例不小,是围护系统设计中的主要内容,其设计可以通过 STS"工具箱"模块的主菜单来实现,其设计方法相对刚架来说要简单得多。由于本书篇幅有限,这里就不再展开介绍了,留给读者自己学习。

9.8 轻钢结构的三维建模二维计算

关于三维建模二维计算方法,它是 2008 版的一个新功能模块。该方法是在二维建模计算方法的基础上,扩展了计算模型管理和荷载导算,实现了用二维模型来形成三维整体建模,用二维计算来分别完成三维结构的横向、纵向立面计算分析的功能。

三维建模二维计算方法,比传统的由设计人员分别建立横向立面、纵向立面二维模型来进行结构分析的方法更加方便和高效;不同于真正意义上的整体建模三维分析计算方法;是具有特定适用范围的一种建模分析方法。

三维建模二维计算适用于对于横向和纵向均可以采用二维计算的结构,以及此类结构部分立面抽掉柱子的情况,例如门式刚架、工业厂房排架结构等。

对于门式刚架、工业厂房排架等结构,具有清晰的荷载传导途径,竖向荷载、横向荷载(横向风荷载、吊车横向水平荷载、横向地震力等)主要由门式刚架或者排架承担,纵向水平荷载(山墙风荷载、吊车纵向刹车力、纵向地震力)主要由纵向支撑所在立面承担。现行的结构设计实践大多还采用横向、纵向二维建模计算的方法。二维计算时,同属于横向、纵向立面的柱构件计算结果不叠加,按最不利的控制。

对于传统的横向、纵向二维建模和计算的方法,由于横向立面和纵向立面是不同的计算模型,两者之间的关系只有靠设计人员自己来掌握。无论是方案修改还是截面调整,都需要设计人员依次修改这些不同的模型,重新计算,工作量大,而且容易出错。

三维建模二维计算方法的特点如下:

(1) 根据二维模型的组装来形成三维模型;可以在三维模型中任意选择横向、纵向轴线,进行模型编辑和计算;模型数据和计算结果数据统一管理,适当考虑立面之间的传力关系。

（2）根据三维模型，自动形成纵向立面计算荷载(山墙风荷载、吊车纵向刹车力、纵向地震力)。

（3）根据荷载传递途径，自动确定计算顺序，计算所有横向、纵向立面。

（4）用弹性支座模拟托梁刚度，用导荷节点将抽柱榀荷载通过托梁传递给相邻榀立面，以适应抽柱厂房的情况。

（5）在三维模型中选择吊车布置平面，进行吊车定义和布置，自动形成各排架立面计算所需要的吊车荷载。

参考文献

[1] 中国建筑科学研究院,PKPM CAD 工程部编.PKPM 建筑结构设计软件 2008 版使用手册

[2] 中国建筑科学研究院,PKPM CAD 工程部编.PKPM 建筑结构设计软件 2008 版新功能详解.北京:中国建筑工业出版社,2008

[3] 王建,董卫平.PKPM 结构设计软件入门与应用实例——钢结构.北京:中国电力出版社,2008

[4] 门式刚架轻型房屋钢结构技术规程(CECS102—2002).北京:中国建筑工业出版社,2002

[5] 钱若军,刘惠义,王人鹏.建筑结构 CAD.上海:同济大学出版社,2002

[6] 叶献国,徐秀丽主编.建筑结构 CAD 应用基础.第 2 版.北京:中国建筑工业出版社,2008

[7] 简洪钰主编.建筑结构 CAD.第 1 版.武汉:武汉工业大学出版社,1997

[8] 建筑抗震设计规范(GB 50011—2010).第 1 版.北京:中国建筑工业出版社,2010

[9] 混凝土结构设计规范(GB 50010—2002).第 1 版.北京:中国建筑工业出版社,2002

[10] 建筑地基基础设计规范(GB 5007—2002).第 1 版.北京:中国建筑工业出版社,2002